ルベーグ積分の基礎

日野正訓 著

共立出版

■ まえがき

　ルベーグ積分論は，積分という概念を特に極限操作と整合が取れるような形で定式化した理論となっており，解析学を中心とするさまざまな数学分野の土台をなす役割を担っている．本書は，当該理論の基礎的な内容を詳解したものである．理論展開にはいくつかの方法が考えられるが，ここでは標準的な方針に従い，まず図形の面積や体積の概念を一般化した「測度」を導入したのち，測度に関するルベーグ積分とその性質について論じていく流儀を採用した．ルベーグ積分論は緻密に構築されており，証明を読み進めるだけでは全体像を把握し理解するのが容易でないように思われる．特に，規定の理論展開の道筋を少し外れたときに主張が成り立つのかどうか，反例があるかどうかを知るのが存外難しい．本書では，命題の仮定が成り立たない場合の反例などを努めて紹介するようにした．また，初読の際に理解を妨げそうな数学的記述などについては丁寧に注釈を付け，学修の便を図った．必ずしも基礎的とはいえない内容に触れている箇所もあるが，理論の内容を適切に位置づけ理解する際に役立ててもらえれば，将来さらに進んだ内容を学ぶときに糸口となる語句や話題を目にしてもらえれば，という意図でそのようにしている．

　本書の具体的な内容は以下の通りである．第1章は動機づけを図る目的で，ルベーグ積分を導入することが自然であるような例を挙げながら解説を行う．第2章では，その後の議論に必要な，集合・写像・位相などの基礎事項について簡単にまとめる．第3章からが本論となる．この章では，ルベーグ積分論を展開する枠組としての測度空間を導入し，基本的性質を論じる．第4章では関数の可測性の概念を導入し，第5章で可測関数のルベーグ積分を定義する．第

6章では，ルベーグ積分論の特長の一つである，さまざまな収束定理について論じる．ここまでは，測度空間が与えられているという前提から出発した一般論である．積分論を利用・応用する立場からは，考察対象に応じて測度をどのように構成するかという非自明な問題を解決する必要がある．第7章でこのことについて論じ，特に最も代表的な測度であるルベーグ測度の構成を行う．本来，この章の内容はもっと早い段階で論じておいた方が具体例を考察する際の論理展開が自然なのだが，ここでの議論は技術的であり，主要な結論は「自然な仮定の下で測度がうまく構成できる」というものであるため，あえて後回しにした．いくつかの例の提示などにおいては，ルベーグ測度の存在を認めて論じるということになるので，その点が気になる読者は第3章を読んだ後で第7.1節から第7.4節を先に読み，その後第4章に進んでもよい．第8章では，ルベーグ測度の性質について詳しく調べる．第9章では，リーマン積分における重積分と累次積分の関係に相当するフビニの定理について，直積測度の概念を導入したのち論じる．第10章では発展的な話題について扱い，符号付き測度の性質と測度の正則性について論じる．さらに，証明は省略していくつかの話題を紹介する．補遺では，本文中で証明などを後回しにしたものをまとめている．

　本書は，筆者が京都大学理学部と大阪大学基礎工学部で行ったルベーグ積分論の授業における資料をもとにして作成したものである．講義資料の誤植などを指摘してくださった当時の受講生の皆さん，それから本書の素稿に有益なコメントを寄せていただいた，梶野直孝氏，濱口雄史氏，平井祐紀氏，松浦浩平氏，村山拓也氏，雪江明彦氏，吉信康夫氏に感謝いたします．共立出版の髙橋萌子氏には，本書の執筆のきっかけを与えていただき，またいろいろな相談に乗っていただきました．御礼申し上げます．

　2023年9月

日野 正訓

▌目 次

序論

本章では，ルベーグ (Lebesgue) 積分の理論について概観し，次章以降の動機づけを図る．本書で論じる範囲を超えた発展的な内容も含んでいるため，今は細部にこだわらずに読み進めてもらえばよい．

1.1 導入

ルベーグ積分を導入する意義を明らかにするため，まずはリーマン (Riemann) 積分がどのようなものであったかを振り返ってみよう．f を区間 $I = [a, b]$ 上の有界な実数値関数とする．区間 I の有限分割 $\Delta\colon a = x_0 < x_1 < x_2 < \cdots < x_n = b$ を取り，各小区間 $I_k = [x_k, x_{k+1}]$ $(k = 0, 1, \ldots, n-1)$ において，代表点 ξ_k を I_k から選ぶ．区間 I_k の長さ $x_{k+1} - x_k$ を $|I_k|$ で表すことにし，リーマン和

$$R_\Delta = \sum_{k=0}^{n-1} f(\xi_k)|I_k|$$

を考えよう．分割の最大幅が 0 に収束するような有限分割の列 $\Delta_1, \Delta_2, \ldots, \Delta_l, \ldots$ を取る．分割の列と代表点の選び方によらないある定数 C に，R_{Δ_l} が $l \to \infty$ のとき収束するならば，f は区間 I 上で**リーマン可積分**（リーマン積分可能，Riemann integrable）であるといい，C のことを $\int_a^b f(x)\,dx$ で表したのであった．

同等な定義として，次のように述べることもできる．区間 I_k における f の下限 $\inf_{x \in I_k} f(x)$ と上限 $\sup_{x \in I_k} f(x)$ をそれぞれ m_k と M_k とする．

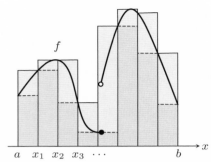

図 1.1　x 軸と点線で挟まれた部分の面積が s_Δ, x 軸と実線で挟まれた部分の面積が S_Δ に相当する.

$$s_\Delta = \sum_{k=0}^{n-1} m_k |I_k|, \quad S_\Delta = \sum_{k=0}^{n-1} M_k |I_k| \tag{1.1}$$

と定める（図 1.1 参照）. Δ が I のあらゆる有限分割を取るとき,

$$s = \sup_\Delta s_\Delta, \quad S = \inf_\Delta S_\Delta \tag{1.2}$$

をそれぞれ f の下積分, 上積分という. $s = S$ であることと f が I 上でリーマン可積分であることは同値であり, そのとき s は $\int_a^b f(x)\,dx$ に等しい.

　d 次元ユークリッド (Euclid) 空間 $\mathbb{R}^d$ の有界集合上の有界実数値関数についても, 区間の直積で定義域を分割するという類似の発想で, リーマン積分を定義することができる.

　ここで, 蛇足めいた注意を一つしておく. 入門的な数学の文献において, 区間 I 上の関数 f の積分とは, f のグラフと x 軸で囲まれた図形の（符号付き）面積と説明されることがあり, 関数 f に対してその積分という概念が自動的に付随するように思えるかも知れない. しかしこれはあくまで「説明」でしかなく, そもそも図形の面積とは何かということを定義しないと（これは自明なことではない）, 積分の「定義」とはいえないのである. 換言すれば, このような直感的な説明と整合するような, 一つの数学的定義を与えているのがリーマン積分であると言ってもよいだろう. したがって, リーマン積分とは異なる積分の定義というものも考えうるわけである. 実際, 本書で扱うルベーグ積分が

そうであるし，それ以外にもさまざまな定義の積分が存在する[1]．どの定義でも，連続関数のような振舞いの良い関数についてはリーマン積分と整合的である．振舞いの悪い関数について事情が異なってくるわけである．

さて，リーマン可積分という概念は，極限を取る操作とはあまり相性がよくないことが次の例から分かる．

例 1.1.1. 区間 $I = [0,1]$ に含まれる有理数全体の集合 $\mathbb{Q} \cap I$ の元を適当に一列に並べたものを $\{a_1, a_2, \ldots, a_n, \ldots\}$ とする[2]．自然数 n に対して，I 上の関数 f_n を

$$f_n(x) = \begin{cases} 1 & (x \in \{a_1, a_2, \ldots, a_n\} \text{ のとき}), \\ 0 & (\text{それ以外のとき}) \end{cases}$$

と定めると，f_n は I 上リーマン可積分で $\int_0^1 f_n(x)\,dx = 0$ であることが容易に分かる．各 x について，$f_n(x)$ は $n \to \infty$ のとき

$$f(x) = \begin{cases} 1 & (x \in \mathbb{Q} \cap I \text{ のとき}), \\ 0 & (\text{それ以外のとき}) \end{cases}$$

に収束するが，関数 f は I 上リーマン可積分でない．実際，長さが正の任意の区間は有理数も無理数も含むから，I の任意の有限分割 Δ に対して $s_\Delta = 0$ および $S_\Delta = 1$ であり，したがって $\sup_\Delta s_\Delta = 0$, $\inf_\Delta S_\Delta = 1$ となり値が異なる[3]．

この例において，心情的には $\int_0^1 f(x)\,dx = 0$ となってほしいところである．実は，f はルベーグ積分の意味では積分可能であり[4]，積分値は確かに 0 となる．

---

[1] ダニエル (Daniell) 積分，ヘンストック–クルツヴァイル (Henstock–Kurzweil) 積分など．

[2] 具体的に並べる一つの方法は，命題 2.3.1 の証明を参照のこと．

[3] 次のようにも説明できる．Δ の各区間の代表点としてすべて有理数を選べばリーマン和は 1，代表点としてすべて無理数を選べばリーマン和は 0 となるので，分割の最大幅を 0 に近づけたときリーマン和は一定値に収束しない．

[4] 正確には，ルベーグ測度に関してルベーグ可積分．ルベーグ積分は測度が与えられて初めて定まる概念であるが，$\mathbb{R}^d$ 上の最も標準的な測度であるルベーグ測度の場合は，"ルベーグ測度に関して" という言葉がしばしば省略される．

　上の例は人工的に過ぎるため，考察の対象とする関数を連続関数のような良いものに限っておけば支障はないと考えるかも知れない．しかし，現代数学の発展に伴い，たとえ表面には現れなくても振舞いの悪い関数を取り扱わなければならない状況がしばしば生じてくる．一つの例として，次のディリクレ (Dirichlet) 問題を考えてみよう．D を $\mathbb{R}^d$ の有界領域とする．話を複雑にしないため境界 ∂D は滑らかとし，f を ∂D 上の滑らかな関数とする．D の閉包 $\overline{D}$ 上で連続かつ，D 上で C^2-級の実数値関数 u で，次の関係を満たすものを求めたい．

$$\begin{cases} \Delta u(x) = 0 & (x \in D), \\ u(x) = f(x) & (x \in \partial D). \end{cases} \tag{1.3}$$

ただしここで，Δ はラプラス (Laplace) 作用素，すなわち $\Delta u = \sum_{i=1}^d \frac{\partial^2 u}{\partial x_i^2}$ である[5]．

　これは楕円型偏微分方程式の境界値問題であり，簡単に解が求まるわけではないが，方程式 (1.3) の解の存在を示す一つの手法として，次の変分原理を用いる方法がある．D 上の関数 w に対して，そのエネルギー $E(w)$ を $E(w) = \int_D |\nabla w|_{\mathbb{R}^d}^2 \, dx$ により（定義できるとき）定める．ここで，$\nabla w = \left(\frac{\partial w}{\partial x_1}, \frac{\partial w}{\partial x_2}, \dots, \frac{\partial w}{\partial x_d} \right)$ であり，$|\cdot|_{\mathbb{R}^d}$ はユークリッドノルムを表す．もし解 u が存在すれば，それは $\overline{D}$ 上の関数からなる集合

$$\mathscr{C} = \left\{ w \, \middle| \, \begin{array}{l} w \text{ は } \overline{D} \text{ 上で連続，} D \text{ 上で } C^2\text{-級，} \partial D \text{ 上では } w = f \text{ で，} \\ \text{さらに } E(w) \text{ は有限値として定義される} \end{array} \right\}$$

の中でエネルギーを最小にする．実際，$w \in \mathscr{C}$ に対して，

$$\int_D |\nabla w|_{\mathbb{R}^d}^2 \, dx$$
$$= \int_D |\nabla u + \nabla(w - u)|_{\mathbb{R}^d}^2 \, dx$$
$$= \int_D |\nabla u|_{\mathbb{R}^d}^2 \, dx + 2 \int_D (\nabla u, \nabla(w - u))_{\mathbb{R}^d} \, dx + \int_D |\nabla(w - u)|_{\mathbb{R}^d}^2 \, dx$$

であり，∂D 上で $w - u = 0$ であることに注意すると，グリーン (Green) の公式より最右辺第2項は $-2 \int_D \Delta u \times (w - u) \, dx = 0$ に等しい．よって，不等式

---

[5] 先ほどの区間の分割を表す記号 Δ と同じになってしまったが，無関係である．

$\int_D |\nabla w|^2_{\mathbb{R}^d}\,dx \geq \int_D |\nabla u|^2_{\mathbb{R}^d}\,dx$ が成立する.

さて,$\mathscr{C}$ におけるエネルギー E の下限を M とし,$\lim_{n\to\infty} E(w_n) = M$ となるような関数列 $\{w_n\}_{n\in\mathbb{N}}$ を $\mathscr{C}$ から選ぶ.何らかの意味で $\{w_n\}_{n\in\mathbb{N}}$ の極限 u を考えることができれば,それが求める解になっているはずだと予想できる.正確な議論のためには準備が必要なので,ここでは方針のみ述べる.まず,$\mathscr{H} = \{w \mid w$ は $\overline{D}$ 上で連続,D 上で C^2-級で $E(w)$ は有限値$\}$ とし,$\mathscr{H}$ にノルム

$$\|w\| = \left\{ \int_D (w^2 + |\nabla w|^2_{\mathbb{R}^d})\,dx \right\}^{1/2}$$

を導入する.$v, w \in \mathscr{H}$ に対して $\mathsf{d}(v,w) = \|v - w\|$ とすることで,$\mathscr{H}$ に距離関数 d が定まる.$\{w_n\}_{n\in\mathbb{N}}$ が $\mathscr{H}$ でコーシー (Cauchy) 列をなし[6],極限を持つことを示したい.しかし,距離空間 $(\mathscr{H}, \mathsf{d})$ は完備ではないのでコーシー列が $\mathscr{H}$ で収束するとはいえない.そこで $(\mathscr{H}, \mathsf{d})$ を完備化した空間 $(\overline{\mathscr{H}}, \mathsf{d})$ を導入すると,$\{w_n\}_{n\in\mathbb{N}}$ はある u に収束し,$E(u) = M$ を満たすことが示される.この u が求める解の候補であるが,$\overline{\mathscr{H}}$ の元はもはや一般には滑らかな関数ではなく(連続であるとも限らないし,正確には関数の概念を少し一般化する必要がある),エネルギーの定義に出てくる積分も,$\overline{\mathscr{H}}$ の元に対してリーマン積分の意味では一般には定められるとは限らない.しかし,ルベーグ積分としては妥当な意味を持つのである.事実として,u は $\mathscr{C}$ の元であり,元の方程式を満たすことまで示される.

このように,偏微分方程式を解くような場合によく現れる,「関数からなる集合(しばしば関数空間という)からうまく解を見つける」という議論においては,関数空間の完備化の過程で必然的に"振舞いの悪い"関数が生じるため,そのような関数についても積分などの概念が適切に定義されるような理論が要請される[7].数の計算で喩えて言えば,有理数における四則演算は定義も明快

---

[6] すなわち,任意の $\varepsilon > 0$ に対して自然数 N が選べて,$m \geq N, n \geq N$ ならば $\mathsf{d}(w_m, w_n) < \varepsilon$ となるようにできる.

[7] 「関数空間から解を見つける」議論として,常微分方程式の解の存在定理(コーシー–ペアノ (Peano) の定理,コーシー–リプシッツ (Lipschitz) の定理)を連想するかもしれない.この場合は一様ノルムから定まる距離関数を用いて議論できるので,連続関数しか現れず(連続関数の一様収束極限は連続関数である),リーマン積分の範疇で議論ができる.上記のような,積分を用いて定まる距離だと新たな困難が生じうるのである.

で，応用上は数として有理数のみ考えておけばよいように一見思えるが，一般
の方程式や中間値の定理を考えてみれば分かるように，有理数列の極限として
得られる実数の全体からなる集合上で四則演算やその他種々の演算が定まらな
いと高度な数学を論じることができない，というのと似たようなものである．
ルベーグ積分論はこの要請に応える理論であり，現代数学のさまざまな理論の
土台となっている．

▌ 1.2　ルベーグ積分とは

　ここでは，少し単純化した形でルベーグ積分のアイディアを述べる．f を
区間 $[a,b]$ 上の実数値関数とする．簡単のため，ある $M > 0$ に対して常に
$0 \leq f(x) < M$ であるとする．区間 $[0, M]$ の分割 $\Delta: 0 = y_0 < y_1 < \cdots <$
$y_m = M$ を取り，$j = 1, 2, \ldots, m$ に対して

$$E_j = \{x \in [a, b] \mid y_{j-1} \leq f(x) < y_j\}$$

とし，

$$I_\Delta = \sum_{j=1}^{m} y_{j-1} \times (\text{集合 } E_j \text{ の「長さ」})$$

と定めよう．I_Δ は図 1.2 において灰色の部分の面積に相当する．I_Δ は関数
$f_\Delta := \sum_{j=1}^{m} y_{j-1} \mathbf{1}_{E_j}$ の，素朴な意味での積分値と解釈できる[8]．分割の最大
幅が 0 に近づくように分割 Δ の列を選んだときの I_Δ の極限によって，f のル
ベーグ積分が定まる．

　このように，ルベーグ積分を定義する発想自体は単純である．端的に述べれ
ば，リーマン積分では定義域を分割するのに対し，ルベーグ積分では終域を分
割するというのが相違点である．大した違いはないように思えるかもしれない
が，終域を分割する方法だと $f(x)$ と $f_\Delta(x)$ の差は分割 Δ の最大幅を超えるこ
とはなく，x について一様な評価を持つ．このような一様評価は，リーマン積
分における近似法では f が連続関数でなければ期待できない．そこで，極限操

---

[8] ここで，$\mathbf{1}_{E_j}$ は集合 E_j の定義関数，すなわち E_j 上で値 1 を，その他で値 0 を取る関数
　を表す．

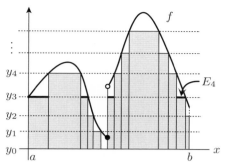

図 1.2 E_4 は，$y = y_3$ 上の太線の集合を x 軸に平行移動したもの.

作に関してはルベーグ積分の方が堅牢であることが予想され，実際その通りである．一方で，集合 E_j は極めて複雑なものになりうる．図 1.2 では E_j として区間の有限和しか現れていないが，一般には具体的な表記が困難なほど複雑な集合になる．すると，そのような集合の「長さ」をどのように定めればよいかという問題を解決しなければならない．ここがリーマン積分の場合には生じなかった新たな問題点である．詳細は第 3 章以降で述べることになるが，そのため「長さ」の概念を抽象化した「（ルベーグ）測度」を導入する．これは各集合に対してその長さに相当する値を取る集合関数[9] であり，長さと解釈するに相応しい性質（σ-加法性）を持つ．残念ながらこの性質を満たしつつ，あらゆる部分集合に対して測度を定めるには無理があるので，適切な集合演算について閉じているという性質を持つ部分集合の集まり（σ-加法族）を導入し，そこに属する集合（可測集合）についてのみ測度が定義されるという状況で議論を行う必要がある．このような枠組の下で，可測性を持つ関数についてのルベーグ積分という概念を定めることができる．リーマン可積分関数は（ルベーグ測度に関して）ルベーグ可積分であり両者の積分値は等しく，さらにリーマン可積分ではない多くの関数がルベーグ可積分となる．この意味で，ルベーグ積分はリーマン積分の上位互換と見なせる．

　さて，このような設定を導入すると，関数の定義域はもはや 1 次元区間である必要はなく，多次元空間でも抽象的な空間でも，可測集合の族とその上の測

---

[9] 定義域が部分集合の集合（集合族）である関数をこのように呼ぶ.

度さえ定まればルベーグ積分が定義可能である．1次元区間上の関数に対する連続性という概念が，位相を備えた集合上の関数にまで一般化できることの類推として理解すると分かりやすいかもしれない．このような一般化は，多変数関数の積分についての統一的な扱いを可能にするほか，現代確率論の基本的な枠組をも与える．初等確率論においては，全事象の空間を考え，各事象について確率が定まっているという設定で議論が進むのであった．現代数学としての確率論は，全事象の空間という（抽象的な）集合 Ω の，事象の集まりに相当する適切な部分集合族 $\mathscr{F}$ を考え，事象の確率に相当する測度（確率測度）P が与えられているという定式化の下で議論される．確率変数とは Ω 上の"良い"（可測な）関数のことであり，期待値・平均とはその関数の確率測度 P に関するルベーグ積分に他ならない．このような枠組で論じることにより，無限個の事象や極限操作を含む事象を適切に扱うことができるのである．

　確率変数の分布を考察するという見地からも，ルベーグ積分論は有用である．基礎的な確率論においては，実数値確率変数 Z と実数直線上の関数 φ の合成 $\varphi(Z)$ の期待値 $E[\varphi(Z)]$ を，Z の分布が離散確率分布 $\begin{pmatrix} a_1 & a_2 & \cdots & a_j & \cdots \\ p_1 & p_2 & \cdots & p_j & \cdots \end{pmatrix}$ である場合は

$$E[\varphi(Z)] = \sum_j \varphi(a_j) p_j,$$

Z の分布が密度関数 $p(x)$ を持つ連続分布の場合は

$$E[\varphi(Z)] = \int_{-\infty}^{\infty} \varphi(x) p(x)\, dx$$

として導入する．この2式の類似性と，Z の分布が離散分布でも連続分布でもないときはどうすればよいのかという定式化の不完全さが気になるところである．これらは，Z の分布として定義される $\mathbb{R}$ 上の確率測度に関する φ のルベーグ積分という定式化により，統一的かつ一般的に扱うことができるのである．

　ユークリッド空間でない空間における積分概念の有用性を示す他の例として，偏微分方程式の初期値問題

$$\begin{cases} \dfrac{\partial u}{\partial t}(t,x) = \dfrac{1}{2}\Delta u(t,x) + V(x)u(t,x), & (t,x) \in [0,\infty) \times \mathbb{R}^d, \\ u(0,x) = f(x), & x \in \mathbb{R}^d \end{cases} \tag{1.4}$$

を紹介しよう[10]. ここで, V, f は与えられた $\mathbb{R}^d$ 上の実数値関数で, 簡単の
ため, ともに有界連続関数であるとする. このとき, 解 u は次のような表示
(ファインマン–カッツ (Feynman–Kac) の公式) を持つ.

$$u(t, x) = \int_{\mathcal{W}} f(w(t)) \exp\left(-\int_0^t V(w(s))\, ds\right) P_x(dw). \qquad (1.5)$$

ただし, $\mathcal{W}$ は区間 $[0, \infty)$ 上の $\mathbb{R}^d$-値連続関数全体の集合を表し, P_x は $\mathcal{W}$ 上の
ウィナー (Wiener) 測度で, $\int_{\mathcal{W}} \cdots P_x(dw)$ は $\mathcal{W}$ 上の P_x に関するルベーグ積
分を表す. ウィナー測度を正確に説明するのは準備が必要なため, ここでは次
の直感的な説明に留める. 上式の右辺は, $\mathcal{W}$ の元 ($\mathbb{R}^d$ 上の経路ともいう) w
に対して $f(w(t)) \exp\left(-\int_0^t V(w(s))\, ds\right)$ という値を対応させ, P_x による重み
付けの下で[11] w について積分したものである[12]. これは, $\mathbb{R}^d$ 上の解析を行
うために, $\mathcal{W}$ という経路空間 (無限次元空間!) に持ち上げたところで解析を
実行し, 積分操作 (平均を取る操作といってもよい) によって $\mathbb{R}^d$ 上の対象に
移行するという着想を実現したものである.

　最後に, 別の種類の有用性を挙げておく. 区間の直積 $[0, 1] \times [0, 1]$ 上の関数
f に対して,

$$\iint_{[0,1]\times[0,1]} f(x, y)\, dxdy = \int_0^1 \left(\int_0^1 f(x, y)\, dx\right) dy$$
$$= \int_0^1 \left(\int_0^1 f(x, y)\, dy\right) dx$$

となること, すなわち重積分と累次積分がともに考えられて値が一致するこ
とが期待される. f が連続関数ならば, リーマン積分としてこの等式が成立

---

[10] ラプラス作用素 Δ の前の係数 $1/2$ は, ここでは本質的なことではないので気にしないで
ほしい.

[11] どんな重みか, ということを正確に表したものがウィナー測度である. $P_x(\mathcal{W}) = 1$ に
も注意する.

[12] 経路積分ともいう. もともとはシュレーディンガー (Schrödinger) 方程式 ((1.4) で Δ
の代わりに $\sqrt{-1}\Delta$ とした方程式) の場合に, ファインマンが同様の解の表示を提唱し
た. しかしこの場合, 一般には P_x をうまく定めることができず, 数学的な正当化は一般
には難しい (しかしながら有用な表示式である). 方程式 (1.4) の場合には表示式 (1.5)
が厳密な意味を持つことをカッツが示した.

するが，単に f が $[0,1] \times [0,1]$ 上でリーマン可積分であるというだけでは，
$x \in [0,1]$ を固定して $f(x,y)$ を y についての関数と見なしたとき，一般に $[0,1]$
上でリーマン可積分になるとは限らない．しかしルベーグ積分の枠組で考えれ
ば，このことについても満足のいく結論を得ることができる．

　以上のように，積分概念を極めて一般的に論じるルベーグ積分の理論は，多
様な応用と意義を持つのである．

第**2**章

基礎事項の確認

　本章では，次章以降の議論に必要な基礎事項についてまとめる．十分な理解があれば，用語の確認程度で次章に進んでもらって構わない．第 2.1 節から第 2.4 節までの内容について，より詳しくは文献 [4, 9] 等を参照のこと．

▌2.1　集合に関わる事項

　以下の記号は今後断りなく用いる．

$$\mathbb{N} = \{1, 2, 3, \ldots\}：自然数全体の集合,$$
$$\mathbb{Z}：整数全体の集合,$$
$$\mathbb{Q}：有理数全体の集合,$$
$$\mathbb{R}：実数全体の集合,$$
$$\mathbb{C}：複素数全体の集合.$$

x が集合 X の**元**（要素，element）であることを，$x \in X$ や $X \ni x$ で表す．集合 X, Y に対して，$x \in X$ ならば $x \in Y$ が成り立つとき，$X \subset Y$ や $Y \supset X$ と表し，X は Y の**部分集合** (subset) である，X は Y に含まれる，Y は X を含むなどという．

　一般に，集合 X の部分集合の族 $\{A_\lambda\}_{\lambda \in \Lambda}$ に対して，その**和集合**（和，合併，union）を $\bigcup_{\lambda \in \Lambda} A_\lambda$ で表す．すなわち，

$$\bigcup_{\lambda \in \Lambda} A_\lambda = \{x \in X \mid x \in A_\lambda となる \lambda \in \Lambda が存在する\}.$$

また，$\{A_\lambda\}_{\lambda \in \Lambda}$ の**共通集合**（共通部分，積集合，intersection）を

$$\bigcap_{\lambda \in \Lambda} A_\lambda = \{x \in X \mid \text{任意の } \lambda \in \Lambda \text{ に対して } x \in A_\lambda\}$$

で定める．

$\Lambda = \{1, 2, \ldots, n\}$ のとき，$\bigcup_{\lambda \in \Lambda} A_\lambda$ を，$\bigcup_{k=1}^{n} A_k$ や $A_1 \cup A_2 \cup \cdots \cup A_n$ とも表す．また，$\bigcap_{\lambda \in \Lambda} A_\lambda$ を $\bigcap_{k=1}^{n} A_k$ や $A_1 \cap A_2 \cap \cdots \cap A_n$ とも表す．Λ が自然数全体の集合 $\mathbb{N}$ であるとき，$\bigcup_{\lambda \in \mathbb{N}} A_\lambda$, $\bigcap_{\lambda \in \mathbb{N}} A_\lambda$ をそれぞれ $\bigcup_{n=1}^{\infty} A_n$, $\bigcap_{n=1}^{\infty} A_n$ とも表す．A_∞ という集合があるわけではないことに注意する[1]．

空集合は $\varnothing$ で表す．集合族 $\{A_\lambda\}_{\lambda \in \Lambda}$ が**互いに素**（pairwise disjoint）であるとは，$\kappa, \lambda \in \Lambda$, $\kappa \neq \lambda$ ならば $A_\kappa \cap A_\lambda = \varnothing$ であることをいう．このとき，和集合 $\bigcup_{\lambda \in \Lambda} A_\lambda$ は $\{A_\lambda\}_{\lambda \in \Lambda}$ の**直和**（disjoint union）ともいい[2]，$\{A_\lambda\}_{\lambda \in \Lambda}$ が互いに素であることを明示したいときは $\bigsqcup_{\lambda \in \Lambda} A_\lambda$ とも表す[3]．

集合 X の部分集合 A, B に対して，B から A を引いた**差集合**（difference set）$\{x \in B \mid x \notin A\}$ を $B \setminus A$ で表す．$X \setminus A = \{x \in X \mid x \notin A\}$ を A の**補集合**（complement）といい A^c で表す．$B \setminus A$ は $B \cap A^c$ とも表せる．

集合 A と B の**直積**（direct product）を $A \times B$ で表す．すなわち

$$A \times B = \{(a, b) \mid a \in A,\ b \in B\}^{[4]}.$$

有限個の集合 $A_1, A_2, \ldots, A_n$ の直積 $A_1 \times \cdots \times A_n$（$\prod_{j=1}^{n} A_j$ とも表す）も同様に定義する．すなわち

$$A_1 \times \cdots \times A_n = \{(a_1, a_2, \ldots, a_n) \mid a_1 \in A_1,\ a_2 \in A_2,\ \ldots, a_n \in A_n\}.$$

$A_1 = A_2 = \cdots = A_n = A$ のときは，$A_1 \times \cdots \times A_n$ を A^n とも表す．

▶ **問 2.1.1.** 集合演算に関する以下の法則を証明せよ．

---

[1] すなわち，$\bigcup_{n=1}^{3} A_n = A_1 \cup A_2 \cup A_3$ だが，$\bigcup_{n=1}^{\infty} A_n = A_1 \cup A_2 \cup \cdots \cup A_\infty$ **ではない**．ここで ∞ は慣用的な表記として用いられるに過ぎない．

[2] ベクトル空間の直和とは異なる概念であることに注意．

[3] $\sum_{\lambda \in \Lambda} A_\lambda$ という表記を用いる文献もある．二つの互いに素な集合の和は $A \sqcup B$ と表す．

[4] ここでの (a, b) は単なる a と b の組を表している．開区間を表す記号と同じなので紛らわしいが，文脈で判断してほしい．

- （ド・モルガン (De Morgan) の法則）集合族 $\{A_\lambda\}_{\lambda \in \Lambda}$ に対して，

$$\left(\bigcup_{\lambda \in \Lambda} A_\lambda\right)^c = \bigcap_{\lambda \in \Lambda} A_\lambda^c, \qquad \left(\bigcap_{\lambda \in \Lambda} A_\lambda\right)^c = \bigcup_{\lambda \in \Lambda} A_\lambda^c. \qquad (2.1)$$

- （分配法則）集合族 $\{A_{j,k}\}_{(j,k) \in \Lambda \times \Gamma}$ に対して，

$$\bigcap_{j \in \Lambda} \bigcup_{k \in \Gamma} A_{j,k} = \bigcup_{\Phi \in \mathrm{Map}(\Lambda \to \Gamma)} \bigcap_{j \in \Lambda} A_{j,\Phi(j)},$$
$$\bigcup_{j \in \Lambda} \bigcap_{k \in \Gamma} A_{j,k} = \bigcap_{\Phi \in \mathrm{Map}(\Lambda \to \Gamma)} \bigcup_{j \in \Lambda} A_{j,\Phi(j)}. \qquad (2.2)$$

ここで，$\mathrm{Map}(\Lambda \to \Gamma)$ は Λ から Γ への写像の全体を表す[5]．

2.2 写像について

X, Y を集合とし，f を定義域 X から終域 Y への写像とする．これを $f\colon X \to Y$ とも表す．X の部分集合 A に対して，$\{f(x) \mid x \in A\}$ を f による A の**像**（像集合，image）といい，$f(A)$ で表す．$f(X)$ を f の**値域** (range) という．Y の部分集合 B に対して，f による B の**逆像** (inverse image) $f^{-1}(B)$ を

$$f^{-1}(B) = \{x \in X \mid f(x) \in B\}$$

で定める．略記して $\{f \in B\}$ とも表す．$f(X) = Y$ のとき，f は**全射**（上への写像，surjective）であるという．$x, x' \in X$, $x \neq x'$ ならば $f(x) \neq f(x')$ であるとき，f は**単射**（1 対 1 の写像，injective）であるという．全射かつ単射であるような写像を**全単射** (bijective) という．f が全単射のとき，合成写像 $f \circ g$ と $g \circ f$ がともに恒等写像であるような写像 $g\colon Y \to X$ がただ一つ存在する．この g を f^{-1} で表し，f の**逆写像** (inverse map) という．任意の写像に対して定義される逆像と同じ表記であるので，混同しないよう注意が必要である．写像 $f\colon X \to Y$ と X の部分集合 A に対して，f の定義域を A に制限した写像を $f|_A$ で表す．

---

[5] (2.2) の証明には，一般には選択公理を要する．本書では選択公理を常に仮定する．

▶**問 2.2.1.** 次の等式が成り立つならば証明し，成り立つとは限らない場合は
反例を挙げよ.

(1) $f(X \setminus A) = Y \setminus (f(A))$ （すなわち，$f(A^c) = f(A)^c$）？
(2) $f\left(\bigcup_{\lambda \in \Lambda} A_\lambda\right) = \bigcup_{\lambda \in \Lambda} f(A_\lambda)$？
(3) $f\left(\bigcap_{\lambda \in \Lambda} A_\lambda\right) = \bigcap_{\lambda \in \Lambda} f(A_\lambda)$？

▶**問 2.2.2.** 次の等式を示せ.

(1) $f^{-1}(Y \setminus A) = X \setminus (f^{-1}(A))$ （すなわち，$f^{-1}(A^c) = (f^{-1}(A))^c$）.
(2) $f^{-1}\left(\bigcup_{\lambda \in \Lambda} A_\lambda\right) = \bigcup_{\lambda \in \Lambda} f^{-1}(A_\lambda)$.
(3) $f^{-1}\left(\bigcap_{\lambda \in \Lambda} A_\lambda\right) = \bigcap_{\lambda \in \Lambda} f^{-1}(A_\lambda)$.

▶**問 2.2.3.** X, Y, Z を集合，f を X から Y への写像，g を Y から Z への写像
とする. Z の部分集合 A に対して

$$(g \circ f)^{-1}(A) = f^{-1}(g^{-1}(A))$$

が成り立つことを示せ.

2.3　可算集合・非可算集合・濃度

　集合 A から集合 B への全単射が存在するとき，A と B は**濃度** (cardinal
number) **が等しい**という. 自然数全体の集合 $\mathbb{N}$ と濃度が等しい集合を**可算集
合**（可算無限集合，countable set）といい，**可算濃度** $\aleph_0$ を持つともいう[6]. 集
合 A が有限集合または可算集合のとき，A は**高々可算**集合，A の濃度は高々
可算などという. 可算集合でない無限集合を**非可算**集合（非可算無限集合，
uncountable set）という.

　X を集合とする. X の部分集合の全体からなる集合を X の**べき集合** (power
set) といい，本書では 2^X で表す[7].

---

[6] $\aleph$ はヘブライ文字で，アレフと読む.
[7] X の部分集合 A と，$x \in A$ のとき $\Phi(x) = 1$，$x \in X \setminus A$ のとき $\Phi(x) = 0$ と定めた X
　から 2 点集合 $\{0,1\}$ への写像 Φ が対応することに由来する. べき集合を表す記号として，
　$\mathscr{P}(X)$ などの記号も用いられる.

本節の命題の証明は第 A.1 節に記す.

命題 2.3.1. 整数全体の集合 $\mathbb{Z}$ および有理数全体の集合 $\mathbb{Q}$ は,可算集合である.

命題 2.3.2. 自然数 d に対して,$\mathbb{N}^d$, $\mathbb{Z}^d$, $\mathbb{Q}^d$ は可算集合である.

命題 2.3.3. 実数全体の集合 $\mathbb{R}$ と $\mathbb{N}$ のべき集合 $2^{\mathbb{N}}$ は濃度が等しい.

命題 2.3.4. X を集合とするとき,X から 2^X への全射は存在しない.

　命題 2.3.3 と命題 2.3.4 より,$\mathbb{R}$ は非可算集合である.$\mathbb{R}$ は**連続体濃度**(連続濃度,cardinality of the continuum)$\mathfrak{c}$ を持つともいう.また,命題 2.3.4 より,$\mathbb{R}$ のべき集合 $2^{\mathbb{R}}$ は $\mathbb{R}$ より真に大きな無限集合であるといえる.$2^{\mathbb{R}}$ は濃度 $2^{\mathfrak{c}}$ を持つともいう.

　次の主張にも注意する.

命題 2.3.5. d を自然数とするとき,$\mathbb{R}$ と $\mathbb{R}^d$ は濃度が等しい.

命題 2.3.6. $A \subset B \subset C$ で,A と C は濃度が等しいとする.このとき,B と C も濃度が等しい.

2.4　距離と位相

　関数の連続性を論じるためには,集合に適切な構造を要する.ここでは,後で必要になる程度の事項について簡単にまとめる.

2.4.1　距離空間

　X を集合とする.写像 $\rho\colon X \times X \to \mathbb{R}$ が次の 3 条件を満たすとき,ρ を X 上の**距離関数** (distance function) といい,組 (X, ρ) を**距離空間** (metric space) という.

(1)　任意の $x, y \in X$ に対して $\rho(x, y) \geq 0$ であり,$\rho(x, y) = 0$ となるのは $x = y$ のとき,そのときに限る.

(2)　任意の $x, y \in X$ に対して,$\rho(x, y) = \rho(y, x)$.

(3)　任意の $x, y, z \in X$ に対して,$\rho(x, z) \leq \rho(x, y) + \rho(y, z)$.

$X = \mathbb{R}^d$ のとき,距離関数の典型例は,ユークリッドノルム

$$|x|_{\mathbb{R}^d} = \left(\sum_{j=1}^{d} x_j^2 \right)^{1/2} \quad (x = (x_1, x_2, \ldots, x_d) \in \mathbb{R}^d)$$

から定まるユークリッド距離 $\rho(x, y) = |x - y|_{\mathbb{R}^d}$ $(x, y \in \mathbb{R}^d)$ である.今後特に明記しない限り,$\mathbb{R}^d$ にはこの距離関数が付随しているものとする.

(X, ρ) を距離空間とする.$x \in X$,$r > 0$ に対して,$B(x, r) = \{y \in X \mid \rho(x, y) < r\}$ を,中心 x,半径 r の**開球** (open ball) という.X の部分集合 A が**開集合** (open set) であるとは,任意の $x \in A$ に対して $r > 0$ を(x に依存して)選んで,$B(x, r) \subset A$ とできることをいう.開集合は開球の和集合で表される集合(空集合も許す)であるといってもよい.補集合が開集合である集合を**閉集合** (closed set) という.A が**有界** (bounded) であるとは,ある $x \in X$ と $r > 0$ に対して $A \subset B(x, r)$ であることをいう.

X の点列は $\{x_n\}_{n \in \mathbb{N}}$, $\{x_n\}_{n=1}^{\infty}$, $\{x_n\}$ 等と表記する.X の点列 $\{x_n\}_{n \in \mathbb{N}}$ が x に**収束** (convergent) するとは,$\lim_{n \to \infty} \rho(x_n, x) = 0$ が成り立つことをいう.点列 $\{x_n\}_{n \in \mathbb{N}}$ が**コーシー列** (Cauchy sequence) であるとは,任意の $\varepsilon > 0$ に対して,ある自然数 N が存在して,$m \geq N$, $n \geq N$ ならば $\rho(x_m, x_n) < \varepsilon$ となることをいう.コーシー列が常に収束するとき,距離空間は**完備** (complete) であるという.

(X, ρ), (Y, φ) を距離空間とする.写像 $f \colon X \to Y$ が点 $x \in X$ で**連続** (continuous) であるとは,任意の $\varepsilon > 0$ に対して,ある $\delta > 0$ が存在して,$x' \in X$ が $\rho(x, x') < \delta$ を満たせば $\varphi(f(x), f(x')) < \varepsilon$ が成り立つことをいう.任意の $x \in X$ で f が連続であるとき,単に f は連続という.f が連続であることと,Y の任意の開集合 B に対して逆像 $f^{-1}(B)$ が X の開集合であることは同値である.写像 $f \colon X \to Y$ が**一様連続** (uniformly continuous) であるとは,任意の $\varepsilon > 0$ に対して,ある $\delta > 0$ が存在して,$x, x' \in X$ が $\rho(x, x') < \delta$ を満たせば $\varphi(f(x), f(x')) < \varepsilon$ が成り立つことをいう.

X を集合,(Y, φ) を距離空間とする.$f, f_1, f_2, \ldots, f_n, \ldots$ を X から Y への写像の列とする.$\{f_n\}_{n \in \mathbb{N}}$ が f に**各点収束** (pointwise convergent) するとは,任意の $x \in X$ に対して $\lim_{n \to \infty} \varphi(f_n(x), f(x)) = 0$ であることをいう.X の部分集合 A $(\neq \varnothing)$ に対して,$\{f_n\}_{n \in \mathbb{N}}$ が f に A 上で**一様収束** (uniformly

convergent) するとは，$\lim_{n \to \infty} \sup_{x \in A} \varphi(f_n(x), f(x)) = 0$ が成り立つこと
をいう．$A = X$ のときは，「X 上で」という語を省略することもある．

2.4.2 位相空間

X を集合とする．X 上の集合族 $\mathcal{O}$（すなわち，$\mathcal{O}$ は X のべき集合 2^X の部
分集合）が次の条件を満たすとき，$\mathcal{O}$ を X の**位相** (topology) という．

(1)　$\varnothing, X \in \mathcal{O}$.

(2)　$A, B \in \mathcal{O}$ ならば，$A \cap B \in \mathcal{O}$.

(3)　$\{A_\lambda\}_{\lambda \in \Lambda}$ を $\mathcal{O}$ の元からなる任意の族とするとき，$\bigcup_{\lambda \in \Lambda} A_\lambda \in \mathcal{O}$.

このとき，位相 $\mathcal{O}$ が与えられた X を**位相空間** (topological space) という．し
ばしば $\mathcal{O}$ を明示せず，単に位相空間 X とも記す．$\mathcal{O}$ の元を X の**開集合**という．
また，補集合が開集合であるような X の部分集合を**閉集合**という．距離空間
(X, ρ) に対して，開集合の全体を $\mathcal{O}$ とすれば，$\mathcal{O}$ は X の位相となる．このよ
うにして，距離空間を自然に位相空間と見なす．

X を位相空間，A を X の部分集合とする．A の部分集合であるような開集
合全体の和集合は開集合である．これを A° で表し，A の**内部**（開核，interior）
という．また，A を含む閉集合全体の共通集合は閉集合である．これを $\overline{A}$ で
表し，A の**閉包** (closure) という．$\partial A = \overline{A} \setminus A^\circ$ とし，A の**境界** (boundary)
という．$x \in A^\circ$ であるとき，A は x の**近傍** (neighborhood) であるという．
$\mathcal{O}_A = \{O \cap A \mid O \in \mathcal{O}\}$ とすると，$\mathcal{O}_A$ は A の位相となる．これを，（X に関す
る）A の上の**相対位相** (relative topology) という．

A が X において**稠密** (dense) であるとは，A の閉包が X に一致することを
いう．X が**可分** (separable) であるとは，X の高々可算な部分集合 A で，X に
おいて稠密なものが存在することをいう．X が**コンパクト** (compact) である
とは，X の任意の**開被覆** $\{O_\lambda\}_{\lambda \in \Lambda}$，すなわち $X = \bigcup_{\lambda \in \Lambda} O_\lambda$ を満たす開集合
の族 $\{O_\lambda\}_{\lambda \in \Lambda}$ に対して，Λ の有限部分集合 Λ_0 が存在して $X = \bigcup_{\lambda \in \Lambda_0} O_\lambda$ と
なることをいう．X の部分集合 A がコンパクト集合であるとは，A が相対位相
に関してコンパクトであることとする．$\mathbb{R}^d$ の部分集合がコンパクト集合であ
ることと有界閉集合であることは同値である（ハイネ–ボレル (Heine–Borel)
の被覆定理）．

X, Y を位相空間とする．写像 $f\colon X \to Y$ が**連続**であるとは，Y の任意の開集合 B に対して逆像 $f^{-1}(B)$ が X の開集合であることと定義する．これは，距離空間における連続性の定義と整合的である．全単射な連続写像 $f\colon X \to Y$ で逆写像 $f^{-1}\colon Y \to X$ も連続であるものが存在するとき，X と Y は**同相** (homeomorphic) であるといい，f を同相写像という．連続写像 $f\colon X \to Y$ と X のコンパクト部分集合 A に対して，f による A の像 $f(A)$ は Y のコンパクト集合である．(X,ρ) をコンパクト距離空間，(Y,φ) を距離空間とするとき，X から Y への連続写像は一様連続である．

▌2.5　±∞ について

ルベーグ積分論においては，実数の全体に $\pm\infty$ を付け加えた拡大実数系を考えて演算等を定義しておくと都合が良いため，ここでまとめておく．集合 $\mathbb{R} \cup \{+\infty, -\infty\}$ を $\overline{\mathbb{R}}$ で表す．$+\infty$ を単に ∞ とも書く．$\overline{\mathbb{R}}$ での演算等を以下のように定める（以下では，複号同順とする）．

- 実数に関する演算は通常通り．
- $a \in \mathbb{R}$ に対して，$-\infty < a < +\infty$．
- $a \in \mathbb{R}$ に対して，
    - ▶ $a + (\pm\infty) = \pm\infty$, $\pm\infty + a = \pm\infty$,
    - ▶ $a > 0$ のとき，$a \times (\pm\infty) = \pm\infty$, $\pm\infty \times a = \pm\infty$,
    - ▶ $a < 0$ のとき，$a \times (\pm\infty) = \mp\infty$, $\pm\infty \times a = \mp\infty$,
    - ▶ $0 \times (\pm\infty) = 0$, $\pm\infty \times 0 = 0$[8],
    - ▶ $a/(\pm\infty) = 0$．
- $(\pm\infty) + (\pm\infty) = \pm\infty$, $(\pm\infty) - (\mp\infty) = \pm\infty$．
- $(\pm\infty) \times (\pm\infty) = +\infty$, $(\pm\infty) \times (\mp\infty) = -\infty$．
- $\infty - \infty$, $-\infty + \infty$ は定義されないものとする．特に，$a + \infty = \infty$ を移項して（両辺に $-\infty$ を加えて）$a = \infty - \infty$ と変形することはできない．この形ならば間違えにくいが，$a, b, c \in \overline{\mathbb{R}}$ について，等式 $a + b = a + c$

---

[8] この規約に特に注意する．

から $b = c$ を導くには $a \neq \pm\infty$ でなければならないことを見落としやすいので注意が必要である.

- $(\pm\infty)/(\pm\infty)$, $(\pm\infty)/(\mp\infty)$ も定義されないものとする.
- $|\pm\infty| = +\infty$.
- $x, y \in \overline{\mathbb{R}}$ について, $x \vee y := \max\{x, y\}$, $x \wedge y := \min\{x, y\}$.
- $\overline{\mathbb{R}}$ の部分集合 $A (\neq \varnothing)$ に対して上限 $\sup A$ と下限 $\inf A$ が定まり, $\overline{\mathbb{R}}$ に値を取る.
- $a, b \in \overline{\mathbb{R}}$ について, 閉区間 $[a, b]$ と開区間 (a, b) を,

$$[a, b] = \{x \in \overline{\mathbb{R}} \mid a \leq x \leq b\}, \quad (a, b) = \{x \in \overline{\mathbb{R}} \mid a < x < b\}$$

と定める. $(a, b]$, $[a, b)$ も同様に定義する. これらを区間という.

▶**問 2.5.1.** $x, y, z \in \overline{\mathbb{R}}$ について, 次の結合法則および分配法則が成り立つことを確認せよ.

(1) $(x + y) + z = x + (y + z)$ (ただし, $\{x, y, z\} \not\supseteq \{+\infty, -\infty\}$ とする).
(2) $(xy)z = x(yz)$.
(3) $(x + y)z = xz + yz$ (ただし $x + y$ が定義され[9], さらに $z \in \mathbb{R}$ または $xy \geq 0$ とする).

また, 実数列が正 (負) の無限大に発散するとき, $\overline{\mathbb{R}}$ においては $+\infty$ $(-\infty)$ に収束すると解釈する. 言い換えると,

$$\varphi(x) = \begin{cases} -1 & (x = -\infty), \\ \dfrac{x}{1 + |x|} & (x \in \mathbb{R}), \\ 1 & (x = +\infty) \end{cases}$$

により定義される写像 $\varphi \colon \overline{\mathbb{R}} \to [-1, 1]$ によって, $\overline{\mathbb{R}}$ を閉区間 $[-1, 1]$ と距離空間として同一視する[10]. このとき, $\overline{\mathbb{R}}$ の位相は集合族

$$\left\{ A \cup B \cup C \;\middle|\; \begin{array}{l} A \text{ は } \mathbb{R} \text{ の開集合,\ } B \text{ は空集合または } [-\infty, b), \\ C \text{ は空集合または } (c, +\infty] \text{ (ここで } b, c \in \overline{\mathbb{R}}) \end{array} \right\} \tag{2.3}$$

---

[9] すなわち, (x, y) は $(+\infty, -\infty)$ でも $(-\infty, +\infty)$ でもない.
[10] $\overline{\mathbb{R}}$ 上の距離関数を, $\rho(x, y) = |\varphi(x) - \varphi(y)|$ $(x, y \in \overline{\mathbb{R}})$ により定めるともいえる.

となる．$\overline{\mathbb{R}}$ に関する $\mathbb{R}$ の上の相対位相は，$\mathbb{R}$ の通常の位相に等しい．

$\overline{\mathbb{R}}$ の元からなる列 $\{a_n\}_{n\in\mathbb{N}}$ に対して，**上極限**(limit superior) と**下極限**(limit inferior) を，それぞれ

$$\varlimsup_{n\to\infty} a_n = \lim_{n\to\infty}\left(\sup_{k\geq n} a_k\right) \in \overline{\mathbb{R}}, \qquad \varliminf_{n\to\infty} a_n = \lim_{n\to\infty}\left(\inf_{k\geq n} a_k\right) \in \overline{\mathbb{R}}$$

によって定める．$\varlimsup_{n\to\infty} a_n = \varliminf_{n\to\infty} a_n = \alpha$ であることと，$\{a_n\}_{n\in\mathbb{N}}$ が $\overline{\mathbb{R}}$ において収束し，極限が α に等しいことは同値である．また，$\{a_n\}_{n\in\mathbb{N}}$ の無限和 $\sum_{n=1}^{\infty} a_n$ を

$$\sum_{n=1}^{\infty} a_n = \lim_{N\to\infty}\sum_{n=1}^{N} a_n \tag{2.4}$$

によって（右辺が定義されるとき）定める．

次章以降を読む際の留意点を一つ挙げておく．本書には "∞" という文字がいろいろな場面で現れるが，それぞれどういう意味合いなのか，よく注意しながら読むことが大切である．特に，以下で現れる "∞" はすべて違う意味で用いられる．

(1)　$\overline{\mathbb{R}}$ の元としての ∞.

(2)　複素数列（または $\overline{\mathbb{R}}$ の元からなる列）$\{a_n\}_{n\in\mathbb{N}}$ の無限和 $\displaystyle\sum_{n=1}^{\infty} a_n$.

(3)　集合 X の部分集合からなる列 $\{A_n\}_{n\in\mathbb{N}}$ の和集合 $\displaystyle\bigcup_{n=1}^{\infty} A_n$.

(1) の ∞ は $+\infty$ のことである．(2) の $\sum_{n=1}^{\infty} a_n$ は (2.4) のことであり，有限和の極限を表す．(3) の $\bigcup_{n=1}^{\infty} A_n$ は，$\bigcup_{n\in\mathbb{N}} A_n = \{x \mid x \in A_n$ となる $n \in \mathbb{N}$ が存在する$\}$ のことであり，極限操作とは無関係である．特に，(2) と (3) の使い方の違いに気をつけておこう．

2.6　スクリプト文字一覧

本書では，集合族などを表す記号としてスクリプト体をよく用いる．便宜のため，文字の一覧を挙げる．

ローマン体	A	B	C	D	E	F	G	H	I	J	K	L	M
スクリプト体	$\mathscr{A}$	$\mathscr{B}$	$\mathscr{C}$	$\mathscr{D}$	$\mathscr{E}$	$\mathscr{F}$	$\mathscr{G}$	$\mathscr{H}$	$\mathscr{I}$	$\mathscr{J}$	$\mathscr{K}$	$\mathscr{L}$	$\mathscr{M}$
ローマン体	N	O	P	Q	R	S	T	U	V	W	X	Y	Z
スクリプト体	$\mathscr{N}$	$\mathscr{O}$	$\mathscr{P}$	$\mathscr{Q}$	$\mathscr{R}$	$\mathscr{S}$	$\mathscr{T}$	$\mathscr{U}$	$\mathscr{V}$	$\mathscr{W}$	$\mathscr{X}$	$\mathscr{Y}$	$\mathscr{Z}$

▌章末問題

1. 次の集合を簡単な形で表せ. さらに, そうなることを証明せよ.

$$\bigcup_{n=1}^{\infty}[0, 2-1/n], \quad \bigcup_{n=1}^{\infty}[0, 2-1/n), \quad \bigcap_{n=1}^{\infty}[0, 1+1/n],$$

$$\bigcap_{n=1}^{\infty}[0, 1+1/n), \quad \bigcap_{n=1}^{\infty}(0, 1/n]$$

2. 非負実数の族 $\{a_\lambda\}_{\lambda \in \Lambda}$ （添字集合 $\Lambda (\neq \varnothing)$ は非可算集合であってもよい）に対して, 総和 $\sum_{\lambda \in \Lambda} a_\lambda$ を

$$\sum_{\lambda \in \Lambda} a_\lambda = \sup\left\{ \sum_{\lambda \in \Lambda_0} a_\lambda \,\middle|\, \Lambda_0 \subset \Lambda \text{で, } \Lambda_0 \text{は有限集合} \right\} \in [0, +\infty] \quad (2.5)$$

により定める. $\sum_{\lambda \in \Lambda} a_\lambda < \infty$ ならば, $a_\lambda > 0$ となる λ は高々可算個であることを示せ.

（ヒント：$a_\lambda \geq 1/n$ となる λ の個数は…….）

3. a, b を実数とし, $\{b_n\}_{n \in \mathbb{N}}$ を b に収束する実数列とする. 以下の主張のうち, 正しくないものをすべて選び, それぞれについて反例を与えよ.

    (a)　任意の自然数 n に対して $a \leq b_n$ が成り立つならば, $a \leq b$ である.

    (b)　任意の自然数 n に対して $a < b_n$ が成り立つならば, $a < b$ である.

    (c)　$a \leq b$ ならば, 十分大きな自然数 n に対して $a \leq b_n$ が成り立つ.

    (d)　$a < b$ ならば, 十分大きな自然数 n に対して $a < b_n$ が成り立つ.

4. 実数列 $\{a_n\}_{n \in \mathbb{N}}$ を適当に並べ替えたものを $\{b_n\}_{n \in \mathbb{N}}$ とする. 無限和 $\sum_{n=1}^{\infty} a_n$ は収束するが $\sum_{n=1}^{\infty} b_n$ は発散するような, $\{a_n\}_{n \in \mathbb{N}}$ と $\{b_n\}_{n \in \mathbb{N}}$ の例を与えよ.

5. f を閉区間 $I = [a, b]$ 上の実数値関数とする. f が I 上で連続であるため

の必要十分条件は，I の任意の収束点列 $\{x_n\}_{n\in\mathbb{N}}$ に対して $\lim\limits_{n\to\infty} f(x_n) = f\left(\lim\limits_{n\to\infty} x_n\right)$ であることを示せ.

6. $\mathbb{R}$ 上の関数 f が,

$$f(x) = \lim_{n\to\infty} \lim_{k\to\infty} \cos^{2k}(n!\,\pi x)$$

で定義されている. f の具体的な（lim を用いない）表示式を与えよ（連続関数列について，各点収束極限を取る操作を 2 回繰り返すだけでこのような関数が現れるという例である）.

7. 次の命題は正しいか. 証明または反例を与えよ.「非負実数列 $\{a_n\}_{n\in\mathbb{N}}$ が $\lim_{n\to\infty} na_n = 0$ を満たせば，無限和 $\sum_{n=1}^{\infty} a_n$ は収束する.」

8. 閉区間 I 上の C^1-級の関数列 $\{f_n\}_{n\in\mathbb{N}}$ が，ある C^1-級の関数 f に一様収束しても，$f_n'(x)$ は $n\to\infty$ のとき $f'(x)$ に収束するとは限らない[11]. そのような例を挙げよ.

9. 次の議論は誤りである. どこがおかしいか指摘せよ（結論も誤りである）.「G を $\mathbb{R}$ の開集合とする. G は高々可算個の互いに素な開区間の族 $\{I_n\}_{n\in\Lambda}$ の和集合として表される. G の境界集合 ∂G は $\bigcup_{n\in\Lambda} \partial I_n$ に等しく，∂I_n は高々 2 点集合であるから，∂G は高々可算集合である.」

---

[11] すなわち，$\lim_{n\to\infty} f_n' = (\lim_{n\to\infty} f_n)'$ とは限らない.

第 **3** 章

測度空間

写像の連続性を論じる枠組が位相空間であるように，ルベーグ積分を論じる際の枠組となるのは測度空間である．本章では，測度空間の概念を導入し，その基本的な性質を議論する．

▌ 3.1 可測空間と測度

X を集合とする．X のべき集合 2^X の部分集合（X の部分集合を元とする集合）を，X の部分集合族という．今後，集合演算を頻繁に行うので，部分集合族が演算について閉じているという性質が重要になる．ここでは，そのような良い性質を持つ部分集合族を 2 種類導入する．

定義 3.1.1. X の部分集合族 $\mathscr{F}$ が，X 上の**有限加法族** (finitely additive class, algebra of sets) であるとは，次の 3 条件が成り立つことをいう．

(1) $\varnothing \in \mathscr{F}$.
(2) $E \in \mathscr{F}$ ならば $E^c \in \mathscr{F}$ [1].
(3) $E_1, E_2 \in \mathscr{F}$ ならば $E_1 \cup E_2 \in \mathscr{F}$.

定義 3.1.2. X の部分集合族 $\mathscr{M}$ が，X 上の **σ-加法族**（σ-集合体，σ-field）であるとは，次の 3 条件が成り立つことをいう．

---

[1] 念のため，ここでの E^c は X における E の補集合，すなわち $X \setminus E$ を表す．

(1) $\varnothing \in \mathscr{M}$.

(2) $E \in \mathscr{M}$ ならば $E^c \in \mathscr{M}$.

(3) $E_j \in \mathscr{M}$ $(j \in \mathbb{N})$ ならば, $\bigcup_{j=1}^{\infty} E_j \in \mathscr{M}$.

　ルベーグ積分論においては, σ-加法族が最重要であり, 有限加法族の果たす役割は補助的である.

命題 3.1.3. X 上の有限加法族 $\mathscr{F}$ に対して, 以下が成り立つ.

(1) $X \in \mathscr{F}$.

(2) $E_1, E_2, \ldots, E_n \in \mathscr{F}$ ならば, $\bigcup_{j=1}^{n} E_j \in \mathscr{F}$, $\bigcap_{j=1}^{n} E_j \in \mathscr{F}$.

(3) $E_1, E_2 \in \mathscr{F}$ ならば, $E_1 \setminus E_2 \in \mathscr{F}$.

証明. (1) $X = \varnothing^c \in \mathscr{F}$.

(2) $\bigcup_{j=1}^{n} E_j = \left(\bigcup_{j=1}^{n-1} E_j \right) \cup E_n$ に注意して, n についての数学的帰納法より $\bigcup_{j=1}^{n} E_j \in \mathscr{F}$ が従う. また, ド・モルガンの法則 (2.1) より, $\bigcap_{j=1}^{n} E_j = \left(\bigcup_{j=1}^{n} E_j^c \right)^c \in \mathscr{F}$.

(3) $E_1 \setminus E_2 = E_1 \cap E_2^c \in \mathscr{F}$. $\square$

命題 3.1.4. X 上の σ-加法族 $\mathscr{M}$ に対して, 以下が成り立つ.

(1) $\mathscr{M}$ は有限加法族.

(2) $E_j \in \mathscr{M}$ $(j \in \mathbb{N})$ ならば, $\bigcap_{j=1}^{\infty} E_j \in \mathscr{M}$.

証明. (1) $E_j = \varnothing$ $(j \geq 3)$ として定義 3.1.2(3) を適用すると, 定義 3.1.1(3) が従う.

(2) ド・モルガンの法則 (2.1) より, $\bigcap_{j=1}^{\infty} E_j = \left(\bigcup_{j=1}^{\infty} E_j^c \right)^c \in \mathscr{M}$. $\square$

　$\mathscr{M}$ が X 上の σ-加法族であるとき, $(X, \mathscr{M})$ を **可測空間** (measurable space), $\mathscr{M}$ の元を ($\mathscr{M}$-) **可測集合** (measurable set) という.

例 3.1.5. 以下は, σ-加法族であることが直ちに分かる単純な例である.

(1) $\mathscr{M} = \{\varnothing, X\}$.

(2) $\mathscr{M} = 2^X$.

(3) $\mathscr{M} = \{E \subset X \mid E$ または E^c は高々可算集合$\}$.

命題 3.1.6. Λ を空でない添字集合とし，各 $\mathscr{M}_\lambda$ $(\lambda \in \Lambda)$ が X 上の σ-加法族であるとする．このとき，$\bigcap_{\lambda \in \Lambda} \mathscr{M}_\lambda$ も X 上の σ-加法族である[2]．

証明. すべての $\lambda \in \Lambda$ に対して $\varnothing \in \mathscr{M}_\lambda$ であるから，$\varnothing \in \bigcap_{\lambda \in \Lambda} \mathscr{M}_\lambda$. $E \in \bigcap_{\lambda \in \Lambda} \mathscr{M}_\lambda$ とするとき，すべての $\lambda \in \Lambda$ に対して $E \in \mathscr{M}_\lambda$ であるから $E^c \in \mathscr{M}_\lambda$ であり，したがって $E^c \in \bigcap_{\lambda \in \Lambda} \mathscr{M}_\lambda$. $\bigcap_{\lambda \in \Lambda} \mathscr{M}_\lambda$ が可算和について閉じていることも同様にして示される． □

X の部分集合族 $\mathscr{G}$ を任意に取るとき，$\mathscr{G}$ を含む最小の σ-加法族が存在する．実際，$\displaystyle\bigcap_{\mathscr{M}:\, \mathscr{G} \text{ を含む } \sigma\text{-加法族}} \mathscr{M}$ がそうである[3]．これを $\sigma(\mathscr{G})$ で表し，$\mathscr{G}$ から**生成される** σ-加法族という．$\mathscr{G} \subset \sigma(\mathscr{G})$ であるので，特に $\mathscr{G}$ の元 E の補集合 E^c や，$\mathscr{G}$ の元 E_n $(n \in \mathbb{N})$ の和集合 $\bigcup_{n=1}^\infty E_n$ は $\sigma(\mathscr{G})$ の元である．

一般に，$\mathscr{G}_1 \subset \mathscr{G}_2$ のとき $\sigma(\mathscr{G}_1) \subset \sigma(\mathscr{G}_2)$ であることに注意しよう．実際，$\sigma(\mathscr{G}_2)$ は $\mathscr{G}_1$ を含む σ-加法族であり，$\sigma(\mathscr{G}_1)$ は $\mathscr{G}_1$ を含む σ-加法族のうち最小のものだからである．この事実は今後断りなく用いられる．

例 3.1.7. $X = \{a, b, c, d, e\}$，$\mathscr{G} = \{\{a\}, \{b, c\}\}$ のとき，$\mathscr{G}$ を含む σ-加法族をすべて列挙すると，

$$\mathscr{M}_1 = \{\varnothing, \{a\}, \{b, c\}, \{a, b, c\}, \{d, e\}, \{a, d, e\}, \{b, c, d, e\}, X\}$$

$$\mathscr{M}_2 = \mathscr{M}_1 \cup \{\{b\}, \{c\}, \{a, b\}, \{a, c\}, \{b, d, e\}, \{c, d, e\},$$
$$\{a, b, d, e\}, \{a, c, d, e\}\}$$

$$\mathscr{M}_3 = \mathscr{M}_1 \cup \{\{d\}, \{e\}, \{a, d\}, \{a, e\}, \{b, c, d\}, \{b, c, e\},$$
$$\{a, b, c, d\}, \{a, b, c, e\}\}$$

$$\mathscr{M}_4 = 2^X$$

の四つとなる．特に，$\sigma(\mathscr{G}) = \bigcap_{n=1}^4 \mathscr{M}_n = \mathscr{M}_1$ である．一般に $\mathscr{G}$ が（非可算）無限個の元からなるような場合は，このように単純に書き下すことは望めない．

---

[2] $\bigcap_{\lambda \in \Lambda} \mathscr{M}_\lambda$ の意味が分かりにくいかもしれないので，一つ例を挙げておく．$X = \{a, b, c\}$，$\Lambda = \{1, 2\}$，$\mathscr{M}_1 = \{\varnothing, \{a\}, \{a, b\}, \{b, c\}\}$，$\mathscr{M}_2 = \{\varnothing, \{b\}, \{b, c\}, \{a, b, c\}\}$ のとき，$\bigcap_{\lambda \in \Lambda} \mathscr{M}_\lambda = \{\varnothing, \{b, c\}\}$ である．この例では，$\mathscr{M}_1$ も $\mathscr{M}_2$ も σ-加法族ではない．

[3] $\mathscr{G}$ を含む σ-加法族が一つは存在する（2^X がそうである）ことにも注意する．

▶ **問 3.1.8.** 例 3.1.7 に関連して，以下の図式の意味を解読せよ.

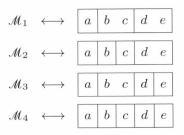

▶ **問 3.1.9.** A, B を X の部分集合とし，$\mathscr{G} = \{A, B\}$ とするとき，$\sigma(\mathscr{G})$ の元をすべて書き下せ[4]（ベン図（図 3.1）を参考にするとよい）.

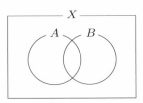

図 3.1 ベン図.

特に，X が位相空間で，$\mathscr{O} = \{X$ の開集合全体$\}$ とするとき，$\sigma(\mathscr{O})$ を X 上の**ボレル σ-加法族** (Borel σ-field) といい，本書では $\mathscr{B}(X)$ で表す．$\mathscr{B}(X)$ の元を**ボレル集合** (Borel set) という．$\mathscr{B}(X)$ が補集合を取る操作で閉じていることから，X の任意の開集合だけでなく，任意の閉集合もボレル集合であることに注意する.

以下の命題 3.1.10 の主張を述べるため，$\mathbb{R}^d$ の部分集合族を次のように定める.

$\mathscr{O} = \{\mathbb{R}^d$ の開集合全体$\}$,
$\mathscr{C} = \{\mathbb{R}^d$ の閉集合全体$\}$,

---

[4] 繰り返しの注意となるが，$\sigma(\mathscr{G})$ の元すべてを具体的に書き表せるのは非常に単純な状況であるためである.

$\mathcal{K} = \{\mathbb{R}^d$ のコンパクト集合全体$\}$,

$\mathcal{I} = \{(a_1, b_1) \times \cdots \times (a_d, b_d) \subset \mathbb{R}^d \mid -\infty \leq a_i \leq b_i \leq \infty \ (i = 1, 2, \ldots, d)\}$,

$\mathcal{J} = \{(a_1, b_1] \times \cdots \times (a_d, b_d] \subset \mathbb{R}^d \mid -\infty \leq a_i \leq b_i \leq \infty \ (i = 1, 2, \ldots, d)\}$.

ただし $\mathcal{J}$ の定義において,

$$(a, b] := (a, b] \cap \mathbb{R} = \begin{cases} (a, b] & (b < \infty \text{ のとき}), \\ (a, \infty) & (b = \infty \text{ のとき}) \end{cases} \tag{3.1}$$

と約束する[5]. $\mathcal{I}$ の元は $\mathbb{R}^d$ の開集合であることに注意する. また, $\mathcal{I}$ や $\mathcal{J}$ の元のように区間の直積で表される集合を **d 次元区間**という. 特に, $\mathcal{I}$ の元を d 次元開区間, d 次元区間で閉集合であるものを d 次元閉区間という.

命題 3.1.10. $(\mathcal{B}(\mathbb{R}^d) =) \sigma(\mathcal{O}) = \sigma(\mathcal{C}) = \sigma(\mathcal{K}) = \sigma(\mathcal{I}) = \sigma(\mathcal{J})$.

証明. 包含関係 $\sigma(\mathcal{I}) \subset \sigma(\mathcal{J}) \subset \sigma(\mathcal{K}) \subset \sigma(\mathcal{C}) \subset \sigma(\mathcal{O}) \subset \sigma(\mathcal{I})$ を示せばよい.

- $\sigma(\mathcal{I}) \subset \sigma(\mathcal{J})$ の証明. $I = (a_1, b_1) \times \cdots \times (a_d, b_d) \ (-\infty \leq a_i \leq b_i \leq \infty, \ i = 1, 2, \ldots, d)$ に対して

$$J_n = \left(a_1, b_1 - \frac{1}{n}\right] \times \cdots \times \left(a_d, b_d - \frac{1}{n}\right] \quad (n \in \mathbb{N})$$

と定めると $J_n \in \mathcal{J}$ であり, $I = \bigcup_{n=1}^{\infty} J_n \in \sigma(\mathcal{J})$. したがって $\mathcal{I} \subset \sigma(\mathcal{J})$. $\sigma(\mathcal{I})$ は $\mathcal{I}$ を含む最小の σ-加法族だから, $\sigma(\mathcal{I}) \subset \sigma(\mathcal{J})$ が従う.

- $\sigma(\mathcal{J}) \subset \sigma(\mathcal{K})$ の証明. $J = (a_1, b_1] \times \cdots \times (a_d, b_d] \ (-\infty \leq a_i \leq b_i \leq \infty, \ i = 1, 2, \ldots, d)$ に対して

$$K_n = \left[(-n) \vee \left(a_1 + \frac{1}{n}\right), b_1 \wedge n\right] \times \cdots \times \left[(-n) \vee \left(a_d + \frac{1}{n}\right), b_d \wedge n\right]$$
$$(n \in \mathbb{N})$$

と定めると $K_n \in \mathcal{K}$ であり, $J = \bigcup_{n=1}^{\infty} K_n \in \sigma(\mathcal{K})$. したがって $\mathcal{J} \subset \sigma(\mathcal{K})$ となるので $\sigma(\mathcal{J}) \subset \sigma(\mathcal{K})$.

---

[5] $(a, b]$ は本書で独自に用いる記号である.

- $\sigma(\mathcal{K}) \subset \sigma(\mathcal{C})$ の証明. $\mathcal{K} \subset \mathcal{C}$ であることから従う.

- $\sigma(\mathcal{C}) \subset \sigma(\mathcal{O})$ の証明. $F \in \mathcal{C}$ に対して, $F = (F^c)^c \in \sigma(\mathcal{O})$. よって $\mathcal{C} \subset \sigma(\mathcal{O})$ となり, $\sigma(\mathcal{C}) \subset \sigma(\mathcal{O})$ が従う.

- $\sigma(\mathcal{O}) \subset \sigma(\mathcal{I})$ の証明. $\mathcal{I}$ の元のうち, 頂点がすべて有理点(座標の成分がすべて有理数である点)であるような d 次元開区間の全体を $\hat{\mathcal{I}}$ とすると, $\hat{\mathcal{I}}$ は可算集合である. $G \in \mathcal{O}$ を任意に選び $\hat{\mathcal{I}}_G = \{I \in \hat{\mathcal{I}} \mid I \subset G\}$ とおくと, $G = \bigcup_{I \in \hat{\mathcal{I}}_G} I$ である[6]. これより $G \in \sigma(\mathcal{I})$. よって, $\mathcal{O} \subset \sigma(\mathcal{I})$ となり, $\sigma(\mathcal{O}) \subset \sigma(\mathcal{I})$ が従う. □

▶ **問 3.1.11.** 上の命題において, 包含関係 $\sigma(\mathcal{K}) \subset \sigma(\mathcal{I})$ を直接示せ.

命題 3.1.12. 次の主張が成り立つ.

(1) $\mathbb{R}$ の部分集合族 $\mathcal{I}_0 := \{(-\infty, b) \mid b \in \mathbb{R}\}$ と $\mathcal{J}_0 := \{(-\infty, b] \mid b \in \mathbb{R}\}$ に対して, $\sigma(\mathcal{I}_0) = \sigma(\mathcal{J}_0) = \mathcal{B}(\mathbb{R})$ である.

(2) $\overline{\mathbb{R}}$ の部分集合族 $\hat{\mathcal{I}}_0 := \{[-\infty, b) \mid b \in \mathbb{R}\}$ と $\hat{\mathcal{J}}_0 := \{[-\infty, b] \mid b \in \mathbb{R}\}$ に対して, $\sigma(\hat{\mathcal{I}}_0) = \sigma(\hat{\mathcal{J}}_0) = \mathcal{B}(\overline{\mathbb{R}})$ である.

証明. (1) σ-加法族は全体集合を元に持つから, $\mathbb{R} \in \sigma(\mathcal{I}_0)$ および $\mathbb{R} \in \sigma(\mathcal{J}_0)$ であることに注意する. $-\infty \le a \le b \le \infty$ のとき,

$$(a, b) = (-\infty, b) \setminus \bigcap_{n=1}^{\infty} (-\infty, a + 1/n) \in \sigma(\mathcal{I}_0),$$
$$(a, b] = (-\infty, b] \setminus (-\infty, a] \in \sigma(\mathcal{J}_0)$$

である. よって, 命題 3.1.10 において $d = 1$ のときの部分集合族 $\mathcal{I}, \mathcal{J}$ に対して $\mathcal{I} \subset \sigma(\mathcal{I}_0)$ と $\mathcal{J} \subset \sigma(\mathcal{J}_0)$ が成り立つ. これより, $\sigma(\mathcal{I}) \subset \sigma(\mathcal{I}_0)$ および $\sigma(\mathcal{J}) \subset \sigma(\mathcal{J}_0)$ が従う. 逆向きの包含関係が成り立つことは明らか. 命題 3.1.10 より, 主張が従う.

---

[6] 以下で証明を与える. $\hat{\mathcal{I}}_G$ の定義より, $G \supset \bigcup_{I \in \hat{\mathcal{I}}_G} I$ は明らか. 逆向きの包含関係を示そう. $x \in G$ を任意に選ぶ. 有理数 $\delta > 0$ を十分小さく取ると, 各辺の長さが δ で x を中心とする d 次元開区間 A は G に含まれる. x との距離が $\delta/4$ 未満であるような有理点 y を取ると, 各辺の長さが $\delta/2$ で y を中心とする d 次元開区間 B は $x \in B \subset A$ を満たす. 特に $B \in \hat{\mathcal{I}}_G$ となり, $x \in \bigcup_{I \in \hat{\mathcal{I}}_G} I$ が成立する. したがって, $G \subset \bigcup_{I \in \hat{\mathcal{I}}_G} I$ が成り立つ.

(2) $\sigma(\hat{\mathcal{I}}_0) \subset \sigma(\hat{\mathcal{J}}_0) \subset \mathcal{B}(\overline{\mathbb{R}}) \subset \sigma(\hat{\mathcal{I}}_0)$ を示す.

- $\sigma(\hat{\mathcal{I}}_0) \subset \sigma(\hat{\mathcal{J}}_0)$ の証明. $b \in \mathbb{R}$ に対して $[-\infty, b) = \bigcup_{n=1}^{\infty}[-\infty, b - 1/n] \in \sigma(\hat{\mathcal{J}}_0)$ であることから従う.

- $\sigma(\hat{\mathcal{J}}_0) \subset \mathcal{B}(\overline{\mathbb{R}})$ の証明. $\hat{\mathcal{J}}_0$ の元は閉集合であるから, $\hat{\mathcal{J}}_0 \subset \mathcal{B}(\overline{\mathbb{R}})$. したがって, $\sigma(\hat{\mathcal{J}}_0) \subset \mathcal{B}(\overline{\mathbb{R}})$.

- $\mathcal{B}(\overline{\mathbb{R}}) \subset \sigma(\hat{\mathcal{I}}_0)$ の証明. $\overline{\mathbb{R}}$ の開集合は, $A \cup B \cup C$ (ここで A は $\mathbb{R}$ の開集合, B は空集合または $[-\infty, b)$, C は空集合または $(c, \infty]$ $(b, c \in \overline{\mathbb{R}})$) と表される. A は有界開区間の高々可算和で表せる[7]. $a, a' \in \mathbb{R}$ に対し, $(a, a') = [-\infty, a') \setminus \bigcap_{n=1}^{\infty}[-\infty, a + 1/n] \in \sigma(\hat{\mathcal{I}}_0)$. よって, $A \in \sigma(\hat{\mathcal{I}}_0)$. また, $[-\infty, b) \in \sigma(\hat{\mathcal{I}}_0)$ であり, $(c, \infty] = \left(\bigcap_{n=1}^{\infty}[-\infty, c + 1/n]\right)^c \in \sigma(\hat{\mathcal{I}}_0)$. したがって, $\overline{\mathbb{R}}$ の開集合は $\sigma(\hat{\mathcal{I}}_0)$ の元である. これより, $\mathcal{B}(\overline{\mathbb{R}}) \subset \sigma(\hat{\mathcal{I}}_0)$ が従う. $\qquad\square$

注意 3.1.13. $\mathcal{G}$ $(\subset 2^X)$ に対して, $\mathcal{G}$ から生成される σ-加法族 $\sigma(\mathcal{G})$ という概念は少し分かりにくいかもしれない. いくつか補足説明をしておく.

まず, 似たような概念は, 以下のように数学のさまざまな場面で見られる.

(a) S を位相空間とするとき, S の部分集合 A の閉包 $\overline{A}$ は「A を含む最小の閉集合」として定義され,

$$\overline{A} = \bigcap_{B: \, A \text{ を含む閉集合}} B. \tag{3.2}$$

(b) V を実ベクトル空間とするとき, V の部分集合 A で張られる部分ベクトル空間 span A は「A を含む最小の部分ベクトル空間」として定義され,

$$\text{span}\, A = \bigcap_{B: \, A \subset B \text{ なる } V \text{ の部分ベクトル空間}} B. \tag{3.3}$$

(c) V を実ベクトル空間とするとき, V の部分集合 A の凸包 conv A は「A を含む最小の凸集合[8]」として定義され,

---

[7] 命題 3.1.10 の $\sigma(\mathcal{C}) \subset \sigma(\mathcal{I})$ の証明中で示している.

[8] V の部分集合 B が凸であるとは, 任意の $t \in [0, 1]$, $x, y \in B$ に対して $tx + (1 - t)y \in B$ であることをいう.

$$\operatorname{conv} A = \bigcap_{B:\ A \text{ を含む凸集合}} B. \tag{3.4}$$

いずれも「閉集合であること」,「部分ベクトル空間であること」,「凸であること」という性質が,（任意の族の）共通部分を取るという操作で保たれることが効いている（したがって, 例えば (a) において「A を含む最小の**開集合**」が一般に存在するとは限らない）. X の部分集合族 $\mathscr{G}$, すなわち 2^X の部分集合 $\mathscr{G}$ から生成される σ-加法族というのもこれらと同じ精神で構成されている[9] が, もとの集合 2^X が「集合の集合」（2^X の元は X の部分集合）であることが分かりにくいところかもしれない.

さて, (3.2), (3.3), (3.4) は統一的に表され, 概念の類似性を示しているが, 集合がどのような元から成り立っているかは明らかでない. これらについては以下のように, ある程度具体的に表示することもできる.

(a): $\overline{A} = \{x \in S \mid x \text{ の任意の近傍と } A \text{ の共通集合は空集合でない}\}$,

(b): $\operatorname{span} A = \left\{ \sum_{j=1}^{n} \alpha_j x_j \;\middle|\; n \in \mathbb{N},\ \alpha_j \in \mathbb{R},\ x_j \in A\ (j = 1, 2, \ldots, n) \right\}$,

(c): $\operatorname{conv} A = \left\{ \sum_{j=1}^{n} t_j x_j \;\middle|\; \begin{array}{l} n \in \mathbb{N},\ t_j \geq 0,\ x_j \in A\ (j = 1, 2, \ldots, n), \\ \sum_{j=1}^{n} t_j = 1 \end{array} \right\}$.

それでは, 2^X の部分集合 $\mathscr{G}$ に対する $\sigma(\mathscr{G})$ の各元を, $\mathscr{G}$ の元を用いて具体的に記述することはできるだろうか. まずは, より単純な「$\mathscr{G}$ を含む最小の**有限加法族** $\sigma_0(\mathscr{G})$」について考えてみよう. これも

$$\sigma_0(\mathscr{G}) = \bigcap_{\mathscr{F}:\ \mathscr{G} \text{ を含む有限加法族}} \mathscr{F}$$

と表示できるが, より具体的に

$$\mathscr{G}_1 = \mathscr{G} \cup \{A^c \mid A \in \mathscr{G}\} \cup \{\varnothing, X\},$$

---

[9] 3 行上に書いた「共通部分を取るという操作で保たれる」という性質は, σ-加法族が持つ「可算個の可測集合の共通部分も可測集合」という性質と直接は無関係である（前者は 2^X の部分集合の族に関する性質で, 後者は X の部分集合の族に関する性質）. 紛らわしいので注意する.

$$\mathcal{G}_2 = \left\{ \bigcap_{j=1}^{N} A_j \ \middle| \ N \in \mathbb{N}, \ A_j \in \mathcal{G}_1 \ (j=1,2,\ldots,N) \right\},$$

$$\mathcal{G}_3 = \left\{ \bigcup_{i=1}^{M} B_i \ \middle| \ M \in \mathbb{N}, \ B_i \in \mathcal{G}_2 \ (i=1,2,\ldots,M) \right\}$$

とすると $\mathcal{G}_3 = \sigma_0(\mathcal{G})$ であることを示そう[10]. $\sigma_0(\mathcal{G})$ は $\mathcal{G}$ を含む有限加法族であるから, $\mathcal{G}_1 \subset \sigma_0(\mathcal{G})$, $\mathcal{G}_2 \subset \sigma_0(\mathcal{G})$, $\mathcal{G}_3 \subset \sigma_0(\mathcal{G})$ が順に分かる. $\mathcal{G} \subset \mathcal{G}_3$ であるから, 後は $\mathcal{G}_3$ が有限加法族であることを示せば $\sigma_0(\mathcal{G}) \subset \mathcal{G}_3$ となり, $\mathcal{G}_3 = \sigma_0(\mathcal{G})$ が成り立つことになる. $\varnothing \in \mathcal{G}_3$ であることと $\mathcal{G}_3$ が有限和を取る操作で閉じていることは, 定義から直ちに分かる. 補集合を取る操作で閉じていることを示そう. 一般に, $\mathcal{G}_3$ の元 A は

$$A = \bigcup_{i=1}^{M} \bigcap_{j=1}^{N_i} A_{i,j}$$
$$(M \in \mathbb{N}, \ N_i \in \mathbb{N}, \ A_{i,j} \in \mathcal{G}_1 \ (i=1,2,\ldots,M, \ j=1,2,\ldots,N_i))$$

と表される. $N = \max_{i=1,2,\ldots,M} N_i$ とし, $A_{i,j} = A_{i,1}$ $(j = N_i+1, N_i+2,\ldots,N)$ と定めることで, 上式中の N_i は i に無関係な自然数 N であるとして一般性を失わない. するとド・モルガンの法則 (2.1) と分配法則 (2.2) より

$$A^c = \bigcap_{i=1}^{M} \bigcup_{j=1}^{N} A_{i,j}^c = \bigcup_{\Phi \in \mathrm{Map}(\{1,2,\ldots,M\} \to \{1,2,\ldots,N\})} \bigcap_{i=1}^{M} A_{i,\Phi(i)}^c. \tag{3.5}$$

ここで $\mathrm{Map}(\{1,2,\ldots,M\} \to \{1,2,\ldots,N\})$ は集合 $\{1,2,\ldots,M\}$ から集合 $\{1,2,\ldots,N\}$ への写像の全体を表す[11]. この元は N^M 個, 特に有限個であるから, $A^c \in \mathcal{G}_3$ であることが分かり, 主張が示された.

以上をふまえると, $\sigma(\mathcal{G})$ の元 A については, 一般に

---

[10] 第7章の命題7.2.2を利用すれば, $\mathcal{G}_2$ が集合半代数 (定義7.2.1) であることを示せばよいが, ここでは直接主張を示す.

[11] (3.5) が分かりにくければ, 以下の表示式をもとに考えてもよい:

$$A^c = \bigcup_{j_1=1}^{N} \bigcup_{j_2=1}^{N} \cdots \bigcup_{j_M=1}^{N} \bigcap_{i=1}^{M} A_{i,j_i}^c.$$

$$A = \bigcup_{i\in\mathbb{N}} \bigcap_{j\in\mathbb{N}} A_{i,j} \quad (A_{i,j} \in \mathcal{G}_1) \tag{3.6}$$

と表されるのではないかと期待したくなるが，残念ながらそうではない．このように表される元の全体 $\mathcal{G}_3$ はもちろん $\sigma(\mathcal{G})$ に含まれるが，逆の包含関係は成り立つとは限らない．実際，(3.6) で表される A に対して，(2.1)，(2.2) より

$$A^c = \bigcap_{i\in\mathbb{N}} \bigcup_{j\in\mathbb{N}} A_{i,j}^c = \bigcup_{\Phi\in\mathrm{Map}(\mathbb{N}\to\mathbb{N})} \bigcap_{i\in\mathbb{N}} A_{i,\Phi(i)}^c$$

となるが，$\mathbb{N}$ から $\mathbb{N}$ への写像の全体は連続体濃度を持ち，上式の Φ に関する和は可算和ではない[12]．有限と無限の大きな差異がここに現れている．$\sigma(\mathcal{G})$ の元を $\mathcal{G}$ の元で記述するためには，順序数の概念を用いた定式化を要する．興味のある読者向けに第 A.2 節で解説するが，ここでは詳細は省略し，「記述は可能であるが，本書ではそのような表示を用いて理論を展開することはない」ということをふまえてもらえばよい．具体的な表示式を用いずに議論する方法を今後見ていくことになるだろう．

▶ **問 3.1.14.** 集合 X の部分集合族 $\mathcal{G}$ に対して，$\mathcal{G}$ のすべての元を開集合とするような X の位相のうち最も小さなものを，$\mathcal{G}$ から**生成される**位相と呼び，ここでは $\tau(\mathcal{G})$ で表す．

$$\mathcal{G}_1 = \mathcal{G} \cup \{\emptyset, X\},$$
$$\mathcal{G}_2 = \left\{ \bigcap_{j=1}^{N} A_j \ \middle| \ N \in \mathbb{N}, \ A_j \in \mathcal{G}_1 \ (j = 1, 2, \ldots, N) \right\},$$
$$\mathcal{G}_3 = \left\{ \bigcup_{B\in\mathcal{H}} B \ \middle| \ \mathcal{H} \subset \mathcal{G}_2 \right\}$$

とすると $\mathcal{G}_3 = \tau(\mathcal{G})$ であることを示し，「$\mathcal{G}$ から生成される σ-加法族 $\sigma(\mathcal{G})$」との状況の相違について考察せよ．

注意 3.1.15. $\mathbb{R}^d$ の部分集合 A が与えられたとき，A が開集合であるための必要十分条件は A の内部が A に等しいことであり，開集合の形状は分かりやす

---

[12] だから $A^c \notin \mathcal{G}_3$ である，と直ちには言えないが（もしかしたら A^c が別の形でうまく表現されているかもしれないから），そうなることもあるだろうと予想できる．実際，一般には $\mathcal{G}_3$ は補集合を取る操作で閉じていないことが知られている．

い．しかし，一般のボレル集合を想像するのはなかなか難しい．開集合や閉集合の可算個の和集合や共通集合，またそれらの補集合はボレル集合であり，そのような集合を可算個持ってきて和集合や共通集合，補集合をとってもボレル集合になる．「普通に思いつくような大抵の集合はボレル集合であり，ボレル集合の素性は良い」というのが素朴な感覚である．とは言え，一般にボレル集合は位相的には単純ではなく，複雑な集合になりうる[13]．例えば有理数全体の集合 $\mathbb{Q}$ は $\mathbb{R}$ のボレル集合の簡単な例であるが，内部は空集合で閉包は $\mathbb{R}$ である．位相的な意味で開集合や閉集合による "安易な" 近似ができるとは限らない，という認識は大事である．しかし後述の命題 8.1.10 などで示すように，ルベーグ積分論の観点からは良い近似ができ，そのことが理論の展開には重要となる．集合論からの注意として，$\mathbb{R}^d$ のボレル集合の全体からなる集合は連続体濃度 $\mathfrak{c}$ を持ち（系 A.2.4），$\mathbb{R}^d$ のべき集合は濃度 $2^{\mathfrak{c}}$ を持つため，$\mathbb{R}^d$ の部分集合はボレル集合でないものの方が実は圧倒的に多い．

次に，集合の面積や体積に類した量を与える集合関数である，測度の概念を導入する．

定義 3.1.16. $(X, \mathcal{M})$ を可測空間とする．写像 $\mu\colon \mathcal{M} \to [0, +\infty]$ が次の2条件を満たすとき，μ を $(X, \mathcal{M})$ 上の**測度** (measure) という．

(1) $\mu(\varnothing) = 0$.

(2) (**σ-加法性** (σ-additivity)，可算加法性，完全加法性) $\mathcal{M}$ の元からなる列 $\{E_n\}_{n\in\mathbb{N}}$ が互いに素であるとき，

$$\mu\left(\bigsqcup_{n=1}^{\infty} E_n\right) = \sum_{n=1}^{\infty} \mu(E_n). \tag{3.7}$$

このとき，三つ組 $(X, \mathcal{M}, \mu)$ を**測度空間** (measure space) という．$\mu(X) < \infty$ のとき，μ を**有限測度** (finite measure)，$(X, \mathcal{M}, \mu)$ を**有限測度空間** (finite measure space) ともいう．$\mu(X)$ の値を μ の全測度という．

▶ **問 3.1.17.** n を自然数，$\mu_1, \mu_2, \ldots, \mu_n$ を可測空間 $(X, \mathcal{M})$ 上の測度とし，

---

[13] もちろん，何をもって複雑というかにもよるが．

$a_1, a_2, \ldots, a_n$ を非負実数とする．$A \in \mathcal{M}$ に対して

$$\nu(A) = \sum_{k=1}^{n} a_k \mu_k(A)$$

と定めると，ν も $(X, \mathcal{M})$ 上の測度となることを確認せよ．この ν を $\sum_{k=1}^{n} a_k \mu_k$ と表す．

定義 3.1.18. $\mathcal{F}$ を X 上の有限加法族とする．写像 $\mu\colon \mathcal{F} \to [0, +\infty]$ が次の 2 条件を満たすとき，μ を $(X, \mathcal{F})$ 上の**有限加法的測度**（または有限加法的集合関数，finitely additive measure）[14] という．

(1) 　$\mu(\varnothing) = 0.$

(2) 　(**有限加法性** (finite additivity)) $E_1, E_2 \in \mathcal{F}$ が互いに素であるとき，

$$\mu(E_1 \sqcup E_2) = \mu(E_1) + \mu(E_2). \tag{3.8}$$

このとき，$(X, \mathcal{F}, \mu)$ を**有限加法的測度空間**という．

　測度は有限加法的測度である．実際，σ-加法性を表す (3.7) において，$E_k = \varnothing$ $(k \geq 3)$ として性質 $\mu(\varnothing) = 0$ を用いれば有限加法性 (3.8) が従う．今後，この事実は断りなしに用いる．

　有限加法的測度空間は，本書においては測度空間を構成するための前段階としての役割のみを持つ．

▌ 3.2　いくつかの例

　測度の例をいくつか挙げる．大抵の非自明な測度は，情報のすべてを明示的に書き下すことは期待できず，通常は第7章で論じる構成定理を通じて，存在を保証したり間接的に情報を得るのみであることを予め注意しておく．以下の

---

[14] 定義から分かるように，有限加法的測度は一般に測度ではない．「測度」という用語を「σ-加法的測度」の意味で用いることの副作用である．「有限加法的集合関数 (finitely additive set function)」という用語の方が誤解の余地がないのだが長過ぎるので，本書では「有限加法的測度」の方を用いることにする．「有限測度」（$\mu(X) < \infty$ となる測度）と混同しないように注意．

例のうち最初の三つは，すべての可測集合の測度を具体的に与えているという意味で大変単純なものである．残りの例について，主張の証明は第7章に譲り，ここでは事実のみ記す．

3.2.1 計数測度

$(X, \mathcal{M})$ を任意の可測空間とする．$A \in \mathcal{M}$ に対して，$\mu(A)$ を集合 A の元の個数 $\#A$ $(\in \mathbb{N} \cup \{0, +\infty\})$ と定める[15]と，μ は $(X, \mathcal{M})$ 上の測度となる．μ を**計数測度** (counting measure) という．

3.2.2 高々可算集合上の測度

X を高々可算集合，$\mathcal{M} = 2^X$ とし，φ を X 上の $[0, +\infty]$-値関数とする．$\mu(\varnothing) = 0$ とし，空集合でない $A \in \mathcal{M}$ に対して $\mu(A) = \sum_{x \in A} \varphi(x)$ と定める．ここでの和は，第2章の章末問題2の (2.5) の意味で取る．A は高々可算集合だから，A の元を適当に一列に並べ，その順に $\varphi(x)$ を足すことにしても同じことである．μ は $(X, \mathcal{M})$ 上の測度である．

▶ **問 3.2.1.** μ が測度になることを確認せよ．

▶ **問 3.2.2.** 高々可算集合 X と $\mathcal{M} = 2^X$ に対して，$(X, \mathcal{M})$ 上の測度はこのようなものに限られることを示せ．

3.2.3 ディラック測度

$(X, \mathcal{M})$ を任意の可測空間とし，z を X の元とする．$A \in \mathcal{M}$ に対して

$$\delta_z(A) = \begin{cases} 1 & (z \in A \text{ のとき}), \\ 0 & (z \notin A \text{ のとき}) \end{cases}$$

と定めると，δ_z は $(X, \mathcal{M})$ 上の測度となる．δ_z を z におけるディラック測度 (Dirac measure) という[16]．

少し一般化して，$\{z_k\}_{k \in \Lambda}$ を X の相異なる高々可算個の元，a_k $(k \in \Lambda)$ を

---

[15] A が無限集合ならば，$\mu(A) = +\infty$ とする．

[16] (ディラックの) デルタ測度ともいう．

非負実数とするとき，$A \in \mathcal{M}$ に対して

$$\mu(A) = \sum_{k \in \Lambda : z_k \in A} a_k \left(= \sum_{k \in \Lambda} a_k \delta_{z_k}(A) \right)$$

と定めると，μ は $(X, \mathcal{M})$ 上の測度になる．$\mu = \sum_{k \in \Lambda} a_k \delta_{z_k}$ とも表す．特に $X = \mathbb{R}^d$ で，$\sum_{k \in \Lambda} a_k = 1$ のとき[17]，確率論の文脈では μ を $\mathbb{R}^d$ 上の離散確率分布という．

3.2.4　1 次元ルベーグ測度

$X = \mathbb{R}$ とし，$\bigsqcup_{k=1}^{n} (a_k, b_k]$ $(n \in \mathbb{N}, \ -\infty \leq a_1 \leq b_1 \leq a_2 \leq b_2 \leq a_3 \leq \cdots \leq a_n \leq b_n \leq +\infty)$ で表される集合の全体を $\mathcal{F}$ とする[18]．例えば $(0, 1] \cup (2, 3] \cup (4, \infty)$ は $\mathcal{F}$ の元である．

命題 3.2.3. $\mathcal{F}$ は有限加法族である．

証明. $\varnothing \in \mathcal{F}$ と，$\mathcal{F}$ が補集合を取る操作と二つの元の共通部分を取る操作で閉じていることはすぐ分かる．$A \cup B = (A^c \cap B^c)^c$ より，二つの元の和集合を取る操作でも閉じている． $\qquad \square$

写像 $\mu : \mathcal{F} \to [0, +\infty]$ を，$A = \bigsqcup_{k=1}^{n} (a^{(k)}, b^{(k)}]$（ただし $a^{(k)} \leq b^{(k)}$）と表される集合 $A \in \mathcal{F}$ に対して $\mu(A) = \sum_{k=1}^{n} (b^{(k)} - a^{(k)})$ と定めると，μ は $(\mathbb{R}, \mathcal{F})$ 上の有限加法的測度となる．μ は $(\mathbb{R}, \sigma(\mathcal{F}))$（命題 3.1.10 より $(\mathbb{R}, \mathcal{B}(\mathbb{R}))$ に等しい）上の測度に一意的に拡張できること[19] を後に示す（定理 7.3.9，命題 7.4.1）．μ を（1 次元）ルベーグ測度[20]，$(\mathbb{R}, \mathcal{B}(\mathbb{R}), \mu)$ を（完備化前の）1 次元ルベーグ測度空間という．

一般に $A, B \in \mathcal{B}(\mathbb{R}), A \subset B$ ならば $\mu(A) \leq \mu(B)$ であること（後述の命題 3.3.1）に注意すると，$x \in \mathbb{R}, n \in \mathbb{N}$ に対して $\mu(\{x\}) \leq \mu((x - 1/n, x]) = 1/n$.

---

[17] このとき，$\mu(X) = 1$ である．

[18] 記号] については (3.1) を参照のこと．

[19] すなわち，$\mathcal{F}$ の元についての μ の値は変えずに，$\mathcal{B}(\mathbb{R}) \setminus \mathcal{F}$ の各元について μ の値を適切に定め，μ が $(\mathbb{R}, \mathcal{B}(\mathbb{R}))$ 上の測度になるようにでき，さらにその定め方は一意であるということ．

[20] σ-加法族をルベーグ可測集合の全体 $\mathcal{L}(\mathbb{R})$ とした，$(\mathbb{R}, \mathcal{L}(\mathbb{R}))$ 上の測度を指すことが普通だが，詳細は第 7 章で議論するのでここでは説明を省略する．

n は任意だから $\mu(\{x\}) = 0$. 測度の σ-加法性から，高々可算集合 $A\,(\subset \mathbb{R})$ に対しても $\mu(A) = 0$ である.

測度の定義における σ-加法性は可算個の可測集合についての性質だが，これを無分別に非可算個の場合にまで認めようとすると途端に困ることが次の問から分かる.

▶ **問 3.2.4.** 次の議論はどこが誤っているか指摘せよ.

$$1 = \mu((0,1]) = \mu\left(\bigsqcup_{x \in (0,1]} \{x\}\right) = \sum_{x \in (0,1]} \mu(\{x\}) = \sum_{x \in (0,1]} 0 = 0.$$

測度の定義において，無限個の集合についての加法性がないと極限を取る操作などで支障が生じるが，任意の集合族についての加法性を要求すると制約が強過ぎて重要な例が扱えない. 可算個までを許容すること（σ-加法性）がちょうど良い案配となっている.

注意 3.2.5. 上記で，半開区間 $(a, b]$ を基準に測度を導入したのは一見不自然に思えるかもしれない. 閉区間 $[a, b]$ の測度を $b - a$ と定めるというところから出発しても結果的には同じ測度を得ることができる. しかし，閉区間の有限和全体は有限加法族にならず，閉区間をすべて含むような有限加法族は $\mathscr{F}$ を含むので（確認せよ），最初から集合族 $\mathscr{F}$ を考えた方が簡潔である. 「空間 $\mathbb{R}$ を分割する」という視点からは，区間の片方の端点のみ含む集合（半開区間）を基礎とするのが自然であると考えることもできる. 右端点を含んでいるというのは全く便宜上のことであり，代わりに $[a, b)$ の形の半開区間を用いても構わない. ただし，3.2.5 項のように一般化する際には，そこでの関数 F は右連続ではなく左連続な関数とする必要がある. 数学的には対等なのでどちらを選択しても本質的な違いはない.

ルベーグ測度 μ の存在証明は第 7 章で行うが，第 6 章まででも例を提示する際などに，存在を認めて論じることにする. そこで用いる具体的な性質は，$a \leq b$ のとき $\mu((a, b]) = b - a$ であることと $\mu(\{a\}) = 0$ のみである. しかし，理論展開の順序が気になる読者は，本章のあと，測度の構成を行う第 7.1 節から第 7.4 節までを先に読んでから第 4 章に進んでもよい.

3.2.5　$(\mathbb{R}, \mathscr{B}(\mathbb{R}))$ 上の一般の測度

$\mathscr{F}$ は 3.2.4 項と同じものとする．$\mathbb{R}$ 上の実数値関数 F で，非減少かつ右連続[21] なものを取る．$F(+\infty) := \lim_{x \to +\infty} F(x)$, $F(-\infty) := \lim_{x \to -\infty} F(x)$ と定め，F を $\overline{\mathbb{R}}$ 上の $\overline{\mathbb{R}}$-値関数に拡張する．$A = \bigsqcup_{k=1}^{n} (a^{(k)}, b^{(k)}]$（ただし $a^{(k)} \le b^{(k)}$）と表される集合 $A \in \mathscr{F}$ に対して $\mu(A) = \sum_{k=1}^{n}(F(b^{(k)}) - F(a^{(k)}))$ として写像 $\mu\colon \mathscr{F} \to [0, +\infty]$ を定めると，μ は $(\mathbb{R}, \mathscr{F})$ 上の有限加法的測度となる．μ は $(\mathbb{R}, \mathscr{B}(\mathbb{R}))$ 上の測度に一意的に拡張できる[22]．μ を，F から定まる**ルベーグ–スティルチェス** (Lebesgue–Stieltjes) **測度**と呼ぶ．$F(x) = x$ のときは 1 次元ルベーグ測度に一致する．もし，F がさらに条件

$$\lim_{x \to -\infty} F(x) = 0, \quad \lim_{x \to +\infty} F(x) = 1 \tag{3.9}$$

を満たすならば，$\mu(\mathbb{R}) = F(+\infty) - F(-\infty) = 1$ となる．一般に，全測度が 1 である測度のことを確率測度という．また，逆に $(\mathbb{R}, \mathscr{B}(\mathbb{R}))$ 上の確率測度 μ に対して

$$F(x) = \mu((-\infty, x]), \quad x \in \mathbb{R}$$

として $\mathbb{R}$ 上の関数 F を定めると，F は非減少かつ右連続で，さらに (3.9) を満たす．

▶**問 3.2.6.** 命題 3.3.1 と命題 3.3.2 を学んだ後でこのことを示せ．

確率論の用語では，F を μ の分布関数という．この F について，始めに述べた手続きを踏んで構成した $(\mathbb{R}, \mathscr{B}(\mathbb{R}))$ 上の測度は，μ に一致する．したがって，$(\mathbb{R}, \mathscr{B}(\mathbb{R}))$ 上の確率測度全体と分布関数の全体は 1 対 1 に対応する．

▶**問 3.2.7.** 命題 3.3.2 を学んだ後で，上記の μ と F に対して次の主張を示せ．$a \in \mathbb{R}$ に対して，

$$\mu(\{a\}) = 0 \iff F \text{ は } a \text{ で連続}.$$

---

[21] すなわち，任意の $x \in \mathbb{R}$ に対して $\lim_{y \to x+0} F(y) = F(x)$.
[22] より詳しくは第 7.4 節で論じる．

3.2.6 d 次元ルベーグ測度

詳しくは第7章で論じるが，事実だけ先に記しておこう．$X = \mathbb{R}^d$ とし，

$$A = \bigsqcup_{k=1}^{n} \left((a_1^{(k)}, b_1^{(k)}] \times \cdots \times (a_d^{(k)}, b_d^{(k)}] \right)$$

$(n \in \mathbb{N},\ -\infty \le a_j^{(k)} \le b_j^{(k)} \le +\infty,\ j = 1, 2, \ldots, d,\ k = 1, 2, \ldots, n)$ と表される集合の全体を $\mathscr{F}$ とする．$\mathscr{F}$ は $\mathbb{R}^d$ 上の有限加法族である．写像 $\mu \colon \mathscr{F} \to [0, +\infty]$ を，上記の $A \in \mathscr{F}$ に対して

$$\mu(A) = \sum_{k=1}^{n} \prod_{j=1}^{d} (b_j^{(k)} - a_j^{(k)})$$

と定めると，μ は $(\mathbb{R}^d, \mathscr{F})$ 上の有限加法的測度となる．μ は $(\mathbb{R}^d, \sigma(\mathscr{F}))\,(= (\mathbb{R}^d, \mathscr{B}(\mathbb{R}^d)))$ 上の測度に一意的に拡張できる．μ を（d 次元）ルベーグ測度[23]，$(\mathbb{R}^d, \mathscr{B}(\mathbb{R}^d), \mu)$ を（完備化前の）d 次元ルベーグ測度空間という．ルベーグ測度は，$d = 2$ のときは「面積」，$d = 3$ のときは「体積」に相当する量を，より一般の集合に対して定めるものと解釈される．

さらに一般化して，3.2.5項の多次元版に相当する測度を定義することもできるが，詳細は省略する．

3.3 測度の性質

まず，一般の有限加法的測度空間で成り立つ性質をまとめておく．

命題 3.3.1. 有限加法的測度空間 $(X, \mathscr{F}, \mu)$ に対して，以下が成立する．

(1) （単調性）$A, B \in \mathscr{F}$, $A \subset B$ ならば $\mu(A) \le \mu(B)$.

(2) （有限劣加法性）$N \in \mathbb{N}$, $A_1, A_2, \ldots, A_N \in \mathscr{F}$ に対して，

$$\mu\left(\bigcup_{n=1}^{N} A_n \right) \le \sum_{n=1}^{N} \mu(A_n). \tag{3.10}$$

---

[23] ここでも，σ-加法族をルベーグ可測集合の全体 $\mathscr{L}(\mathbb{R}^d)$ とした，$(\mathbb{R}, \mathscr{L}(\mathbb{R}^d))$ 上の測度を指すことが通例である．

証明. (1)　$B = A \sqcup (B \setminus A)$ より，$\mu(B) = \mu(A) + \mu(B \setminus A) \geq \mu(A)$.

(2)　μ の有限加法性と単調性より，

$$\mu(A_1 \cup A_2) = \mu(A_1) + \mu(A_2 \setminus A_1) \leq \mu(A_1) + \mu(A_2),$$
$$\mu(A_1 \cup A_2 \cup A_3) \leq \mu(A_1) + \mu(A_2 \cup A_3) \leq \mu(A_1) + \mu(A_2) + \mu(A_3).$$

以下帰納的に，任意の自然数 N に対して (3.10) を得る.　　　　　　□

次に，測度空間について一般的な性質を論じる.

命題 3.3.2. $(X, \mathcal{M}, \mu)$ を測度空間とする. $\mathcal{M}$ の元からなる列 $\{A_n\}_{n \in \mathbb{N}}$ に対して，以下が成立する.

(1)　$A_1 \subset A_2 \subset \cdots \subset A_n \subset \cdots$ ならば，$\mu\left(\bigcup_{n=1}^{\infty} A_n\right) = \lim_{n \to \infty} \mu(A_n)$.

(2)　$A_1 \supset A_2 \supset \cdots \supset A_n \supset \cdots$ で，さらに $\mu(A_1) < \infty$ ならば，$\mu\left(\bigcap_{n=1}^{\infty} A_n\right) = \lim_{n \to \infty} \mu(A_n)$.

(3)　(σ-劣加法性) $\mu\left(\bigcup_{n=1}^{\infty} A_n\right) \leq \sum_{n=1}^{\infty} \mu(A_n)$.

性質 (1), (2) を，測度の連続性（または測度の単調連続性）ということもある. なお，一般に，集合列 $\{A_n\}_{n \in \mathbb{N}}$ が $A_1 \subset A_2 \subset \cdots \subset A_n \subset \cdots$ を満たすとき**単調非減少列** (monotone non-decreasing sequence)[24]，$A_1 \supset A_2 \supset \cdots \supset A_n \supset \cdots$ を満たすとき**単調非増加列** (monotone non-increasing sequence)[25] という.

証明. (1)　$B_1 = A_1, B_n = A_n \setminus A_{n-1}$ $(n = 2, 3, \dots)$ とする. 任意の $N \in \mathbb{N}$ に対して $A_N = \bigsqcup_{n=1}^{N} B_n$ であり，さらに $\bigcup_{n=1}^{\infty} A_n = \bigsqcup_{n=1}^{\infty} B_n$. すると，

$$\mu\left(\bigcup_{n=1}^{\infty} A_n\right) = \mu\left(\bigsqcup_{n=1}^{\infty} B_n\right)$$
$$= \sum_{n=1}^{\infty} \mu(B_n) = \lim_{N \to \infty} \sum_{n=1}^{N} \mu(B_n)$$
$$= \lim_{N \to \infty} \mu\left(\bigsqcup_{n=1}^{N} B_n\right) = \lim_{N \to \infty} \mu(A_N).$$

---

[24] 単調増加列，増大列ともいう.
[25] 単調減少列ともいう.

(2) まず，$A, B \in \mathcal{M}$, $A \subset B$, $\mu(B) < \infty$ のとき，$\mu(B \setminus A) = \mu(B) - \mu(A)$ であることに注意する．$C_n = A_1 \setminus A_n$ $(n = 1, 2, \dots)$ とすると，(1) より $\mu\left(\bigcup_{n=1}^{\infty} C_n\right) = \lim_{n\to\infty} \mu(C_n)$. ここで，$\mu(A_1) < \infty$ に注意して，

$$\mu\left(\bigcup_{n=1}^{\infty} C_n\right) = \mu\left(A_1 \setminus \bigcap_{n=1}^{\infty} A_n\right) = \mu(A_1) - \mu\left(\bigcap_{n=1}^{\infty} A_n\right),$$
$$\lim_{n\to\infty} \mu(C_n) = \lim_{n\to\infty} (\mu(A_1) - \mu(A_n)) = \mu(A_1) - \lim_{n\to\infty} \mu(A_n)$$

であるから主張が従う．

(3) $B_N = \bigcup_{n=1}^{N} A_n$ $(N \in \mathbb{N})$ とすると，命題 3.3.1(2) より，$\mu(B_N) \leq \sum_{n=1}^{N} \mu(A_n)$. $B_1 \subset B_2 \subset \cdots \subset B_N \subset \cdots$ であることに注意して $N \to \infty$ とすると，(1) より $\mu\left(\bigcup_{n=1}^{\infty} B_n\right) \leq \sum_{n=1}^{\infty} \mu(A_n)$. $\bigcup_{n=1}^{\infty} B_n = \bigcup_{n=1}^{\infty} A_n$ であるので結論を得る． □

注意 3.3.3. 命題 3.3.2(2) で，$\mu(A_1) < \infty$ の仮定を課さないと，一般には結論は成立しない．例えば，測度空間 $(\mathbb{N}, 2^{\mathbb{N}}, \mu)$ （μ は計数測度）において $A_n = \{n, n+1, n+2, \dots\}$ $(n = 1, 2, \dots)$ とすると，$A_1 \supset A_2 \supset \cdots \supset A_n \supset \cdots$ であるが $\lim_{n\to\infty} \mu(A_n) = \infty$, $\mu\left(\bigcap_{n=1}^{\infty} A_n\right) = \mu(\emptyset) = 0$ なので等式は不成立．

一般に，集合 X の部分集合からなる列 $\{A_n\}_{n\in\mathbb{N}}$ に対して，その**上極限**と**下極限**をそれぞれ

$$\varlimsup_{n\to\infty} A_n := \bigcap_{n=1}^{\infty} \bigcup_{k=n}^{\infty} A_k, \quad \varliminf_{n\to\infty} A_n := \bigcup_{n=1}^{\infty} \bigcap_{k=n}^{\infty} A_k$$

で定める．$\varlimsup_{n\to\infty} A_n = \varliminf_{n\to\infty} A_n$ のとき，この集合を $\lim_{n\to\infty} A_n$ とも表す．また，X の部分集合 A に対して，その**定義関数**（指示関数, indicator function）$\mathbf{1}_A$ とは，次で定めた X 上の関数のことである．

$$\mathbf{1}_A(x) = \begin{cases} 1 & (x \in A), \\ 0 & (x \in X \setminus A). \end{cases}$$

▶ **問 3.3.4.** 以下の主張を示せ．

(1) $\varlimsup_{n\to\infty} A_n = \{x \in X \mid$ 無限個の n に対して $x \in A_n\}$.

(2) $\varliminf_{n\to\infty} A_n = \{x \in X \mid$ 有限個を除く n に対して $x \in A_n\}$.

(3)　$\left(\overline{\lim_{n\to\infty}} A_n\right)^c = \underline{\lim_{n\to\infty}} A_n^c,\quad \left(\underline{\lim_{n\to\infty}} A_n\right)^c = \overline{\lim_{n\to\infty}} A_n^c.$

(4)　任意の $x\in X$ に対して,

$$\overline{\lim_{n\to\infty}} \mathbf{1}_{A_n}(x) = \mathbf{1}_{\overline{\lim_{n\to\infty}} A_n}(x)^{26)},\quad \underline{\lim_{n\to\infty}} \mathbf{1}_{A_n}(x) = \mathbf{1}_{\underline{\lim_{n\to\infty}} A_n}(x).$$

上極限集合が主張に現れる典型的な命題を挙げる.

命題 3.3.5 (ボレル–カンテリ (Borel–Cantelli) の補題).　$(X,\mathcal{M},\mu)$ を測度空間とし, $\{A_n\}_{n\in\mathbb{N}}$ を $\mathcal{M}$ の元からなる列とする. もし $\sum_{n=1}^{\infty}\mu(A_n)<\infty$ ならば, $\mu\left(\overline{\lim}_{n\to\infty} A_n\right)=0$ である.

証明.　自然数 N に対して, $\overline{\lim}_{n\to\infty} A_n \subset \bigcup_{k=N}^{\infty} A_k$ であるから,

$$0 \le \mu\left(\overline{\lim_{n\to\infty}} A_n\right) \le \mu\left(\bigcup_{k=N}^{\infty} A_k\right) \le \sum_{k=N}^{\infty}\mu(A_k).$$

仮定より, 最右辺は $N\to\infty$ のとき 0 に収束するので結論を得る.　□

定義 3.3.6.　可測空間 $(X,\mathcal{M})$ 上の測度 μ が **σ-有限** (σ-finite) であるとは, $\mathcal{M}$ の元からなる列 $\{X_n\}_{n\in\mathbb{N}}$ で, 任意の $n\in\mathbb{N}$ に対して $\mu(X_n)<\infty$ であり, かつ $X=\bigcup_{n=1}^{\infty} X_n$ となるものが存在することをいう.

▶**問 3.3.7.**　$(X,\mathcal{M})$ を可測空間とし, $\{A_\lambda\}_{\lambda\in\Lambda}$ を互いに素な可測集合の族とする.

(1)　μ を $(X,\mathcal{M})$ 上の有限測度とする. このとき, $\mu(A_\lambda)>0$ となる $\lambda\in\Lambda$ は高々可算個であることを示せ.
　　（ヒント：自然数 n に対して, $\mu(A_\lambda)\ge 1/n$ となる λ の個数は…….）

(2)　ν を $(X,\mathcal{M})$ 上の σ-有限測度とする. このときも, $\nu(A_\lambda)>0$ となる $\lambda\in\Lambda$ は高々可算個であることを示せ.

測度の σ-有限性は, 第7章以降の命題でしばしば要求される条件である.

---

26) 左辺は実数列 $\{\mathbf{1}_{A_n}(x)\}_{n\in\mathbb{N}}$ の上極限という意味である.

▌章末問題

1. 集合 X の部分集合族

$$\mathcal{M}_0 = \{\{a\} \mid a \in X\},$$
$$\mathcal{M} = \{A \subset X \mid A \text{ または } A^c \text{ は高々可算集合}\}$$

に対して，$\sigma(\mathcal{M}_0) = \mathcal{M}$ であることを示せ.

2. 集合 $I = (0,1]$ の部分集合族 $\mathcal{G}_n = \left\{ \left(\frac{j-1}{2^n}, \frac{j}{2^n} \right] \mid j \in \{1,2,3,\dots,2^n\} \right\}$ $(n \in \mathbb{N})$ に対して，$\mathcal{A}_n = \sigma(\mathcal{G}_n)$, $\mathcal{A} = \bigcup_{n=1}^{\infty} \mathcal{A}_n$ と定める.

(a) $\mathcal{A}$ は有限加法族であることを示せ.

(b) $\mathcal{B}$ を，$\mathcal{A}$ を含む σ-加法族とする. $\mathcal{B}$ はすべての1点集合を含む（すなわち，任意の $x \in I$ に対して $\{x\} \in \mathcal{B}$ である）ことを示せ.

(c) $\mathcal{A}$ は σ-加法族ではないことを示せ.

3. $(X, \mathcal{M}, \mu)$ を測度空間，$\{A_n\}_{n \in \mathbb{N}}$ を $\mathcal{M}$ の元からなる列とするとき，

$$\mu\left(\varliminf_{n \to \infty} A_n \right) \leq \varliminf_{n \to \infty} \mu(A_n)$$

であることを示せ. また，μ が有限測度（すなわち，$\mu(X) < \infty$）ならば，

$$\mu\left(\varlimsup_{n \to \infty} A_n \right) \geq \varlimsup_{n \to \infty} \mu(A_n)$$

であることを示せ.

4. $(\mathbb{R}, \mathcal{B}(\mathbb{R}))$ 上の測度 μ が，任意の $p \in \mathbb{R}$ に対して $\mu(\{p\}) = 0$ を満たしているとする. また，集合 $A \in \mathcal{B}(\mathbb{R})$ が $\mu(A) < \infty$ を満たすと仮定する.

(a) $f(x) = \mu(A \cap [-x, x])$ $(x \geq 0)$ とする. f は区間 $[0, \infty)$ 上の連続関数であることを示せ.

(b) $0 \leq c \leq \mu(A)$ とする. $\mathbb{R}$ のボレル集合 B で，$B \subset A$ かつ $\mu(B) = c$ となるものが存在することを示せ.

5. μ を $(\mathbb{R}^d, \mathcal{B}(\mathbb{R}^d))$ 上の測度とする. このとき，$\mu(G) = 0$ を満たすような $\mathbb{R}^d$ の開集合 G のうちで，最大のものが存在することを示せ（そのような最大の開集合の補集合を，μ の**台** (support) という）.

第 **4** 章

可測関数

　ルベーグ積分論で通常取り扱う関数は，ある程度性質の良いものに限られる．その性質は可測性という概念で定式化される．本章では，可測関数について基本的な事項を論じる．

▌4.1　可測性の定義と性質

　以下では，$(X, \mathcal{M})$ と $(Y, \mathcal{B})$ を可測空間とする．

定義 4.1.1. 写像 $f\colon X \to Y$ が $\mathcal{M}/\mathcal{B}$-**可測**[1] ($\mathcal{M}/\mathcal{B}$-measurable) であるとは，任意の $A \in \mathcal{B}$ に対して $f^{-1}(A) \in \mathcal{M}$ であることをいう．

　写像 $f\colon X \to Y$ を，X 上の（Y-値）関数ということも多い．誤解の恐れがないときは，「$\mathcal{M}/\mathcal{B}$-可測」の代わりに単に「$\mathcal{M}$-可測」，「可測」とも表す．$Y = \mathbb{R}^d, \overline{\mathbb{R}}, \mathbb{C}$ のときは，$\mathcal{B}$ として通常はボレル σ-加法族 $\mathcal{B}(Y)$ を取る．

　写像 f が与えられたとき，それが可測であることを定義 4.1.1 の通りに確認することは一般には難しい．このことに関して有用なのが次の命題である．

命題 4.1.2. f を X から Y への写像とする．$\mathcal{C}$ は Y の部分集合族で，$\mathcal{B} = \sigma(\mathcal{C})$，すなわち $\mathcal{B}$ は $\mathcal{C}$ から生成されるとする．もし，任意の $A \in \mathcal{C}$ に対して

---

[1] ここで，記号 / はただの区切りであり，「割る」という意味合いは持たない．「$(\mathcal{M}, \mathcal{B})$-可測」という表記を用いる場合もある．

$f^{-1}(A) \in \mathcal{M}$ ならば，f は $\mathcal{M}/\mathcal{B}$-可測である．

証明. $\mathcal{A} = \{A \in \mathcal{B} \mid f^{-1}(A) \in \mathcal{M}\}$ と定める．仮定から，$\mathcal{C} \subset \mathcal{A}$ である．問 2.2.2 を用いると，$\mathcal{A}$ は σ-加法族であることが確認される．したがって，$\sigma(\mathcal{C}) \subset \mathcal{A}$．これは任意の $A \in \sigma(\mathcal{C}) = \mathcal{B}$ に対して $f^{-1}(A) \in \mathcal{M}$ を意味するので，結論を得る． $\square$

この証明における論法をよく吟味しておこう．$\mathcal{B}$ から元 A を任意に選んで $f^{-1}(A) \in \mathcal{M}$ であることを直接示しているわけではないのである．

系 4.1.3. X, Y を位相空間とし，$\mathcal{M} = \mathcal{B}(X), \mathcal{B} = \mathcal{B}(Y)$（ボレル σ-加法族）とする．このとき，X から Y への連続写像 f は $\mathcal{M}/\mathcal{B}$-可測である．

証明. f の連続性から，Y の任意の開集合 A に対して $f^{-1}(A)$ は開集合であり，特に $\mathcal{M}$ の元である．$\mathcal{B}$ は Y の開集合全体から生成される σ-加法族であるから，命題 4.1.2 より f は $\mathcal{M}/\mathcal{B}$-可測． $\square$

再び，一般の可測空間 $(X, \mathcal{M})$ について議論する．

命題 4.1.4. f を X 上の $\overline{\mathbb{R}}$-値（または $\mathbb{R}$-値）関数とする．このとき，以下の条件は同値である．

(1) f は $\mathcal{M}/\mathcal{B}(\overline{\mathbb{R}})$-可測（または $\mathcal{M}/\mathcal{B}(\mathbb{R})$-可測）．
(2) 任意の $a \in \mathbb{R}$ に対して，$\{f \leq a\} \in \mathcal{M}$．ここで，$\{f \leq a\}$ は $\{x \in X \mid f(x) \leq a\}$ のこと[2]である．
(3) 任意の $a \in \mathbb{R}$ に対して，$\{f < a\} \in \mathcal{M}$．
(4) 任意の $a \in \mathbb{R}$ に対して，$\{f \geq a\} \in \mathcal{M}$．
(5) 任意の $a \in \mathbb{R}$ に対して，$\{f > a\} \in \mathcal{M}$．

証明. (1) から (2)–(5) が従うことは，主張が弱くなっているので明らかである．f は $\mathbb{R}$-値として，逆向きを示そう．(2) が成り立つとする．$\mathcal{J}_0 = \{(-\infty, a] \mid a \in \mathbb{R}\}$ とすると，任意の $A \in \mathcal{J}_0$ に対して $f^{-1}(A) \in \mathcal{M}$．また，命題 3.1.12(1) より $\sigma(\mathcal{J}_0) = \mathcal{B}(\mathbb{R})$ であるから，命題 4.1.2 より f は $\mathcal{M}/\mathcal{B}(\mathbb{R})$-可

---

[2] f が $\overline{\mathbb{R}}$-値のときは $f^{-1}([-\infty, a])$ に，$\mathbb{R}$-値のときは $f^{-1}((-\infty, a])$ に等しい．

測. (3) が成り立つときも，$\mathscr{I}_0 = \{(-\infty, a) \mid a \in \mathbb{R}\}$ として，命題 3.1.12(1) より $\sigma(\mathscr{I}_0) = \mathscr{B}(\mathbb{R})$ であることと命題 4.1.2 を用いれば，f は $\mathscr{M}/\mathscr{B}(\mathbb{R})$-可測となる．また，$\{f \geq a\}^c = \{f < a\}$ と $\{f > a\}^c = \{f \leq a\}$ から，(2)⇔(5) と (3)⇔(4) が直ちに従う．

f が $\overline{\mathbb{R}}$-値のときは，命題 3.1.12(1) の代わりに命題 3.1.12(2) を用いて同様に議論すればよい．　　　　　　　　　　　　　　　　　　　　　　　　□

注意 4.1.5. (1)　命題 4.1.4 の条件 (5) を，関数 f が可測であることの定義とする流儀もある（例えば文献 [3]）．

(2)　命題 4.1.4 の条件 (2)–(5) から分かるように，実数値可測関数については，$\mathscr{B}(\mathbb{R})$ に関する可測性か $\mathscr{B}(\overline{\mathbb{R}})$ に関する可測性かを区別する必要はない．これはより一般的な設定でも成り立つ事実である（章末問題 6 を参照）．

系 4.1.6. $f_1, f_2, \ldots, f_n, \ldots$ を X 上の $\overline{\mathbb{R}}$-値可測関数列とするとき，$\sup_{n \in \mathbb{N}} f_n$, $\inf_{n \in \mathbb{N}} f_n$, $\overline{\lim}_{n \to \infty} f_n$, $\underline{\lim}_{n \to \infty} f_n$ も X 上の $\overline{\mathbb{R}}$-値可測関数である．ただしここで，$\left(\sup_{n \in \mathbb{N}} f_n\right)(x) = \sup_{n \in \mathbb{N}}\left(f_n(x)\right)$ などと定める．

証明.　$a \in \mathbb{R}$ に対して，

$$\left\{x \in X \,\Big|\, \sup_{n \in \mathbb{N}} f_n(x) > a\right\} = \bigcup_{n=1}^{\infty} \{f_n > a\},$$
$$\left\{x \in X \,\Big|\, \inf_{n \in \mathbb{N}} f_n(x) < a\right\} = \bigcup_{n=1}^{\infty} \{f_n < a\}$$

であるから，命題 4.1.4 より $\sup_{n \in \mathbb{N}} f_n$ と $\inf_{n \in \mathbb{N}} f_n$ の可測性が従う．また，

$$\overline{\lim_{n \to \infty}} f_n(x) = \inf_{n \in \mathbb{N}}\left(\sup_{k \geq n} f_k(x)\right), \quad \underline{\lim_{n \to \infty}} f_n(x) = \sup_{n \in \mathbb{N}}\left(\inf_{k \geq n} f_k(x)\right)$$

についても，前半の結果を二度適用すれば主張が従う．　　　　　　　　　□

上記の証明に関連して，等式 $\{x \in X \mid \sup_{n \in \mathbb{N}} f_n(x) \geq a\} = \bigcup_{n=1}^{\infty}\{f_n \geq a\}$ は一般に不成立であることに注意する（反例は，$f_n(x) = 1 - 1/n$, $a = 1$）．

命題 4.1.7. $(X_k, \mathscr{M}_k)$ $(k = 1, 2, 3)$ を可測空間とし，$f\colon X_1 \to X_2$ は $\mathscr{M}_1/\mathscr{M}_2$-可測，$g\colon X_2 \to X_3$ は $\mathscr{M}_2/\mathscr{M}_3$-可測であるとする．このとき，$g \circ f\colon X_1 \to X_3$ は $\mathscr{M}_1/\mathscr{M}_3$-可測である．

証明. $A \in \mathcal{M}_3$ に対して，$(g \circ f)^{-1}(A) = f^{-1}(g^{-1}(A))$. g の可測性から $g^{-1}(A) \in \mathcal{M}_2$. すると f の可測性から $f^{-1}(g^{-1}(A)) \in \mathcal{M}_1$. $\qquad\square$

位相空間 X とボレル σ-加法族 $\mathcal{B}(X)$ について，X 上の $\overline{\mathbb{R}}$-値（または $\mathbb{C}$-値，$\mathbb{R}^d$-値）関数 f が $\mathcal{B}(X)/\mathcal{B}(\overline{\mathbb{R}})$-可測（または $\mathcal{B}(X)/\mathcal{B}(\mathbb{C})$-可測，$\mathcal{B}(X)/\mathcal{B}(\mathbb{R}^d)$-可測）のとき，$f$ を**ボレル関数**（あるいはボレル可測関数）という．系 4.1.3 より，f が連続関数ならばボレル関数である．

系 4.1.8. $F: X \to \mathbb{R}^d$ を $\mathcal{M}/\mathcal{B}(\mathbb{R}^d)$-可測関数，$\varphi: \mathbb{R}^d \to \mathbb{R}$ をボレル関数とするとき，$\varphi \circ F: X \to \mathbb{R}$ は $\mathcal{M}/\mathcal{B}(\mathbb{R})$-可測関数である．

証明. φ は $\mathcal{B}(\mathbb{R}^d)/\mathcal{B}(\mathbb{R})$-可測だから，命題 4.1.7 より主張が従う．$\qquad\square$

命題 4.1.9. $f_1, f_2, \ldots, f_d$ を X 上の $\mathbb{R}$-値関数とし，X 上の $\mathbb{R}^d$-値関数 F を $F = (f_1, f_2, \ldots, f_d)$ として定める．このとき，F が $\mathcal{M}/\mathcal{B}(\mathbb{R}^d)$-可測であるための必要十分条件は，$f_1, f_2, \ldots, f_d$ がすべて $\mathcal{M}/\mathcal{B}(\mathbb{R})$-可測であることである．

証明. （必要性）$j = 1, 2, \ldots, d$ に対して，$\pi_j: \mathbb{R}^d \to \mathbb{R}$ を第 j 成分への射影とすると，π_j は連続写像で $f_j = \pi_j \circ F$. 系 4.1.8 より，f_j は $\mathcal{M}/\mathcal{B}(\mathbb{R})$-可測.
（十分性）$I = (a_1, b_1) \times \cdots \times (a_d, b_d)$ $(-\infty \le a_i \le b_i \le +\infty,\ i = 1, 2, \ldots, d)$ と表される $\mathbb{R}^d$ の部分集合の全体を $\mathcal{I}$ とする．命題 3.1.10 より $\sigma(\mathcal{I}) = \mathcal{B}(\mathbb{R}^d)$ である．上記の I に対して，$F^{-1}(I) = \bigcap_{j=1}^d f_j^{-1}\big((a_j, b_j)\big) \in \mathcal{M}$. したがって，命題 4.1.2 より，$F$ は $\mathcal{M}/\mathcal{B}(\mathbb{R}^d)$-可測である．$\qquad\square$

系 4.1.10. X 上の $\mathbb{C}$-値関数 f に対して，f が $\mathcal{M}/\mathcal{B}(\mathbb{C})$-可測であるための必要十分条件は，$f$ の実部 $\operatorname{Re} f$ と虚部 $\operatorname{Im} f$ がともに $\mathcal{M}/\mathcal{B}(\mathbb{R})$-可測であることである．

証明. 写像 $\mathbb{R}^2 \ni (x, y) \mapsto x + \sqrt{-1}y \in \mathbb{C}$ により，$\mathbb{R}^2$ と $\mathbb{C}$ は位相空間として同一視されるので，命題 4.1.9 より主張が従う．$\qquad\square$

系 4.1.11. $f_1, f_2, \ldots, f_d$ を X 上の $\mathbb{R}$-値可測関数，$\varphi: \mathbb{R}^d \to \mathbb{R}$ をボレル関数とするとき，$\varphi(f_1, f_2, \ldots, f_d)$ も可測関数.

証明. 命題 4.1.9 と系 4.1.8 より主張が従う.　　　　　　　　　　□

系 4.1.12. f, g を X 上の $\mathbb{R}$-値可測関数, a, b を実数とするとき, $af + bg$, fg, $f \wedge g$, $f \vee g$, $|f|$, $f_+ (:= f \vee 0)$, $f_- (:= (-f) \vee 0)$ はすべて可測.

　f, g が $\overline{\mathbb{R}}$-値のときも同様. ただし $af + bg$ については $\infty - \infty$ の形が現れないものとする.

証明. $af + bg$ については, $\varphi(x, y) := ax + by$ が $\mathbb{R}^2$ 上の連続関数であることを用いて, $af + bg = \varphi(f, g)$ に系 4.1.3 と系 4.1.11 を適用すればよい. f_+ については, $\psi(x) := x \vee 0 (= \max\{x, 0\})$ が $\mathbb{R}$ 上の連続関数であることを用いて $f_+ = \psi \circ f$ に系 4.1.3 と系 4.1.8 を適用する. その他も同様. 後半は, 直接示すか, f と g の代わりに $\mathbb{R}$-値可測関数 $(-n) \vee (f \wedge n)$ と $(-n) \vee (g \wedge n)$ を考えて前半の結論を適用し, $n \to \infty$ の極限においても可測性が保たれること (系 4.1.6) を用いる.　　　　　　　　　　□

▶ **問 4.1.13.** $(X, \mathcal{M})$ を可測空間とし, A を X の部分集合とする. $A \in \mathcal{M}$ であるための必要十分条件は, A の定義関数 $\mathbf{1}_A$ が $\mathcal{M}$-可測関数であることを示せ.

▶ **問 4.1.14.** $(X, \mathcal{M})$, $(Y, \mathcal{B})$ を可測空間とし, $\varphi \colon X \to Y$ を $\mathcal{M}/\mathcal{B}$-可測写像とする. μ を $(X, \mathcal{M})$ 上の測度とする. $A \in \mathcal{B}$ に対して $\nu(A) = \mu(\varphi^{-1}(A))$ と定めるとき[3], ν は $(Y, \mathcal{B})$ 上の測度となることを確認せよ (ν を, φ による μ の**像測度** (image measure) と呼び, $\varphi_* \mu$, $\mu \circ \varphi^{-1}$ などと表す).

▌ 4.2　単関数による近似

　本節でも, $(X, \mathcal{M})$ を可測空間とする.

定義 4.2.1. X 上の $\mathbb{R}$-値 (または $\mathbb{C}$-値) 関数 f が

$$f = \sum_{j=1}^k a_j \mathbf{1}_{E_j}, \quad k \in \mathbb{N}, \ a_j \in \mathbb{R} \ (\text{または} \ \mathbb{C}), \ E_j \in \mathcal{M} \ (j = 1, 2, \ldots, k)$$

$$\tag{4.1}$$

---

[3] f の可測性より $\varphi^{-1}(A) \in \mathcal{M}$ であるから, $\mu(\varphi^{-1}(A))$ が定まる.

の形に表されるとき，f を**単関数** (simple function) と呼ぶ.

補題 4.2.2. (1) f を X 上の $\mathbb{C}$-値関数とする．f が単関数であるための必要
十分条件は，f が可測かつ f の値域が有限集合であることである.

(2) f が単関数のとき，f の表示式 (4.1) において k, a_j, E_j をうまく取り直し
て，$\{E_j\}_{j=1}^{k}$ が互いに素となるようにできる.

(3) 実数値単関数 f が非負値（任意の $x \in X$ に対して $f(x) \geq 0$）のとき，f の
表示式 (4.1) において k, a_j, E_j をうまく取り直して，すべての j に対して
$a_j \geq 0$ とすることができる.

証明. (1) （必要性）可測性は，問 4.1.13, 系 4.1.12 および系 4.1.10 より従う．
f の値域が有限集合であることは容易に分かる.

（十分性）f の値域を $\{a_1, a_2, \ldots, a_n\}$ とするとき

$$f = \sum_{j=1}^{n} a_j \mathbf{1}_{\{f=a_j\}} \tag{4.2}$$

と表される．$\{f = a_j\} = f^{-1}(\{a_j\})$ で，1 点集合 $\{a_j\}$ は閉集合，特にボ
レル集合であるから，$\{f = a_j\}$ は $\mathcal{M}$ の元である.

(2), (3) については，(4.2) がそのような表示になっている. $\qquad\qquad\square$

命題 4.2.3. X 上の $[0, +\infty]$-値関数 f に対して，次は同値.

(1) f は $\mathcal{M}/\mathcal{B}(\overline{\mathbb{R}})$-可測.

(2) 実数値単関数の列 $\{f_n\}_{n \in \mathbb{N}}$ が存在して，任意の $x \in X$ に対して $0 \leq f_1(x) \leq f_2(x) \leq \cdots \leq f_n(x) \leq \cdots$ かつ $\lim_{n\to\infty} f_n(x) = f(x)$ となる.

証明. (2)⇒(1) 系 4.1.6 より従う.

(1)⇒(2) $n \in \mathbb{N}$ に対して，関数 $\varphi_n \colon [0, +\infty] \to [0, +\infty)$ を

$$\varphi_n(t) = \begin{cases} \dfrac{k-1}{2^n} & \left(\dfrac{k-1}{2^n} \leq t < \dfrac{k}{2^n}, \ k \in \mathbb{N}, \ k \leq n \cdot 2^n \text{のとき} \right), \\ n & (t \geq n \text{のとき}) \end{cases}$$

と定める．$\varphi_n(t)$ は n についても t についても単調非減少であり，φ_n は単関
数でボレル可測．また，任意の $t \geq 0$ に対して $\lim_{n\to\infty} \varphi_n(t) = t$ である．
$f_n = \varphi_n \circ f$ と定めると，f_n は実数値可測関数で，f_n の値域は有限集合であ

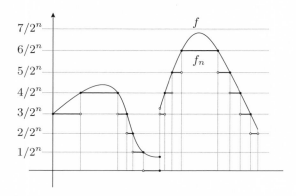

図 4.1 区間上の非負値可測関数 f と，その標準的な単関数近似 f_n のグラフ．ただし，一般に f_n ははるかに複雑な関数であり，区分的定数関数であるとは限らない．

る．したがって，補題 4.2.2(1) に注意すると，$\{f_n\}_{n\in\mathbb{N}}$ は (2) の条件を満たす単関数列である． □

本書では，命題 4.2.3(2) の条件を満たす単関数列 $\{f_n\}_{n\in\mathbb{N}}$ を「f の**単関数近似**」，証明中で具体的に構成した特別な $\{f_n\}_{n\in\mathbb{N}}$ を「f の**標準的な単関数近似**」と呼ぶことにする．

注意 4.2.4. 命題 4.2.3 の証明中の f_n は，以下のようにも表される．

$$f_n(x) = \frac{\lfloor 2^n \cdot f(x) \rfloor}{2^n} \wedge n.$$

ただし，$\lfloor \alpha \rfloor$ は α を超えない最大の整数を表す．

▶ **問 4.2.5.** 定義域が 1 次元区間で，関数が連続性のような良い性質を持っている場合でも，単関数近似で現れる関数は，図 4.1 で表されるような，区分的に定数といった単純なものとは限らない．ここではそのような例を考察する．以下では，X を $\mathbb{R}$ の閉区間（$\mathbb{R}$ 自身でもよい）とする．

(1) A を X の空でない閉部分集合とする．X 上の関数 φ, f を，$\varphi(x) = \inf\{|x - y|; y \in A\}$，$f(x) = \max\{0, 1 - \varphi(x)\}$ $(x \in X)$ と定める．f

は X 上の連続関数であり，$\{f = 1\} = A$ であることを示せ.

(2) この f の標準的な単関数近似を $\{f_n\}_{n \in \mathbb{N}}$ とするとき，任意の n に対して $\{f_n = 1\} = A$ であることを示せ.

したがって，区間や 1 点集合の高々可算和では表されないような閉集合，例え ばカントール (Cantor) 集合（8.2.2 項を参照）を A として選ぶと，f は連続関 数（特に X 上のボレル関数）だが，標準的な単関数近似が区分的定数関数でな いような例になる.

章末問題

1. X を集合とする. 以下の主張を示せ.
   (a) $\mathcal{M} = 2^X$ ならば，X 上の任意の実数値関数は $\mathcal{M}$-可測である.
   (b) $\mathcal{M} = \{\varnothing, X\}$ ならば，X 上の実数値関数で $\mathcal{M}$-可測なものは定数関数 しかない.

2. 次の $\mathbb{R}$ 上の関数はボレル可測（$\mathcal{B}(\mathbb{R})/\mathcal{B}(\mathbb{R})$-可測）であることを示せ.
   (a) $\mathbb{R}$ 上の右連続な実数値関数 f.
   (b) $\mathbb{R}$ 上のすべての点で微分可能な実数値関数 g の導関数 g'.

3. $(X, \mathcal{M})$ を可測空間，$\{f_n\}_{n \in \mathbb{N}}$ を X 上の実数値可測関数列とする.

$$A = \{x \in X \mid \{f_n(x)\}_{n \in \mathbb{N}} は n \to \infty のとき \mathbb{R} において収束する \}$$

とするとき，A は可測集合であることを示せ.

4. $(X, \mathcal{M})$ を可測空間とし，f を X 上の $[0, +\infty]$-値可測関数とする. この とき，

$$f(x) = \sum_{j=1}^{\infty} a_j \mathbf{1}_{E_j}(x), \qquad a_j \in [0, \infty), \ E_j \in \mathcal{M} \ (j \in \mathbb{N})$$

と表されることを示せ（$\{E_j\}_{j \in \mathbb{N}}$ は互いに素とは限らない）.

注意：以下の解答はともに誤りである.

× 「f の単関数近似 $\{f_n\}_{n \in \mathbb{N}}$ を取る. すると，$f_n = \sum_{j=1}^{k_n} a_j \mathbf{1}_{E_j}$ のよう に表せるから，$f = \sum_{j=1}^{\infty} a_j \mathbf{1}_{E_j}$ となる. 」

× 「各 $\alpha \in [0, +\infty]$ に対して $E_\alpha = f^{-1}(\{\alpha\})$ とすれば $E_\alpha \in \mathcal{M}$ である. したがって，$f = \sum_{\alpha \geq 0} \alpha \mathbf{1}_{E_\alpha} + \infty \mathbf{1}_{E_\infty}$ と表して右辺を整理したものが求める表示式である.」

5. $(X, \mathcal{M})$ を可測空間とする. 非可算無限集合 Λ を添字集合とするような，X 上の $\overline{\mathbb{R}}$-値可測関数の族 $\{f_\lambda\}_{\lambda \in \Lambda}$ に対して，関数 $\sup_{\lambda \in \Lambda} f_\lambda$ は可測とは限らない. そのような $(X, \mathcal{M})$ と $\{f_\lambda\}_{\lambda \in \Lambda}$ の例を与えよ. 必要ならば，$\mathcal{B}(\mathbb{R}) \subsetneq 2^{\mathbb{R}}$ であること[4] を用いよ.

6. $(X, \mathcal{M})$ を可測空間，Y を位相空間，$\mathcal{B}(Y)$ を Y 上のボレル σ-加法族とする. また，$\hat{X} \in \mathcal{M}$, $\hat{Y} \in \mathcal{B}(Y)$ で，$\hat{X} \neq \varnothing$, $\hat{Y} \neq \varnothing$ とする. このとき，以下の主張を示せ.

   (a) $\hat{\mathcal{M}} = \{A \subset \hat{X} \mid A \in \mathcal{M}\}$ と定めるとき，$\hat{\mathcal{M}}$ は $\hat{X}$ 上の σ-加法族である.

   (b) Y に関する相対位相についての $\hat{Y}$ 上のボレル σ-加法族を $\mathcal{B}(\hat{Y})$ とするとき，$\mathcal{B}(\hat{Y}) = \{B \subset \hat{Y} \mid B \in \mathcal{B}(Y)\}$ である.

   (c) 写像 $f \colon X \to \hat{Y}$ の終域 $\hat{Y}$ を Y に広げたものを $\tilde{f} \colon X \to Y$ とする. f が $\mathcal{M}/\mathcal{B}(\hat{Y})$-可測であるための必要十分条件は，$\tilde{f}$ が $\mathcal{M}/\mathcal{B}(Y)$-可測であることである.

   (d) 写像 $g \colon X \to Y$ が $\mathcal{M}/\mathcal{B}(Y)$-可測であるとき，定義域を $\hat{X}$ に制限した写像 $g|_{\hat{X}} \colon \hat{X} \to Y$ は $\hat{\mathcal{M}}/\mathcal{B}(Y)$-可測である.

   (e) Y の元 y を任意に選ぶ. $\hat{\mathcal{M}}/\mathcal{B}(Y)$-可測写像 $h \colon \hat{X} \to Y$ に対して，$\hat{X}$ 上では $\tilde{h}(x) = h(x)$, $X \setminus \hat{X}$ 上では $\tilde{h}(x) = y$ として写像 $\tilde{h} \colon X \to Y$ を定めると，$\tilde{h}$ は $\mathcal{M}/\mathcal{B}(Y)$-可測である.

---

[4] 系 A.2.4 などから従う.

第 5 章

ルベーグ積分の定義と基本的性質

　本章では，測度空間上で定義された可測関数に対するルベーグ積分を定義し，その性質を調べる．この章を通じて，$(X, \mathcal{M}, \mu)$ は測度空間とする．X 上の関数が可測であるとは，$\mathcal{M}$-可測であることを指す．

▌ 5.1　ルベーグ積分の定義

　f を X 上の $\overline{\mathbb{R}}$-値（または $\mathbb{C}$-値）可測関数とするとき，f の μ に関するルベーグ積分 $\int_X f(x)\,\mu(dx)$ を定義したい．以下の順に考えていく．

(1)　f が非負値単関数のとき

　　$f = \sum_{j=1}^{k} a_j \mathbf{1}_{E_j}$ $(a_j \geq 0,\ E_j \in \mathcal{M})$ と表されているとき，

$$\int_X f(x)\,\mu(dx) := \sum_{j=1}^{k} a_j \mu(E_j)$$

　　と定義したい．ここで，$0 \times \infty = 0$ という規約に注意する．

(2)　f が $[0, +\infty]$-値可測関数のとき

　　f の単関数近似 $\{f_n\}_{n \in \mathbb{N}}$（命題 4.2.3(2) 参照）を取って，

$$\int_X f(x)\,\mu(dx) := \lim_{n \to \infty} \int_X f_n(x)\,\mu(dx) \,(\in [0, +\infty])$$

　　と定義したい．

(3)　f が $\overline{\mathbb{R}}$-値可測関数のとき

$f = f_+ - f_-$ （ただし $f_+ = f \vee 0$, $f_- = (-f) \vee 0$）と表されることを用いて，

$$\int_X f(x)\,\mu(dx) := \int_X f_+(x)\,\mu(dx) - \int_X f_-(x)\,\mu(dx)$$

と定義する．ただし，右辺が $\infty - \infty$ となっていないときのみ定義されるものとする.

(4)　f が $\mathbb{C}$-値可測関数のとき

$f = u + \sqrt{-1}\,v$ （$u = \mathrm{Re}\,f$, $v = \mathrm{Im}\,f$）として

$$\int_X f(x)\,\mu(dx) := \int_X u(x)\,\mu(dx) + \sqrt{-1} \int_X v(x)\,\mu(dx)$$

と定義する．ただし，右辺の 2 項がともに有限値のときのみ定義されるものとする.

$\int_X f(x)\,\mu(dx)$ を，$\int_X f(x)\,d\mu(x)$ や $\int_X f\,d\mu$ とも表す．また，$E \in \mathcal{M}$ に対して，f の E 上の積分 $\int_E f(x)\,\mu(dx)$ を $\int_X f(x)\mathbf{1}_E(x)\,\mu(dx)$ で定める（もちろん，この積分が意味を持つ場合のみ定義される）.

　以上の手順で，積分が矛盾なく定まる（well-defined である）ためには，以下の点を確認する必要がある.

- (1) において，積分は f の表し方によらずに定まるか.
- (2) において，積分は近似列 $\{f_n\}_{n \in \mathbb{N}}$ の選び方によらずに定まるか.

これらについて，順に確認していこう.

補題 5.1.1. X 上の非負値単関数 f が，$f = \sum_{i=1}^m a_i \mathbf{1}_{E_i} = \sum_{j=1}^n b_j \mathbf{1}_{F_j}$ （ここで $a_i \geq 0$, $b_j \geq 0$, $E_i, F_j \in \mathcal{M}$）と 2 通りに表されているとき，

$$\sum_{i=1}^m a_i \mu(E_i) = \sum_{j=1}^n b_j \mu(F_j).$$

証明.　X の互いに素な有限個の可測集合 $\{\Delta_l\}_{l=1}^N$ をうまく選んで，各 E_i, F_j が Δ_l 達の和集合で表されるようにできる[1]．このとき，$f = \sum_{l=1}^N c_l \mathbf{1}_{\Delta_l}$

---

[1] 実際，$\mathcal{A} = \{E_i\}_{i=1}^m \cup \{E_i^c\}_{i=1}^m \cup \{F_j\}_{j=1}^n \cup \{F_j^c\}_{j=1}^n$, $\mathcal{B} = \{\mathcal{A}$ の有限個の元の共通

$(c_l \geq 0)$ と表せる. $i = 1, 2, \ldots, m$ に対して $E_i = \bigsqcup_{l \in \Lambda_i} \Delta_l$ となる $\Lambda_i \, (\subset \{1, 2, \ldots, N\})$ を取ると,

$$\sum_{i=1}^{m} a_i \mathbf{1}_{E_i} = \sum_{i=1}^{m} a_i \left(\sum_{l \in \Lambda_i} \mathbf{1}_{\Delta_l} \right) = \sum_{l=1}^{N} \left(\sum_{i; \, l \in \Lambda_i} a_i \right) \mathbf{1}_{\Delta_l}$$

であるから, $c_l = \sum_{i; \, l \in \Lambda_i} a_i \, (l = 1, 2, \ldots, N)$ である. すると,

$$\begin{aligned}
\sum_{i=1}^{m} a_i \mu(E_i) &= \sum_{i=1}^{m} a_i \left(\sum_{l \in \Lambda_i} \mu(\Delta_l) \right) \\
&= \sum_{l=1}^{N} \left(\sum_{i; \, l \in \Lambda_i} a_i \right) \mu(\Delta_l) \\
&= \sum_{l=1}^{N} c_l \mu(\Delta_l).
\end{aligned}$$

同様にして, $\sum_{j=1}^{n} b_j \mu(F_j) = \sum_{l=1}^{N} c_l \mu(\Delta_l)$ も示されるので結論を得る. □

この補題により, 非負値単関数については積分がうまく定義されることが分かった.

以降では, X 上の $\overline{\mathbb{R}}$-値関数 f, g が, 任意の $x \in X$ に対して $f(x) \geq g(x)$ を満たすとき, $f \geq g$ や $g \leq f$ と表す.

命題 5.1.2. f, g を X 上の非負値単関数, α, β を非負実数とする.

(1) $f \geq g$ ならば, $\int_X f \, d\mu \geq \int_X g \, d\mu$.
(2) $\int_X (\alpha f + \beta g) \, d\mu = \alpha \int_X f \, d\mu + \beta \int_X g \, d\mu$.
(3) $A, B \in \mathcal{M}, A \cap B = \varnothing$ ならば, $\int_{A \sqcup B} f \, d\mu = \int_A f \, d\mu + \int_B f \, d\mu$.

証明. (1) $f = \sum_{j=1}^{n} a_j \mathbf{1}_{E_j}, g = \sum_{j=1}^{n} b_j \mathbf{1}_{E_j}$ $(E_j \in \mathcal{M}, \{E_j\}_{j=1}^{n}$ は互いに素) となるように f, g を表せる. このとき, 任意の j に対して $a_j \geq b_j$ となるから, 結論が従う.

(2), (3) は, 積分の定義から直ちに従う. □

集合の全体$\} \setminus \{\varnothing\}$ としたとき, 包含関係に関する順序関係における, $\mathcal{B}$ の極小元の全体を $\{\Delta_l\}_{l=1}^{N}$ とすればよい.

次が鍵となる補題である.

補題 5.1.3. $g, f_1, f_2, \ldots, f_n, \ldots$ は X 上の非負値単関数列で, $f_1 \leq f_2 \leq \cdots \leq f_n \leq \cdots$ かつ, 任意の $x \in X$ に対して $\lim_{n \to \infty} f_n(x) \geq g(x)$ が成り立つとする. このとき,

$$\lim_{n \to \infty} \int_X f_n \, d\mu \geq \int_X g \, d\mu.$$

証明. g が恒等的に 0 のときは明らかに主張が成り立つので, そうでないとして示す. $g = \sum_{j=1}^k a_j \mathbf{1}_{E_j}$ ($a_j > 0$, $E_j \in \mathcal{M}$, $\{E_j\}_{j=1}^k$ は互いに素) と表すことができる. $j \in \{1, 2, \ldots, k\}$ を固定して, ε を $0 < \varepsilon < a_j$ となるものとし,

$$A^{(n)} = \{x \in E_j \mid f_n(x) \geq a_j - \varepsilon\} \in \mathcal{M}, \quad n = 1, 2, \ldots$$

と定める. $A^{(n)}$ は n について単調非減少で, $x \in E_j$ のとき $g(x) = a_j$ であることに注意すると, $\bigcup_{n=1}^\infty A^{(n)} = E_j$ である. 不等式

$$\int_{E_j} f_n \, d\mu \geq \int_{A^{(n)}} f_n \, d\mu \geq \int_{A^{(n)}} (a_j - \varepsilon) \, d\mu = (a_j - \varepsilon)\mu(A^{(n)})$$

において $n \to \infty$ とすると, 命題 3.3.2(1) より $\mu(A^{(n)}) \to \mu(E_j)$ であるから

$$\lim_{n \to \infty} \int_{E_j} f_n \, d\mu \geq (a_j - \varepsilon)\mu(E_j).$$

$\varepsilon \to 0$ として

$$\lim_{n \to \infty} \int_{E_j} f_n \, d\mu \geq a_j \mu(E_j).$$

(この極限移行は $\mu(E_j) = \infty$ のときでも成立していることに注意する.) この式を $j = 1, 2, \ldots, k$ について足し合わせると

$$\lim_{n \to \infty} \int_{\bigsqcup_{j=1}^k E_j} f_n \, d\mu \geq \int_X g \, d\mu.$$

これより結論を得る. □

命題 5.1.4. $\{f_n\}_{n \in \mathbb{N}}$, $\{g_n\}_{n \in \mathbb{N}}$ を X 上の非負値単関数からなる二つの列で, ともに n に関して単調非減少であり, 任意の $x \in X$ に対して $\lim_{n \to \infty} f_n(x) = \lim_{n \to \infty} g_n(x)$ が成り立つとする. このとき

$$\lim_{n \to \infty} \int_X f_n \, d\mu = \lim_{n \to \infty} \int_X g_n \, d\mu.$$

証明. $m \in \mathbb{N}$ を固定するとき，任意の $x \in X$ に対して $\lim_{n\to\infty} f_n(x) \geq g_m(x)$. 補題 5.1.3 より，

$$\lim_{n\to\infty} \int_X f_n \, d\mu \geq \int_X g_m \, d\mu.$$

$m \to \infty$ として，

$$\lim_{n\to\infty} \int_X f_n \, d\mu \geq \lim_{m\to\infty} \int_X g_m \, d\mu.$$

$\{f_n\}_{n\in\mathbb{N}}$ と $\{g_n\}_{n\in\mathbb{N}}$ の役割を入れ替えると，逆向きの不等式も成立する. □

この命題より，$[0, +\infty]$-値可測関数に関しても積分がうまく定まることが分かった. これにより，一般の $\overline{\mathbb{R}}$-値（または $\mathbb{C}$-値）可測関数についても（適切な仮定の下で）積分値が定まる. $\int_X f(x)\, \mu(dx)$ を，μ に関する f の（X 上の）**ルベーグ積分** (Lebesgue integral) と呼ぶ.

X 上の $\overline{\mathbb{R}}$-値（または $\mathbb{C}$-値）関数 f が可測であり $\int_X |f(x)|\, \mu(dx) < \infty$ を満たすとき，f を (μ-) **可積分**（ルベーグ可積分, integrable）という. このとき $\int_X f(x)\, \mu(dx)$ は有限値で値が定まる. μ が有限測度であれば，有界可測関数[2] は可積分である. μ が有限測度でない場合は，そうとは限らない.

命題 5.1.5. X 上の $[0, +\infty]$-値可測関数 f に対して，等式

$$\int_X f \, d\mu = \sup\left\{ \int_X g \, d\mu \,\middle|\, g \text{ は } X \text{ 上の非負値単関数で, } g \leq f \right\} \tag{5.1}$$

が成り立つ.

証明. (5.1) の右辺を S とする. $\{f_n\}_{n\in\mathbb{N}}$ を f の単関数近似とする. 任意の $n \in \mathbb{N}$ に対して $\int_X f_n \, d\mu \leq S$ であるから，$n \to \infty$ として $\int_X f \, d\mu \leq S$. 次に，X 上の非負値単関数列 $\{g_n\}_{n\in\mathbb{N}}$ で，すべての $n \in \mathbb{N}$ に対し $g_n \leq f$ であり，$\lim_{n\to\infty} \int_X g_n \, d\mu = S$ となるものを選ぶ. $n \in \mathbb{N}$ に対して $h_n = f_n \vee g_1 \vee g_2 \vee \cdots \vee g_n$ とすると，$\int_X h_n \, d\mu \geq \int_X g_n \, d\mu$. $\{h_n\}_{n\in\mathbb{N}}$ は f の単関数近似だから，$n \to \infty$ として $\int_X f \, d\mu \geq S$ を得る. □

---

[2] X 上の $\mathbb{C}$-値関数 f が有界であるとは，ある $M \geq 0$ が存在して，任意の $x \in X$ に対して $|f(x)| \leq M$ が成り立つことをいう.

注意 5.1.6. (5.1) の右辺を $[0, +\infty]$-値可測関数 f のルベーグ積分の定義とする流儀もよく見かける．このようにすると，単関数のルベーグ積分さえ定義すれば $[0, +\infty]$-値可測関数のルベーグ積分が命題 5.1.4 などを経由せずに定義できることになる．しかしながらそれで議論が簡単になるというほどではなく，積分の線型性（命題 5.2.1）を示すときに準備が必要となる．

▎5.2　ルベーグ積分の基本的な性質

本節では，ルベーグ積分に関する基本的な性質を論じる．

命題 5.2.1. (1)　X 上の $[0, +\infty]$-値可測関数 f, g と $\alpha, \beta \in [0, +\infty]$ について，命題 5.1.2(1)(2)(3) の主張，すなわち以下が成立する．

- $f \geq g$ ならば，$\int_X f \, d\mu \geq \int_X g \, d\mu$.
- $\int_X (\alpha f + \beta g) \, d\mu = \alpha \int_X f \, d\mu + \beta \int_X g \, d\mu$.
- $A, B \in \mathscr{M}$, $A \cap B = \varnothing$ ならば，$\int_{A \sqcup B} f \, d\mu = \int_A f \, d\mu + \int_B f \, d\mu$.

(2)　f が $[0, +\infty]$-値可測，g が $[0, +\infty)$-値可積分関数であるとき，実数 α, β について命題 5.1.2(2) の主張が成立する．

証明. (1)　命題 5.1.2(1) の主張について．$f \geq g$ のとき，f, g の標準的な単関数近似（命題 4.2.3 の証明参照）$\{f_n\}_{n \in \mathbb{N}}, \{g_n\}_{n \in \mathbb{N}}$ を取ると，各 n に対して $f_n \geq g_n$ が成り立つ．そこで，f_n, g_n に対して命題 5.1.2(1) を適用し，$n \to \infty$ の極限を取ればよい．

　　命題 5.1.2(2)(3) の主張について．f, g を単関数近似したものと α, β を非減少実数列で近似したもの[3] に命題 5.1.2(2)(3) を適用し，極限を取ればよい．

(2)　$|\alpha| f$ を改めて f とおくなどすると，$\alpha = \pm 1$, $\beta = \pm 1$（複号任意）のときに示せば十分である．$\alpha = \beta = 1$ のときは (1) で証明済みである．$\alpha = 1$, $\beta = -1$ のときに示す．

$$f - g = (f - g)_+ - (f - g)_-$$

---

[3] α, β が実数ならば近似の必要はなく，そのものを考えればよい．α または β が $+\infty$ の場合も想定した記述である．

より，移項して

$$f + (f - g)_- = g + (f - g)_+ \ (= f \vee g).$$

すると，$\alpha = \beta = 1$ の場合の結果から，

$$\int_X f \, d\mu + \int_X (f - g)_- \, d\mu = \int_X g \, d\mu + \int_X (f - g)_+ \, d\mu.$$

g が可積分で $0 \leq (f - g)_- \leq g$ なので，$\int_X (f - g)_- \, d\mu$, $\int_X g \, d\mu$ が有限値であることに注意して移項すると，

$$\int_X f \, d\mu - \int_X g \, d\mu = \int_X (f - g)_+ \, d\mu - \int_X (f - g)_- \, d\mu.$$

右辺は定義より $\int_X (f - g) \, d\mu$ に等しい.

$\alpha = -1$ のときは，示すべき式の両辺を -1 倍すると $\alpha = 1$ の場合に帰着される. □

命題 5.2.2. (1) 命題 5.1.2(1) の主張は，f と g が $\overline{\mathbb{R}}$-値で積分が定義される（積分値として $\pm\infty$ も許す）ときにも成立する.

(2) 命題 5.1.2(2)(3) の主張は，以下のいずれかの場合でも成立する.

    (a) f は $\overline{\mathbb{R}}$-値可測関数で積分が定義され，g は $\mathbb{R}$-値可積分関数で，α, β は実数.

    (b) f, g は $\mathbb{C}$-値可積分関数で，α, β は複素数.

証明. (1) $f \geq g$ ならば，$f_+ \geq g_+$, $f_- \leq g_-$ である. これらに命題 5.2.1(1) を適用すればよい.

(2) 命題 5.2.1(2) を適用しながら式変形すればよい. 例えば，(a) で $\alpha \geq 0$, $\beta \leq 0$ のとき，

$$\int_X (\alpha f + \beta g) \, d\mu$$
$$= \int_X \{(\alpha f_+ - \beta g_-) - (\alpha f_- - \beta g_+)\} \, d\mu$$
$$= \int_X (\alpha f_+ - \beta g_-) \, d\mu - \int_X (\alpha f_- - \beta g_+) \, d\mu$$
$$= \alpha \int_X f_+ \, d\mu - \beta \int_X g_- \, d\mu - \alpha \int_X f_- \, d\mu + \beta \int_X g_+ \, d\mu$$
$$= \alpha \int_X f \, d\mu + \beta \int_X g \, d\mu$$

より成り立つ．他の場合も同様である． □

定義 5.2.3. X の部分集合 A に対して，ある $N \in \mathcal{M}$ が存在して $A \subset N$ かつ $\mu(N) = 0$ となるとき，A を (μ-) **零集合** (null set) という．各 $x \in X$ に対して定まっている命題 $P(x)$ が，ある零集合の補集合上で真であるとき，$P(x)$ は (μ に関して) **ほとんどすべての** (almost every) x に対して成り立つ，または $P(x)$ は **ほとんど至るところ** 成立するといい，

$$P(x), \quad \mu\text{-a.e.}\, x \qquad (P(x) \text{ for } \mu\text{-almost every } x),$$
$$P(x) \quad \mu\text{-a.e.} \qquad (P(x) \text{ almost everywhere})$$

などと表す．

　一般に，零集合 A は可測（$\mathcal{M}$ の元）であるとは限らない．もし $A \in \mathcal{M}$ であれば，$0 \le \mu(A) \le \mu(N) = 0$ より $\mu(A) = 0$ である．また，「ほとんどすべての」というときの除外集合となる零集合は，（A を N に取り直すことで）$\mathcal{M}$ の元として選ぶことができる．

　Λ を高々可算集合とし，各 $n \in \Lambda$ と各 $x \in X$ に対して定まっている命題 $P_n(x)$ を考える．もし，すべての $n \in \Lambda$ について「$P_n(x)$ μ-a.e.」が成り立つならば，命題 $P(x)$「すべての $n \in \Lambda$ に対して $P_n(x)$」が μ-a.e. で成り立つ．実際，命題 $P_n(x)$ が成り立たないような x からなる集合の，$n \in \Lambda$ に関する和集合は零集合だからである（零集合の高々可算和は零集合）．Λ が非可算集合のときは，同様の主張が成り立つとは限らないことに注意する．

　一般に，μ-零集合が常に $\mathcal{M}$ の元であるとき，測度空間 $(X, \mathcal{M}, \mu)$ や測度 μ は **完備** (complete) であるという[4]．任意の測度空間 $(X, \mathcal{M}, \mu)$ は完備測度空間に自然に拡張できることを第7.5節で論じる．

命題 5.2.4. X 上の $\overline{\mathbb{R}}$-値（または $\mathbb{C}$-値）可測関数 f が $f = 0$ μ-a.e. を満たすならば[5]，$\int_X f\, d\mu = 0$ である．また，g が X 上の $\overline{\mathbb{R}}$-値（または $\mathbb{C}$-値）可測関数で，$\mathcal{M}$ の元 A が $\mu(A) = 0$ を満たすならば，$\int_A g\, d\mu = 0$ である．

---

[4] 距離空間における完備性の概念とは（精神は通ずるところがあるものの）無関係である．

[5] すなわち，$\mu(\{f \neq 0\}) = 0$ ならばということである．$\{f \neq 0\}$ は可測集合であるから，このように書き直せる．

証明. 前半部は積分の定義から従う. 実際, f が $\mathbb{C}$-値のとき

$$f = f_1 - f_2 + \sqrt{-1}f_3 - \sqrt{-1}f_4,$$
$$(f_1 = (\mathrm{Re}\,f)_+,\ f_2 = (\mathrm{Re}\,f)_-,\ f_3 = (\mathrm{Im}\,f)_+,\ f_4 = (\mathrm{Im}\,f)_-)$$

と表すと, $f = 0$ μ-a.e. ゆえ, すべての $j = 1, 2, 3, 4$ について $f_j = 0$ μ-a.e. である. すると, f_j の単関数近似 $\{f_j^{(n)}\}_{n\in\mathbb{N}}$ についても $0 \le f_j^{(n)} \le f_j$ より $f_j^{(n)} = 0$ μ-a.e. となる. 積分の定義から $\int_X f_j^{(n)}\, d\mu = 0$ [6]. $n \to \infty$ として, j について和を取れば結論を得る. f が $\overline{\mathbb{R}}$-値の場合も同様である.

後半部は, $\int_A g\, d\mu = \int_X g\mathbf{1}_A\, d\mu$ に注意して, 関数 $g\mathbf{1}_A$ に前半部の主張を適用すればよい. $\square$

次の命題は, 零集合上の値の違いが積分に影響しないことを表している.

命題 5.2.5. f, g は X 上の $\overline{\mathbb{R}}$-値 (または $\mathbb{C}$-値) 可測関数で $f = g$ μ-a.e. であるとする. $\int_X f\, d\mu$ が意味を持てば, $\int_X g\, d\mu$ も意味を持ち値は等しい.

証明. f, g が $\overline{\mathbb{R}}$-値であるときに示せばよい. $A = \{f_+ \ne g_+\}$ とすると $\mu(A) = 0$. すると,

$$\int_X f_+\, d\mu = \int_A f_+\, d\mu + \int_{A^c} f_+\, d\mu \qquad (\text{命題 5.2.1 より})$$
$$= 0 + \int_{A^c} g_+\, d\mu \qquad (\text{命題 5.2.4 より})$$
$$= \int_A g_+\, d\mu + \int_{A^c} g_+\, d\mu$$
$$= \int_X g_+\, d\mu.$$

同様にして $\int_X f_-\, d\mu = \int_X g_-\, d\mu$ となるので, 主張が従う. $\square$

命題 5.2.6 (マルコフ (Markov) の不等式). X 上の $[0, +\infty]$-値可測関数 f と $\alpha > 0$ に対して,

$$\mu(\{f \ge \alpha\}) \le \frac{1}{\alpha} \int_X f\, d\mu.$$

---

[6] 実際, $f_j^{(n)} = \sum_{k=1}^{l} a_k \mathbf{1}_{E_k}$ $(a_k \ge 0)$ と表されているとき, $a_k > 0$ なる k について $\mu(E_k) = 0$ であるから, $\int_X f_j^{(n)}\, d\mu = \sum_{k=1}^{l} a_k \mu(E_k) = 0$.

証明.　$A = \{f \geq \alpha\}$ とすると，任意の $x \in X$ に対して $f(x) \geq \alpha \mathbf{1}_A(x)$ が成り立つ．命題 5.2.1(1) より，$\int_X f \, d\mu \geq \int_X \alpha \mathbf{1}_A \, d\mu = \alpha \mu(A)$.　□

系 5.2.7.　(1)　f が X 上の $\overline{\mathbb{R}}$-値可積分関数ならば，$|f| < \infty$ μ-a.e., すなわち $\mu(\{|f| = \infty\}) = 0$.

(2)　f が $[0, +\infty]$-値可測関数で $\int_X f \, d\mu = 0$ ならば，$f = 0$ μ-a.e., すなわち $\mu(\{f > 0\}) = 0$.

証明.　(1)　命題 5.2.6 より，任意の $\alpha > 0$ に対して

$$0 \leq \mu(\{|f| = \infty\}) \leq \mu(\{|f| \geq \alpha\}) \leq \frac{1}{\alpha} \int_X |f| \, d\mu.$$

$\alpha \to \infty$ とすると，$\mu(\{|f| = \infty\}) = 0$ を得る．

(2)　命題 5.2.6 より，任意の $n \in \mathbb{N}$ に対して

$$0 \leq \mu(\{f \geq 1/n\}) \leq n \int_X f \, d\mu = 0.$$

よって，$\mu(\{f \geq 1/n\}) = 0$. 集合列 $\{\{f \geq 1/n\}\}_{n \in \mathbb{N}}$ が n について単調非減少であることと，$\{f > 0\} = \bigcup_{n=1}^{\infty}\{f \geq 1/n\}$ より，命題 3.3.2(2) から

$$\mu(\{f > 0\}) = \lim_{n \to \infty} \mu(\{f \geq 1/n\}) = 0^{7)}.$$　□

一般に，関数 h がある可測関数 f とほとんど至るところ等しいとき，f の積分が存在すれば，h の積分を f の積分によって定義することができる．f の選び方によらないことは命題 5.2.5 から保証される．このような h は可測であるとは限らないし[8]，h はある零集合上で定義されていなくても構わない．このように積分の概念が定まる関数を少し一般化しておくと有用である．例えば，h_1, h_2 を X 上の $\overline{\mathbb{R}}$-値可積分関数としよう．$f_j = h_j \mathbf{1}_{\{|h_j| < \infty\}}$ $(j = 1, 2)$ とすると，系 5.2.7(1) より f_1, f_2 はそれぞれ h_1, h_2 とほとんど至るところ等しい実数値可積分関数である．このとき，$h_1 + h_2$ は μ-a.e. で値が定まり，$f_1 + f_2$ に

---

7) 測度の σ-劣加法性（命題 3.3.2(3)）を用いて，$\mu(\{f > 0\}) \leq \sum_{n=1}^{\infty} \mu(\{f \geq 1/n\}) = 0$ より，としてもよい．

8) ただし，測度空間が完備であれば常に可測である．

ほとんど至るところ等しい．したがって，$h_1 + h_2$ の積分を $f_1 + f_2$ の積分として定義することにより，等式 $\int_X (h_1 + h_2)\, d\mu = \int_X h_1\, d\mu + \int_X h_2\, d\mu$ が成立する．このほか，ほとんど至る点でのみ収束する関数列の極限関数を扱いたいときや，フビニの定理（定理9.2.2など）でもこのような一般化が必要になる．また，可測関数からなる集合 $\mathscr{L}$ において，「$f = g$ μ-a.e.」を $f \sim g$ と表すと $\sim$ は同値関係となり，μ による積分値は同値類の代表元の取り方によらない．$\mathscr{L}$ を同値関係 $\sim$ で割った同値類の空間（L^p 空間など）を導入することは，さらに進んだ理論において重要になる．

命題 5.2.8. f を X 上の $\overline{\mathbb{R}}$-値（または $\mathbb{C}$-値）可積分関数とするとき，

$$\left| \int_X f\, d\mu \right| \leq \int_X |f|\, d\mu.$$

証明．系5.2.7(1) より，$\overline{\mathbb{R}}$-値可積分関数はほとんど至るところ実数値を取るから，f が $\mathbb{C}$-値可積分関数の場合に示せば十分である．実数 θ に対して，命題5.2.2(2) より

$$e^{\sqrt{-1}\theta} \int_X f\, d\mu = \int_X e^{\sqrt{-1}\theta} f\, d\mu.$$

両辺の実部を取ると，

$$\mathrm{Re}\left(e^{\sqrt{-1}\theta} \int_X f\, d\mu \right) = \int_X \mathrm{Re}\left(e^{\sqrt{-1}\theta} f \right) d\mu$$

（右辺は複素数値関数の積分の定義より）

$$\leq \int_X \left| e^{\sqrt{-1}\theta} f \right| d\mu = \int_X |f|\, d\mu. \tag{5.2}$$

$-\theta$ が $\int_X f\, d\mu$ の偏角になるように θ を選ぶ（すなわち $\theta = -\mathrm{Arg}\left(\int_X f\, d\mu \right)$ とする）と，最左辺は $\left| \int_X f\, d\mu \right|$ となるので主張が従う． $\square$

5.3 簡単な例

本節では簡単な具体例について，ルベーグ積分がどのように表されるか考察する．

5.3.1 計数測度

可測空間 $(\mathbb{N}, 2^{\mathbb{N}})$ を考え，μ を 3.2.1 項で説明した計数測度とする．すなわち，$\mathbb{N}$ の部分集合 A に対して $\mu(A)$ は A の元の個数（$\in \mathbb{N} \cup \{0, +\infty\}$）である．$\mathbb{N}$ 上の関数 f について $a_k = f(k)$ $(k \in \mathbb{N})$ と定める．$\mathbb{N}$ 上の関数 f を考えることは数列 $\{a_k\}_{k \in \mathbb{N}}$ を考えることと同等である[9]．f の μ によるルベーグ積分はどう表されるだろうか．まず，f が非負実数値の場合を考える．$n = 1, 2, \ldots$ に対して

$$f_n = \sum_{k=1}^{n} a_k \mathbf{1}_{\{k\}} \qquad (\text{数列} \{a_1, a_2, \ldots, a_n, 0, 0, 0, \ldots\} \text{に対応})$$

とすると，関数列 $\{f_n\}_{n \in \mathbb{N}}$ は f の単関数近似である[10]．

$$\int_{\mathbb{N}} f_n \, d\mu = \sum_{k=1}^{n} a_k \mu(\{k\}) = \sum_{k=1}^{n} a_k$$

であるから，

$$\int_{\mathbb{N}} f \, d\mu = \lim_{n \to \infty} \sum_{k=1}^{n} a_k.$$

すなわち，$\int_{\mathbb{N}} f \, d\mu$ は無限和 $\sum_{k=1}^{\infty} a_k$ に他ならない．f が一般の $\overline{\mathbb{R}}$-値または $\mathbb{C}$-値の場合も同様であるが，可積分であるための条件 $\int_{\mathbb{N}} |f| \, d\mu < \infty$ は $\sum_{k=1}^{\infty} |a_k| < \infty$ と書き直され，これは数列 $\{a_k\}_{k \in \mathbb{N}}$ の和が絶対収束するという意味である．$\sum_{k=1}^{\infty} |a_k| = \infty$ であっても $\lim_{n \to \infty} \sum_{k=1}^{n} a_k$ が収束する（無限和が絶対収束しないが条件収束する）こともあるが[11]，ルベーグ積分の可積分性という条件はこのような場合を除外している．条件収束しかしない場合は，和を取る順序が極限に影響することに注意しよう[12]．ルベーグ積分は「有限和と同様な性質が（さまざまな）無限が出現する状況でも成り立つ枠組を提供する」ような理論構成であるため，このような制約が付くことは自然である．

---

[9] $\mathbb{N}$ 上の σ-加法族はべき集合としているので，$\mathbb{N}$ 上の任意の関数は可測であることにも注意する．

[10] 標準的な単関数近似（命題 4.2.3 の後の注意を参照）になっているとは限らない．

[11] 一例は，$a_k = (-1)^k / k$ $(k \in \mathbb{N})$．

[12] より詳しい主張は以下の通りである．実数列 $\{a_k\}_{k \in \mathbb{N}}$ の和が絶対収束しないが条件収束するとき，任意の $\alpha \in \overline{\mathbb{R}}$ に対して，全単射 $\varphi \colon \mathbb{N} \to \mathbb{N}$ を定めて $\lim_{n \to \infty} \sum_{k=1}^{n} a_{\varphi(k)} = \alpha$ となるようにできる．

5.3.2 ディラック測度

$(X, \mathcal{M})$ を任意の可測空間, z を X の元とし, 3.2.3項で定義したように z におけるディラック測度 δ_z を考える. すなわち, $A \in \mathcal{M}$ に対して

$$\delta_z(A) = \begin{cases} 1 & (z \in A \text{ のとき}), \\ 0 & (z \notin A \text{ のとき}). \end{cases}$$

このとき, X 上の任意の複素数値可測関数 f に対して,

$$\int_X f(x)\,\delta_z(dx) = f(z)$$

である. 実際, f が非負実数値のときは, $\{f_n\}_{n \in \mathbb{N}}$ を f の単関数近似とするとき, 各 n に対して $\int_X f_n(x)\,\delta_z(dx) = f_n(z)$ が確認されるので, $n \to \infty$ とすると主張を得る. これより, f が複素数値の場合も同様の主張が成り立つ.

形式的な議論として, $\mathbb{R}$ 上の「デルタ関数」$\delta(x)$ を,

$$x \neq 0 \text{ では値が } 0, \quad x = 0 \text{ では値が正の無限大}, \quad \int_{\mathbb{R}} \delta(x)\,dx = 1 \tag{5.3}$$

であるものとして導入し, これは普通の関数ではない仮想的な関数であって,

$$\mathbb{R} \text{ 上の任意の（連続）関数 } f \text{ に対して}, \quad \int_{\mathbb{R}} f(x)\delta(x)\,dx = f(0) \tag{5.4}$$

を満たすものである, というように説明されることがある. (5.3) はそのままでは正当化できない. 実際, $\delta(x) + \delta(x)$ は $x \neq 0$ では 0, $x = 0$ では値が ∞ なので $\delta(x) + \delta(x) = \delta(x)$, 両辺を積分して $1 + 1 = 1$ などとするとたちまち矛盾が生じてしまう. また, 性質 (5.4) を持つ通常の関数 $\delta(x)$ は存在しない（第8章の章末問題4を参照のこと）. 数学的に正しく解釈するには, $\delta(x)\,dx$ のところをひとまとめにしてディラック測度 δ_0 によるルベーグ積分であると見なせばよい.

なお,

$$\varphi(x) = \begin{cases} +\infty & (x = 0), \\ 0 & (x \neq 0) \end{cases}$$

は $\mathbb{R}$ 上の $[0, +\infty]$-値ボレル関数であるが, $\mu(\{0\}) = 0$ を満たすような $(\mathbb{R}, \mathcal{B}(\mathbb{R}))$ 上の任意の測度 $\mu^{13)}$ に関して, 関数 φ のルベーグ積分 $\int_{\mathbb{R}} \varphi\,d\mu$

---

13) 特に, μ としてルベーグ測度を取ることができる.

は 0 であることに注意しておく.

▶**問 5.3.1.** $\int_{\mathbb{R}} \varphi \, d\mu = 0$ であることを，ルベーグ積分の定義に基づいて確認せよ.

5.4　リーマン積分との関連（連続関数の場合）

　リーマン積分とルベーグ積分の関係を，関数が連続な場合に論じる. μ を，3.2.4 項で説明した可測空間 $(\mathbb{R}, \mathscr{B}(\mathbb{R}))$ 上のルベーグ測度とする[14]. I を有界閉区間 $[a, b]$ とするとき，μ を自然に $(I, \mathscr{B}(I))$ 上の測度と見なすことができる. これも μ で表す.

命題 5.4.1. f を区間 $I = [a, b]$ 上の実数値連続関数とするとき，f は測度空間 $(I, \mathscr{B}(I), \mu)$ において可積分で，

$$\int_a^b f(x) \, dx = \int_I f \, d\mu \tag{5.5}$$

である. ここで左辺はリーマン積分，右辺は μ についてのルベーグ積分を表す.

証明. 　系 4.1.3 より，f は $\mathscr{B}(I)$-可測. $\mu(I) < \infty$ で，f は有界関数だから f は μ-可積分である. $f = f_+ - f_-$ であるので，等式 (5.5) を示すには f を非負値関数として示せばよい.

　$\Delta = \{a = x_0 < x_1 < \cdots < x_n = b\}$ を I の有限分割とする. $k = 1, 2, \ldots, n$ に対して $m_k = \inf_{x \in [x_{k-1}, x_k]} f(x)$ と定め，

$$s_\Delta = \sum_{k=1}^n m_k (x_k - x_{k-1})$$

とおく. また，

$$f_\Delta(x) = m_1 \mathbf{1}_{\{a\}}(x) + \sum_{k=1}^n m_k \mathbf{1}_{(x_{k-1}, x_k]}(x)$$

とすると，f_Δ は I 上の単関数で，

---

[14] まだ存在証明はしていないがここでは存在を認め，3.2.4 項で述べた性質を用いる.

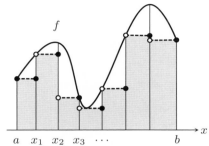

図 5.1 灰色の部分の面積が s_Δ，点線が f_Δ のグラフに相当する．

$$\int_I f_\Delta \, d\mu = m_1 \mu(\{a\}) + \sum_{k=1}^{n} m_k \mu\big((x_{k-1}, x_k]\big)$$

$$= 0 + \sum_{k=1}^{n} m_k(x_k - x_{k-1}) = s_\Delta$$

となる（図 5.1 参照）．I の分割の細分列 $\{\Delta_N\}_{N \in \mathbb{N}}$ $(\Delta_1 \subset \Delta_2 \subset \cdots \subset \Delta_N \subset \cdots)$ で，分割の最大幅 $|\Delta_N|$ が $N \to \infty$ のとき 0 に収束するものを選ぶと，I 上の連続関数はリーマン可積分なので

$$\lim_{N \to \infty} s_{\Delta_N} = \int_a^b f(x) \, dx.$$

また，$0 \le f_{\Delta_1} \le f_{\Delta_2} \le \cdots \le f_{\Delta_N} \le \cdots$ で，f の連続性より任意の $x \in I$ に対して $\lim_{N \to \infty} f_{\Delta_N}(x) = f(x)$ であるから，ルベーグ積分の定義より

$$\int_I f \, d\mu = \lim_{N \to \infty} \int_I f_{\Delta_N} \, d\mu = \lim_{N \to \infty} s_{\Delta_N}.$$

これより結論を得る． □

連続関数とは限らない場合でも，リーマン可積分ならば（ルベーグ測度に関して）ルベーグ可積分で積分値は一致するというタイプの主張が従う．ただし，関数の可測性はボレル可測性ではなくルベーグ可測性に弱める必要がある．詳しくは第 8.3 節で論じる．

▌章末問題

1. μ を可測空間 $(\mathbb{R}, \mathscr{B}(\mathbb{R}))$ 上の1次元ルベーグ測度とする[15]．$\mathbb{R}$ 上の関数

$$f(x) = \sqrt{\max\{4 - |x|, 0\}} \quad (x \in \mathbb{R})$$

に対して，ルベーグ積分 $\int_{\mathbb{R}} f(x)\,\mu(dx)$ の値を，ルベーグ積分の定義に基づいて次の順に求めよ[16]．

    (a)　命題4.2.3の証明中にある標準的な単関数近似列 $\{f_n\}_{n \in \mathbb{N}}$ を取る．f_n を具体的に記述し，$\int_{\mathbb{R}} f_n(x)\,\mu(dx)$ の値を定義通りに計算する（n が十分大きいときのみ求めればよい）．

    (b)　$\lim_{n \to \infty} \int_{\mathbb{R}} f_n(x)\,\mu(dx)$ を求める．

2. 測度空間 $(X, \mathscr{M}, \mu)$ 上の複素数値可積分関数 f で，等式 $\left|\int_X f\,d\mu\right| = \int_X |f|\,d\mu$ を満たすものはどのような関数か．

3. f, g を測度空間 $(X, \mathscr{M}, \mu)$ 上の $[0, +\infty]$-値可積分関数とする．もし，すべての $a > 0$ に対して $\mu(\{f \geq a\}) = \mu(\{g \geq a\})$ が成り立てば，$\int_X f\,d\mu = \int_X g\,d\mu$ であることを示せ．

4. f を測度空間 $(X, \mathscr{M}, \mu)$ 上の実数値可測関数とする．整数 k に対して，$A_k = \{x \in X \mid 2^k \leq |f(x)| < 2^{k+1}\}$ と定める．f が可積分であるための必要十分条件は，$\sum_{k=-\infty}^{\infty} 2^k \mu(A_k) < \infty$ であることを示せ．

---

[15] すなわち，区間 $I = (a, b]$ $(a \leq b)$ に対しては $\mu(I) = b - a$ となるような測度．本問ではその存在を認めて議論するものとする．

[16] これはあくまで練習のための問題である．具体的な積分値が定義通りに手計算で求まるのは特殊な場合であるといえ，そのような場合でも普通はリーマン積分における知識を用いた方がずっと早く計算できる．

第 **6** 章

収束定理

本章では，ルベーグ積分論の威力を示す種々の収束定理について論じる．

6.1 準備

関数列 $\{f_n\}_{n\in\mathbb{N}}$ が何らかの意味で関数 f に収束するとき，f_n の積分が f の積分に収束するという類いの定理を総称して収束定理という．典型的には

$$\lim_{n\to\infty}\int_X f_n(x)\,\mu(dx) = \int_X \left(\lim_{n\to\infty} f_n(x)\right)\mu(dx) \tag{6.1}$$

のような式で表される主張である．積分が極限操作を含んでいることに注意すると，「2 種類の極限操作の順序交換を保証する定理」と見なすこともできる．もちろんこれは無条件では成り立たない[1]．リーマン積分の枠組において，有界閉区間上のリーマン可積分な関数列が一様収束していれば，極限関数もリーマン可積分で (6.1) と類似の関係式が成り立つことはよく知られている．しかし，一様収束というのはかなり強い仮定である．本章では，ルベーグ積分の枠組でははるかに弱い仮定の下で議論が可能であることをみる．

収束定理の証明の核となるのは，次の単純な補題である．

補題 6.1.1. $\overline{\mathbb{R}}$ の元からなる二重数列 $\{a_{n,k}\}_{n\in\mathbb{N},\,k\in\mathbb{N}}$ が，n についても k につ

---

[1] 細かい話に思えるかもしれないが，「このような極限操作の順序交換を正当化することに証明が帰着されるような非自明な主張が多い」と考えるのがより妥当であろう．

いても単調非減少であるならば,

$$\lim_{n\to\infty}\left(\lim_{k\to\infty}a_{n,k}\right)=\lim_{m\to\infty}a_{m,m}\,(\in\overline{\mathbb{R}}). \tag{6.2}$$

証明.　任意の $n\in\mathbb{N}$ に対して $\lim_{k\to\infty}a_{n,k}\ge a_{n,n}$ であるから, $n\to\infty$ として

$$\lim_{n\to\infty}\left(\lim_{k\to\infty}a_{n,k}\right)\ge\lim_{n\to\infty}a_{n,n}.$$

また, $n\le k$ ならば $a_{n,k}\le a_{k,k}$ である. $k\to\infty$, 次に $n\to\infty$ として

$$\lim_{n\to\infty}\left(\lim_{k\to\infty}a_{n,k}\right)\le\lim_{k\to\infty}a_{k,k}. \qquad\square$$

　補題 6.1.1 の仮定は n と k について対等であるから, これらを入れ替えて補題 6.1.1 を適用することにより, 等式

$$\lim_{n\to\infty}\left(\lim_{k\to\infty}a_{n,k}\right)=\lim_{k\to\infty}\left(\lim_{n\to\infty}a_{n,k}\right)$$

も得られる. このように, 数列に単調性があれば 2 種類の極限の入れ替えが可能なのである.

▶**問 6.1.2.** 二重数列 $\{a_{n,k}\}_{n\in\mathbb{N},\,k\in\mathbb{N}}$ で, (6.2) が成り立たないような例を挙げよ (もちろん, このとき補題 6.1.1 の仮定は成り立たない).

系 6.1.3. $[0,+\infty]$ の元からなる二重数列 $\{b_{n,k}\}_{n\in\mathbb{N},\,k\in\mathbb{N}}$ に対して,

$$\sum_{n=1}^{\infty}\left(\sum_{k=1}^{\infty}b_{n,k}\right)=\lim_{M\to\infty}\sum_{n=1}^{M}\sum_{k=1}^{M}b_{n,k}.$$

証明. $a_{n,k}=\sum_{m=1}^{n}\sum_{j=1}^{k}b_{m,j}$ として, 補題 6.1.1 を適用すればよい.　　$\square$

6.2　収束定理

　以下では, $(X,\mathcal{M},\mu)$ を測度空間とする.

定理 6.2.1 (**単調収束定理** (monotone convergence theorem). ベッポ・レヴィ (Beppo Levi) の補題). $f,f_1,f_2,\ldots,f_n,\ldots$ を X 上の $\overline{\mathbb{R}}$-値可測関数列とする.

(1) μ-a.e. x で, $0 \le f_1(x) \le f_2(x) \le \cdots \le f_n(x) \le \cdots$ かつ $\lim_{n\to\infty} f_n(x) = f(x)$ であるとき,

$$\int_X f \, d\mu = \lim_{n\to\infty} \int_X f_n \, d\mu \ (\in [0, +\infty]).$$

(2) f_1 が可積分であると仮定する. μ-a.e. x で, $f_1(x) \ge f_2(x) \ge \cdots \ge f_n(x) \ge \cdots$ かつ $\lim_{n\to\infty} f_n(x) = f(x)$ であるとき,

$$\int_X f \, d\mu = \lim_{n\to\infty} \int_X f_n \, d\mu \ (\in [-\infty, +\infty)).$$

証明. (1), (2) とも, 仮定の「μ-a.e. x」を「すべての x」として示せばよい. 実際, (1) について, 「μ-a.e.」に対応する μ-零集合 N で可測なものを取り $g_n = f_n \mathbf{1}_{N^c}$, $g = f \mathbf{1}_{N^c}$ と定めると, すべての x に対して $0 \le g_1(x) \le g_2(x) \le \cdots \le g_n(x) \le \cdots$ かつ $\lim_{n\to\infty} g_n(x) = g(x)$ が成り立つから, (1) で仮定を「すべての x」にしたものが成り立てば, $\int_X g \, d\mu = \lim_{n\to\infty} \int_X g_n \, d\mu$. 命題 5.2.5 より, $\int_X g_n \, d\mu = \int_X f_n \, d\mu$, $\int_X g \, d\mu = \int_X f \, d\mu$ なので主張が従う. (2) についても同様である.

(1) 各 f_n に対して, 命題 4.2.3 の証明にある標準的な単関数近似 $\{f_{n,l}\}_{l\in\mathbb{N}}$ を取る. 任意の $n \in \mathbb{N}$ と $x \in X$ に対して $\lim_{l\to\infty} f_{n,l}(x) = f_n(x)$ で, $\{f_{n,l}(x)\}_{n\in\mathbb{N}, l\in\mathbb{N}}$ は n, l について単調非減少である. これより, $\left\{\int_X f_{n,l} \, d\mu\right\}_{n\in\mathbb{N}, l\in\mathbb{N}}$ も n, l について単調非減少であり,

$$\lim_{n\to\infty} \int_X f_n \, d\mu$$
$$= \lim_{n\to\infty} \left(\lim_{l\to\infty} \int_X f_{n,l} \, d\mu \right) \quad \text{(ルベーグ積分の定義より)}$$
$$= \lim_{m\to\infty} \int_X f_{m,m} \, d\mu. \quad \text{(補題 6.1.1 より)} \tag{6.3}$$

一方, 各 $x \in X$ に対して

$$f(x) = \lim_{n\to\infty} f_n(x) = \lim_{n\to\infty} \left(\lim_{l\to\infty} f_{n,l}(x) \right)$$
$$= \lim_{m\to\infty} f_{m,m}(x). \quad \text{(補題 6.1.1 より)}$$

したがって $\{f_{m,m}\}_{m\in\mathbb{N}}$ は f の単関数近似になっているので, ルベーグ積分の定義から

$$\int_X f\,d\mu = \lim_{m\to\infty}\int_X f_{m,m}\,d\mu. \tag{6.4}$$

(6.3) と (6.4) より結論を得る.

(2)　f_1 は実数値としてよい[2]. 関数列 $\{f_1-f_n\}_{n\in\mathbb{N}}$ と f_1-f について (1) を適用すると

$$\int_X (f_1-f)\,d\mu = \lim_{n\to\infty}\int_X (f_1-f_n)\,d\mu.$$

両辺から $\int_X f_1\,d\mu$ (仮定より有限値) を引いて整理すると, 結論を得る. □

注意 6.2.2. いくつか注意を述べる.

- 一般に, μ-a.e. x で $\lim_{n\to\infty}f_n(x)=f(x)$ であるとき, 関数列 $\{f_n\}_{n\in\mathbb{N}}$ は f に **概収束** する (almost convergent) という[3].

- 定理 6.2.1(1) の仮定は,「ある可積分関数 φ が存在して, μ-a.e. x で $-\varphi(x) \le f_1(x) \le f_2(x) \le \cdots$ かつ $\lim_{n\to\infty}f_n(x)=f(x)$」に弱められる. 実際, このとき $f_n+\varphi$ を f_n, $f+\varphi$ を f として元の (1) を適用し, 得られた式の両辺から $\int_X \varphi\,d\mu$ (有限値) を引けばよいからである. このように一般化した主張も単調収束定理と呼ぶ.

- 定理 6.2.1(2) の仮定で,「f_1 が可積分」という仮定は,「ある f_k が可積分」に置き換えることができる. 実際, このときは関数列 $\{f_n\}_{n=k}^{\infty}$ と f に対して (2) を適用すればよい.

- 定理 6.2.1(2) で,「f_1 が可積分」という仮定がないと, 一般には主張は不成立である. 例えば, $X=\mathbb{N}$, $\mathcal{M}=2^{\mathbb{N}}$, μ を可測空間 $(\mathbb{N},2^{\mathbb{N}})$ 上の計数測度とし, $f_n(x)=\mathbf{1}_{[n,\infty)}(x)$ ($n\in\mathbb{N}$) と定めたものが反例となる.

系 6.2.3. $\{g_k\}_{k\in\mathbb{N}}$ を X 上の $[0,+\infty]$-値可測関数列とするとき,

---

[2] f_1 は可積分なので, 系 5.2.7(1) より $|f_1|<\infty$ μ-a.e. したがって, 集合 $\{|f_1|=\infty\}$ 上での値を 0 に取り換えた実数値関数と f_1 はほとんど至るところ等しい.

[3] 測度 μ に関するものであることを明示したいときは, μ-概収束のように表す.

$$\int_X \left(\sum_{k=1}^{\infty} g_k(x) \right) \mu(dx) = \sum_{k=1}^{\infty} \int_X g_k(x) \, \mu(dx).$$

証明. $f_n(x) = \sum_{k=1}^{n} g_k(x) \ (n = 1, 2, \dots), \ f(x) = \sum_{k=1}^{\infty} g_k(x)$ として定理 6.2.1 を適用すれば,

$$\int_X f(x) \, \mu(dx) = \lim_{n \to \infty} \int_X f_n(x) \, \mu(dx)$$
$$= \lim_{n \to \infty} \sum_{k=1}^{n} \int_X g_k(x) \, \mu(dx)$$
$$= \sum_{k=1}^{\infty} \int_X g_k(x) \, \mu(dx). \qquad \square$$

定理 6.2.4 (**ファトゥの補題** (Fatou's lemma)). $\{f_n\}_{n \in \mathbb{N}}$ を X 上の $[0, +\infty]$-値可測関数列とするとき,

$$\int_X \left(\varliminf_{n \to \infty} f_n(x) \right) \mu(dx) \le \varliminf_{n \to \infty} \int_X f_n(x) \, \mu(dx). \tag{6.5}$$

証明. $g_n(x) := \inf_{k \ge n} f_k(x)$ と定めると, $0 \le g_1 \le g_2 \le \cdots \le g_n \le \cdots$ かつ, 任意の $x \in X$ に対して $\lim_{n \to \infty} g_n(x) = \varliminf_{n \to \infty} f_n(x)$ である. 単調収束定理 (定理 6.2.1) より,

$$\lim_{n \to \infty} \int_X g_n(x) \, \mu(dx) = \int_X \left(\lim_{n \to \infty} g_n(x) \right) \mu(dx)$$
$$= \int_X \left(\varliminf_{n \to \infty} f_n(x) \right) \mu(dx). \tag{6.6}$$

一方, $g_n \le f_n$ より,

$$\lim_{n \to \infty} \int_X g_n(x) \, \mu(dx) = \varliminf_{n \to \infty} \int_X g_n(x) \, \mu(dx)$$
$$\le \varliminf_{n \to \infty} \int_X f_n(x) \, \mu(dx). \tag{6.7}$$

(6.6) と (6.7) より, 結論を得る. $\qquad \square$

注意 6.2.5. 単調収束定理 (定理 6.2.1) の場合と同様に, 定理 6.2.4 の仮定は「n に依存しないある可積分関数 φ が存在して, $f_n \ge -\varphi$ μ-a.e. が任意の $n \in \mathbb{N}$

に対して成り立つ」に弱めることができる．実際，$\mu(N) = 0$ なる可測集合 N を取って，すべての $n \in \mathbb{N}$ に対して N^c 上で $f_n \geq -\varphi$ が成り立つようにできるので（零集合の可算和は零集合），関数列 $\{f_n \mathbf{1}_{N^c} + \varphi \mathbf{1}_{N^c}\}_{n \in \mathbb{N}}$ に対して定理 6.2.4 を適用し，得られた式の両辺から $\int_X \varphi \mathbf{1}_{N^c} \, d\mu$ $(= \int_X \varphi \, d\mu$, 有限値) を引けばよいからである．このように一般化した主張もファトゥの補題と呼ばれる．

例 6.2.6. ファトゥの補題で等号が成立しない例を挙げる．

(1) $X = \mathbb{N}$, $\mathcal{M} = 2^{\mathbb{N}}$ とし，μ を可測空間 $(\mathbb{N}, 2^{\mathbb{N}})$ 上の計数測度とする．$\mathbb{N}$ 上の関数列 $\{f_n\}_{n \in \mathbb{N}}$ を $f_n = \mathbf{1}_{\{n\}}$ で定義すると，任意の $x \in \mathbb{N}$ に対して $\lim_{n \to \infty} f_n(x) = 0$ であるから (6.5) の左辺は 0 だが，任意の $n \in \mathbb{N}$ に対し $\int_{\mathbb{N}} f_n \, d\mu = 1$ なので (6.5) の右辺は 1 となる．

(2) $X = [0,1]$, $\mathcal{M} = \mathcal{B}([0,1])$ とし，μ を可測空間 $([0,1], \mathcal{B}([0,1]))$ 上のルベーグ測度とする．$\mathbb{N}$ 上の関数列 $\{f_n\}_{n \in \mathbb{N}}$ を $f_n = n\mathbf{1}_{(0,1/n]}$ と定めると，任意の $x \in [0,1]$ に対して $\lim_{n \to \infty} f_n(x) = 0$ であるから (6.5) の左辺は 0 だが，任意の $n \in \mathbb{N}$ に対し $\int_{[0,1]} f_n \, d\mu = 1$ なので (6.5) の右辺は 1 となる．

単調収束定理（定理 6.2.1）とファトゥの補題（定理 6.2.4）では，極限関数（f や $\varliminf_{n \to \infty} f_n$）の可積分性を仮定していないことに注意する．むしろ可積分性が分かっていない状況で定理を適用し，結論の式の右辺が有限値であることを別の手段で確認することによって極限関数の可積分性を示すという使われ方をすることも多い．

定理 6.2.7（ルベーグの収束定理 ((Lebesgue's) dominated convergence theorem))**.** $\{f_n\}_{n \in \mathbb{N}}$ を X 上の $\overline{\mathbb{R}}$-値（または $\mathbb{C}$-値）可測関数列とする．X 上の可積分関数 g が存在して，

$$|f_n(x)| \leq g(x), \quad \mu\text{-a.e. } x$$

が任意の $n \in \mathbb{N}$ に対して成り立つとする．また，$\{f_n\}_{n \in \mathbb{N}}$ はある可測関数 f に概収束するとする．このとき，f は可積分で

$$\lim_{n \to \infty} \int_X f_n(x) \, \mu(dx) = \int_X f(x) \, \mu(dx). \tag{6.8}$$

証明. f_n が複素数値の場合は実部と虚部に分けて議論すればよいから, f_n が $\overline{\mathbb{R}}$-値の場合に示せばよい. g が可積分で, 任意の $n \in \mathbb{N}$ に対して $f_n \geq -g$ μ-a.e. だから, ファトゥの補題 (定理 6.2.4 および注意 6.2.5) より,

$$\int_X f \, d\mu \leq \varliminf_{n \to \infty} \int_X f_n \, d\mu. \tag{6.9}$$

また, 任意の $n \in \mathbb{N}$ に対して $-f_n \geq -g$ μ-a.e. で, $-f_n$ は $-f$ に概収束するから, ファトゥの補題を $\{-f_n\}_{n \in \mathbb{N}}$ に適用すると,

$$\int_X (-f) \, d\mu \leq \varliminf_{n \to \infty} \int_X (-f_n) \, d\mu.$$

整理すると

$$\int_X f \, d\mu \geq \varlimsup_{n \to \infty} \int_X f_n \, d\mu. \tag{6.10}$$

(6.9) と (6.10) より (6.8) を得る. また, $|f| \leq g$ μ-a.e. であるから, f は可積分である. $\qquad\square$

系 6.2.8 (有界収束定理 (bounded convergence theorem)). μ は有限測度, すなわち $\mu(X) < \infty$ とする. $\{f_n\}_{n \in \mathbb{N}}$ を X 上の $\overline{\mathbb{R}}$-値 (または $\mathbb{C}$-値) 可測関数列とする. 定数 $M \geq 0$ が存在して,

$$|f_n(x)| \leq M, \quad \mu\text{-a.e. } x$$

が任意の $n \in \mathbb{N}$ に対して成り立つとする. また, $\{f_n\}_{n \in \mathbb{N}}$ はある可測関数 f に概収束するとする. このとき, f は可積分で

$$\lim_{n \to \infty} \int_X f_n(x) \, \mu(dx) = \int_X f(x) \, \mu(dx).$$

証明. $g(x) = M$ とすると, $\mu(X) < \infty$ より g は可積分である. したがって, ルベーグの収束定理 (定理 6.2.7) が適用できる. $\qquad\square$

系 6.2.9. g を X 上の可積分関数または $[0, +\infty]$-値可測関数とする. $\{E_j\}_{j \in \mathbb{N}}$ を $\mathcal{M}$ の元からなる互いに素な集合列とし, $E = \bigsqcup_{j=1}^{\infty} E_j$ とする. このとき

$$\int_E g \, d\mu = \sum_{j=1}^{\infty} \int_{E_j} g \, d\mu.$$

証明. $f_n = g\mathbf{1}_{\bigsqcup_{j=1}^{n} E_j}$ $(n \in \mathbb{N})$, $f = g\mathbf{1}_E$ として，ルベーグの収束定理（定理 6.2.7）または単調収束定理（定理 6.2.1）を適用すれば，

$$\int_E g\,d\mu = \int_X f\,d\mu$$
$$= \lim_{n \to \infty} \int_X f_n\,d\mu$$
$$= \lim_{n \to \infty} \sum_{j=1}^{n} \int_X g\mathbf{1}_{E_j}\,d\mu$$
$$= \sum_{j=1}^{\infty} \int_{E_j} g\,d\mu. \qquad \square$$

g を X 上の $[0, +\infty]$-値可測関数とする．$E \in \mathcal{M}$ に対して $\nu(E) = \int_E g\,d\mu$ と定めると，$\nu(\varnothing) = \int_X g\mathbf{1}_\varnothing\,d\mu = \int_X 0\,d\mu = 0$ および系 6.2.9 より，ν は $(X, \mathcal{M})$ 上の測度となる．$\nu = g \cdot \mu$, $d\nu = g\,d\mu$, $\nu(dx) = g(x)\,\mu(dx)$ などと表す．

例 6.2.10. μ を $(\mathbb{R}, \mathcal{B}(\mathbb{R}))$ 上の 1 次元ルベーグ測度，g を $(\mathbb{R}, \mathcal{B}(\mathbb{R}))$ 上の $[0, +\infty]$-値可測関数で $\int_\mathbb{R} g\,d\mu = 1$ を満たすものとする．このとき，上記の $\nu = g \cdot \mu$ で表される $(\mathbb{R}, \mathcal{B}(\mathbb{R}))$ 上の確率測度 ν が定まる．確率論の文脈では，ν を密度関数 g を持つ $\mathbb{R}$ 上の確率測度という．

▶**問 6.2.11.** $\mathbb{N}$ 上の計数測度空間 $(\mathbb{N}, 2^\mathbb{N}, \mu)$（5.3.1 項を参照）に定理 6.2.1, 6.2.4, 6.2.7 を適用し，数列の無限和に関して得られる主張を記せ．

▶**問 6.2.12.** 命題 5.4.1 の結果を利用して，以下の主張を示せ．

区間 $(0, \infty)$ 上の実数値連続関数 f について，広義リーマン積分 $\int_0^\infty |f(x)|\,dx$ が存在するとする．このとき，f は区間 $(0, \infty)$ 上（ルベーグ測度に関して）可積分で，積分値 $\int_0^\infty f(x)\,dx$ は広義リーマン積分と解釈しても，ルベーグ測度に関するルベーグ積分と解釈しても同じ値となる．

命題 6.2.13（変数変換の公式）．$(X, \mathcal{M}, \mu)$ を測度空間，$(Y, \mathcal{B})$ を可測空間，$\varphi\colon X \to Y$ を $\mathcal{M}/\mathcal{B}$-可測写像とする．φ による μ の像測度（問 4.1.14 参照）を $\varphi_*\mu$ と表す．このとき，Y 上の $[0, +\infty]$-値可測関数（または $\varphi_*\mu$-可積分関数）f に対して，

$$\int_X (f \circ \varphi)(x)\, \mu(dx) = \int_Y f(y)\, (\varphi_* \mu)(dy) \qquad (6.11)$$

が成り立つ.

証明. f が定義関数 $\mathbf{1}_A$ $(A \in \mathcal{B})$ であるとき,

$$\int_X (\mathbf{1}_A \circ \varphi)(x)\, \mu(dx) = \int_X \mathbf{1}_{\varphi^{-1}(A)}(x)\, \mu(dx) = \mu(\varphi^{-1}(A))$$

$$= (\varphi_* \mu)(A) = \int_Y \mathbf{1}_A(y)\, (\varphi_* \mu)(dy)$$

より (6.11) が成り立つ. f が単関数の場合には, 定義関数のときの主張と積分の線型性より (6.11) が成り立つ. f が $[0, +\infty]$-値可測関数の場合は, 単関数で近似して単調収束定理を用いる. f が $\varphi_* \mu$-可積分関数の場合は, $[0, +\infty]$-値可測関数の一次結合で表して積分の線型性を用いる. $\qquad \square$

　この証明での議論のように, まず定義関数, 次に単関数, その次に $[0, +\infty]$-値可測関数, 最後に可積分関数を考え順に示していくという論法は, ルベーグ積分論において基本的である.

▌6.3　微分演算と積分演算の順序交換

　$(X, \mathcal{M}, \mu)$ を測度空間, I を開区間 (a, b) とし, $f = f(t, x)$ を $I \times X$ 上の実数値関数とする. 等式

$$\frac{d}{dt} \int_X f(t, x)\, \mu(dx) = \int_X \frac{\partial f}{\partial t}(t, x)\, \mu(dx), \quad t \in I \qquad (6.12)$$

が成立するような, f についての十分条件を導出しよう. まず, 次の条件は当然仮定しなければならない.

　仮定1　任意の $t \in I$ に対して, $f(t, \cdot)$ は X 上の μ-可積分関数.
　仮定2　μ-a.e. x に対して, $f(\cdot, x)$ は I 上で微分可能.

関数 $t \mapsto \int_X f(t, x)\, \mu(dx)$ の, $t_0 \in I$ における微分可能性をみる. t_0 に収束する I の点列 $\{t_n\}_{n \in \mathbb{N}}$ (ただし $t_n \neq t_0$) を任意に選ぶ. 等式

$$\frac{1}{t_n - t_0} \left\{ \int_X f(t_n, x) \, \mu(dx) - \int_X f(t_0, x) \, \mu(dx) \right\}$$

$$= \int_X \frac{f(t_n, x) - f(t_0, x)}{t_n - t_0} \, \mu(dx) \tag{6.13}$$

において，右辺の被積分関数を $h_n(x)$ とおくと，仮定 2 より

$$\lim_{n \to \infty} h_n(x) = \frac{\partial f}{\partial t}(t_0, x), \quad \mu\text{-a.e.}\, x.$$

関数列 $\{h_n(x)\}_{n \in \mathbb{N}}$ についてルベーグの収束定理を適用したい．平均値の定理より，仮定 2 における μ-a.e. x に対して，t_n と t_0 の間の数 $s_n(x)$ が存在して $h_n(x) = \frac{\partial f}{\partial t}(s_n(x), x)$ と表せる．そこで，次の仮定を導入しよう．

> **仮定 3**　任意の $t_0 \in I$ に対して，t_0 の近傍 $I(t_0) \, (\subset I)$ と，X 上の μ-可積分関数 g が存在して，μ-a.e. x で
>
> $$\text{任意の } t \in I(t_0) \text{ に対して } \left| \frac{\partial f}{\partial t}(t, x) \right| \le g(x)$$
>
> （すなわち，$\sup_{t \in I(t_0)} \left| \frac{\partial f}{\partial t}(t, x) \right| \le g(x)$）が成立する．

このとき，$|h_n(x)| \le g(x)$, μ-a.e. x が十分大きな n $(t_n \in I(t_0)$ となる $n)$ に対して成り立つので，ルベーグの収束定理が適用でき，(6.13) の右辺は $n \to \infty$ のとき $\int_X \frac{\partial f}{\partial t}(t_0, x) \, \mu(dx)$ に収束する．一般に，I 上の実数値関数 φ について，次の二つの条件

(1)　$\lim_{t \to t_0} \varphi(t) = a$
(2)　t_0 に収束するあらゆる実数列 $\{t_n\}_{n \in \mathbb{N}}$（ただし $t_n \ne t_0$ とする）に対して，$\lim_{n \to \infty} \varphi(t_n) = a$

が同値であることに注意すると，(6.12) が成り立つ．つまり，仮定 1, 2, 3 が (6.12) の成立のための十分条件となる．

▶ **問 6.3.1.** 上述の同値性を確認せよ．

　$f(t, x)$ が複素数値のときも，実部と虚部に分けて考えれば同じ条件の下で成立することが分かる．以上のことを命題としてまとめておく．

命題 6.3.2. $(X, \mathcal{M}, \mu)$ を測度空間，I を開区間 (a, b) とし，$f = f(t, x)$ を $I \times X$ 上の複素数値関数とする．以下を仮定する．

(1) 任意の $t \in I$ に対して，$f(t, \cdot)$ は X 上の可積分関数．

(2) μ-a.e. x に対して，$f(\cdot, x)$ は I 上で微分可能．

(3) 任意の $t_0 \in I$ に対して，t_0 の近傍 $I(t_0) (\subset I)$ と，X 上の可積分関数 g が存在して，μ-a.e. x で

$$\text{任意の } t \in I(t_0) \text{ に対して} \left| \frac{\partial f}{\partial t}(t, x) \right| \le g(x)$$

（すなわち，$\sup_{t \in I(t_0)} \left| \frac{\partial f}{\partial t}(t, x) \right| \le g(x)$）が成立する．

このとき，任意の $t \in I$ に対して

$$\frac{d}{dt} \int_X f(t, x) \, \mu(dx) = \int_X \frac{\partial f}{\partial t}(t, x) \, \mu(dx).$$

具体例においては，$I(t_0)$ として I そのものを取ればよいことも多い（よくないこともある）．つまり，上の条件 (3) よりも強い次の条件 (3)' が確かめられればそれでよい．

(3)' X 上の可積分関数 g が存在して，μ-a.e. x で

$$\text{任意の } t \in I \text{ に対して} \left| \frac{\partial f}{\partial t}(t, x) \right| \le g(x)$$

（すなわち，$\sup_{t \in I} \left| \frac{\partial f}{\partial t}(t, x) \right| \le g(x)$）が成立する．

命題 6.3.2 を導出する過程において，連続パラメータ t に関する極限を論じるために，点列 $\{t_n\}_{n \in \mathbb{N}}$ に関する極限を論じていることに注意しよう．前節の収束定理はあくまで関数列に関する定理だからである．

例 6.3.3. μ を可測空間 $(\mathbb{R}, \mathcal{B}(\mathbb{R}))$ 上の有限測度とし，任意の自然数 n に対して $\int_{\mathbb{R}} |x|^n \, \mu(dx) < \infty$ が成り立つとする．実数 t に対して

$$\varphi(t) = \int_{\mathbb{R}} e^{itx} \, \mu(dx)$$

と定める．ただしここで，i は虚数単位 $\sqrt{-1}$ を表す．$\mu(\mathbb{R}) < \infty$ で $|e^{itx}| = 1$ であるので，この積分は意味を持つことに注意する．φ を μ の特性関数と呼

ぶ[4]. このとき

$$\varphi'(t) = \int_{\mathbb{R}} ixe^{itx}\,\mu(dx) \tag{6.14}$$

であることを示そう. $f(t,x) = e^{itx}$ とおくと, $\frac{\partial f}{\partial t}(t,x) = ixe^{itx}$. すると $\left|\frac{\partial f}{\partial t}(t,x)\right| \leq |x|$ であり, $g(x) = |x|$ は μ-可積分関数であるから, 命題6.3.2が適用できて (6.14) を得る. 特に, $\varphi'(0) = i\int_{\mathbb{R}} x\,\mu(dx)$. 同様にして, $n = 2, 3, \ldots$ に対しても

$$\frac{d^n\varphi}{dt^n}(t) = \int_{\mathbb{R}} (ix)^n e^{itx}\,\mu(dx)$$

であることが数学的帰納法により証明できる. 特に, $\frac{d^n\varphi}{dt^n}(0) = i^n \int_{\mathbb{R}} x^n\,\mu(dx)$. 両辺を i^n で割った式は, μ の n 次モーメント $\int_{\mathbb{R}} x^n\,\mu(dx)$ を, 特性関数の 0 における n 階微分係数を用いて表す式となる.

▶ **問 6.3.4.** 例6.3.3において, $d\mu = \frac{1}{\sqrt{2\pi}}e^{-x^2/2}dx$ とする. すなわち, $A \in \mathscr{B}(\mathbb{R})$ に対して $\mu(A) = \int_A \frac{1}{\sqrt{2\pi}}e^{-x^2/2}dx$ と定める.

(1) $\varphi(t) = e^{-t^2/2}$ であることを示せ.

(2) (1) を用いて, 自然数 n について $\int_{\mathbb{R}} x^n\,\mu(dx)$ の値を求めよ.
     (ヒント: $e^{-t^2/2}$ の t に関するマクローリン (Maclaurin) 展開を考える.)

▶ **問 6.3.5.** 命題6.3.2において, 関数が t に関して解析性を持つ場合, 条件は簡略化できる. 以下の主張を示せ.

$(X, \mathscr{M}, \mu)$ を測度空間, D を複素平面 $\mathbb{C}$ の領域とし, $f = f(z,x)$ を $D \times X$ 上の複素数値関数とする. 以下を仮定する.

(1) 任意の $z \in D$ に対して, $f(z, \cdot)$ は X 上の μ-可積分関数.

(2) μ-a.e. x に対して, $f(\cdot, x)$ は D 上で正則.

(3) 任意の $z_0 \in D$ に対して, z_0 の近傍 $D(z_0)\,(\subset D)$ と μ-可積分関数 g が存在して, μ-a.e. x で

$$\text{任意の } z \in D(z_0) \text{ に対して } |f(z,x)| \leq g(x)$$

---

[4] μ をシュワルツ (Schwartz) 超関数と見なしたときのフーリエ (Fourier) 変換と本質的に同じであるが, ここでは確率論の用語に従った.

が成立する.

このとき，任意の $z \in D$ に対して

$$\frac{d}{dz} \int_X f(z, x) \, \mu(dx) = \int_X \frac{\partial f}{\partial z}(z, x) \, \mu(dx).$$

ただしここで，z についての微分は複素微分を表す.

(ヒント：命題 6.3.2 の証明と同様に議論すればよい．命題 6.3.2 の仮定 (3) に相当する主張は，コーシーの積分公式を用いて成立を確認する.)

6.4 適用例

通常はリーマン積分などに基づく議論においても，本章で論じた収束定理が活用できる場合がある．以下の議論を推奨するものではないが，こんなところにも利用可能ということを示す例として紹介する.

例 6.4.1. 広義積分 $I = \displaystyle\int_{-\infty}^{\infty} \frac{x \sin x}{x^2 + 1} \, dx$ の計算.

複素数 z に対して $f(z) = \dfrac{z e^{iz}}{z^2 + 1}$（$i$ は虚数単位 $\sqrt{-1}$ を表す）とすると，留数定理から，$R > 1$ のとき

$$\int_{-R}^{R} f(x) \, dx + \int_{C_R} f(z) \, dz = 2\pi i \operatorname{Res}(f; i). \tag{6.15}$$

ただしここで，C_R は曲線 $[0, \pi] \ni \theta \mapsto R e^{i\theta} \in \mathbb{C}$ を，$\operatorname{Res}(f; i)$ は関数 f の i における留数を表す．複素積分 $\int_{C_R} f(z) \, dz$ が $R \to \infty$ のとき 0 に収束することが示されれば，(6.15) で $R \to \infty$ としてから両辺の虚部を取ることで，I の値を求めることができる．ここでは，$\lim_{R\to\infty} \int_{C_R} f(z) \, dz = 0$ の証明について考察しよう．まず，

$$
\begin{aligned}
\left| \int_{C_R} f(z) \, dz \right| &= \left| \int_0^{\pi} f(R e^{i\theta}) i R e^{i\theta} \, d\theta \right| \\
&\leq \int_0^{\pi} \left| \frac{R e^{i\theta} e^{-R \sin\theta + iR \cos\theta}}{R^2 e^{2i\theta} + 1} i R e^{i\theta} \right| d\theta \\
&\leq \int_0^{\pi} \frac{R^2 e^{-R \sin\theta}}{R^2 - 1} \, d\theta
\end{aligned}
$$

である．ここで安直に，$0 \leq \theta \leq \pi$ のとき $\sin\theta \geq 0$ なので $0 < e^{-R\sin\theta} \leq 1$ と不等式評価してしまうと，

$$\int_0^\pi \frac{R^2 e^{-R\sin\theta}}{R^2 - 1}\, d\theta \leq \frac{\pi R^2}{R^2 - 1}\ (\,>\pi\,)$$

となって失敗する．標準的な議論は，$0 \leq \theta \leq \pi/2$ で $\sin\theta$ が上に凸であることから従う．少し精密な不等式 $\sin\theta \geq (2/\pi)\theta$ $(0 \leq \theta \leq \pi/2)$ を用いて，

$$\int_0^\pi \frac{R^2 e^{-R\sin\theta}}{R^2 - 1}\, d\theta = 2\int_0^{\pi/2} \frac{R^2 e^{-R\sin\theta}}{R^2 - 1}\, d\theta \leq 2\int_0^{\pi/2} \frac{R^2 e^{-(2R/\pi)\theta}}{R^2 - 1}\, d\theta$$

という評価を行うことである．このとき，最右辺が具体的に計算できて $R \to \infty$ のとき 0 に収束することが示される．この議論の代わりに，

- $R \geq 2,\, 0 \leq \theta \leq \pi$ のとき $0 \leq \dfrac{R^2 e^{-R\sin\theta}}{R^2 - 1} \leq 4/3$ [5]，

- $0 < \theta < \pi$ のとき $\displaystyle\lim_{R\to\infty} \frac{R^2 e^{-R\sin\theta}}{R^2 - 1} = 0$（特に区間 $[0,\pi]$ 上でルベーグ測度に関して a.e. θ でこの収束が成り立つ[6]）

であることに注意すると，連続関数のリーマン積分がルベーグ測度に関するルベーグ積分に一致すること（命題 5.4.1）および有界収束定理（系 6.2.8）によっても，$\displaystyle\lim_{R\to\infty} \int_0^\pi \frac{R^2 e^{-R\sin\theta}}{R^2 - 1}\, d\theta = 0$ が導かれる．

例 6.4.2. 微分方程式の解の漸近挙動.

f を区間 $[0,\infty)$ 上の実数値連続関数で，$\int_0^\infty x|f(x)|\, dx < \infty$ を満たすものとする．微分方程式の境界値問題

$$y''(x) + f(x) = 0, \quad y(0) = 0, \quad \lim_{x\to\infty} y'(x) = 0$$

の解が

$$y(x) = \int_0^\infty (x \wedge u) f(u)\, du$$

---

[5] $R \geq 2,\, 0 \leq \theta \leq \pi$ ならば，$0 < R^2/(R^2 - 1) \leq 4/3$ および $0 < e^{-R\sin\theta} \leq 1$ であるから．

[6] 2 点集合 $\{0, \pi\}$ のルベーグ測度は 0．

で与えられることは容易に示される．$x \to \infty$ における $y(x)$ の挙動について，問 6.2.12 とルベーグの収束定理から

$$\lim_{x \to \infty} y(x) = \int_0^\infty u f(u)\, du \qquad (6.16)$$

であることが従う．もっとも，この程度の極限の導出ならば広義リーマン積分の範疇でも難しくはない．

▶ **問 6.4.3.** (6.16) を広義リーマン積分の範疇の議論で導出せよ．

例 6.4.4. 数列の極限.

次の問題を考えてみよう．

> 非負実数値数列 $\{a_n\}_{n \in \mathbb{N}}$ は単調非増加で，$\sum_{n=1}^\infty a_n$ が収束するものとする．このとき，$\lim_{m \to \infty} m a_m = 0$ であることを示せ．

▶ **問 6.4.5.** 初等的な方法でこれを示せ．

ルベーグ積分を用いて議論してみよう．可測空間 $(\mathbb{N}, 2^{\mathbb{N}})$ を考え，μ を $(\mathbb{N}, 2^{\mathbb{N}})$ 上の計数測度とする．$f(n) = a_n$ $(n \in \mathbb{N})$ と定めると，$\int_{\mathbb{N}} f\, d\mu = \sum_{n=1}^\infty a_n < \infty$ である（5.3.1 項を参照）．また，$\lim_{n \to \infty} a_n = 0$ である．各 $m \in \mathbb{N}$ に対して，

$$f_m(n) = \begin{cases} a_m & (n \le m \text{ のとき}), \\ 0 & (n > m \text{ のとき}) \end{cases}$$

として $\mathbb{N}$ 上の関数 f_m を定めると，$\int_{\mathbb{N}} f_m\, d\mu = m a_m$ であり，$0 \le f_m(n) \le f(n)$ がすべての $n \in \mathbb{N}$ で成り立つ．ルベーグの収束定理より，

$$\lim_{m \to \infty} \int_{\mathbb{N}} f_m\, d\mu = \int_{\mathbb{N}} 0\, d\mu = 0$$

となり，主張が従う．

章末問題

1. (a)　実数からなる二重数列 $\{a_{n,k}\}_{n \in \mathbb{N},\, k \in \mathbb{N}}$ が $\sum_{n=1}^\infty \left(\sum_{k=1}^\infty |a_{n,k}| \right) < \infty$ を満たしているとする．このとき，等式

$$\sum_{n=1}^{\infty}\left(\sum_{k=1}^{\infty} a_{n,k}\right) = \sum_{k=1}^{\infty}\left(\sum_{n=1}^{\infty} a_{n,k}\right) \tag{6.17}$$

が（両辺が有限値であることも込めて）成り立つことを示せ.

(b) (a) で仮定が成り立っていないとき, 一般には (6.17) は成立しない. (6.17) の両辺が有限値で意味を持つが, 等式が成立しないような $\{a_{n,k}\}_{n\in\mathbb{N},\,k\in\mathbb{N}}$ の例を挙げよ.

2. $(X,\mathcal{M},\mu)$ を測度空間, f を X 上の実数値可積分関数, ε を正の実数とする. ある $\delta > 0$ が存在して

$$A \in \mathcal{M},\ \mu(A) < \delta \ \text{ならば}\ \int_A |f(x)|\,\mu(dx) < \varepsilon$$

が成り立つことを, 以下の順に示せ.

(a) f がさらに有界関数であるときに主張を示せ.

(b) 一般の実数値可積分関数 f に対して, 十分大きな $M > 0$ を選ぶと $\int_{\{|f|>M\}} |f(x)|\,\mu(dx) < \varepsilon/2$ となることを示せ.

(c) (a), (b) を利用して, 実数値可積分関数 f に対して主張を示せ.

3. 測度空間 $(X,\mathcal{M},\mu)$ 上の非負値可積分関数列 $f, f_1, f_2, \ldots, f_n, \ldots$ に対して, $\{f_n\}_{n\in\mathbb{N}}$ が f に概収束し, さらに $\lim_{n\to\infty}\int_X f_n\,d\mu = \int_X f\,d\mu$ であるとする. このとき,

$$\lim_{n\to\infty}\int_X |f_n(x) - f(x)|\,\mu(dx) = 0$$

が成り立つことを示せ.

（ヒント：$(f_n - f)_- \leq f$ である.）

4. ルベーグの収束定理（定理 6.2.7）では可積分関数 g の存在が重要な仮定であるが, これは結論を導くための必要条件というわけではない. そのようなことを示す例を一つ与えよ. すなわち, 測度空間 $(X,\mathcal{M},\mu)$ 上の可積分関数列 $\{f_n\}_{n\in\mathbb{N}}$ が, ある f に概収束しており, さらに $\lim_{n\to\infty}\int_X f_n\,d\mu = \int_X f\,d\mu$ であるが, 次の条件 $(*)$ を満たす可積分関数 g は存在しないという具体例を与えよ.

(*)　$|f_n(x)| \leq g(x)$ μ-a.e. がすべての $n \in \mathbb{N}$ に対して成り立つ.

5. 測度空間 $(X,\mathcal{M},\mu)$ が $\mu(X) < \infty$ を満たしているとする. X 上の実数値可積分関数 f に対して, 次式を示せ.

$$\lim_{n\to\infty} \frac{1}{n} \int_X \log\bigl(1 + e^{nf(x)}\bigr)\, \mu(dx) = \int_X f_+(x)\, \mu(dx).$$

ただし，$f_+(x) = \max\{f(x), 0\}$.

6. $p > 1$ のとき，以下の等式を示せ．

$$\int_0^\infty \frac{x^{p-1}}{e^x - 1}\, dx = \Gamma(p)\zeta(p).$$

ただしここで，$\Gamma(p) = \int_0^\infty x^{p-1} e^{-x}\, dx$（ガンマ関数），$\zeta(p) = \sum_{n=1}^\infty n^{-p}$（ゼータ関数）である．

7. $(X, \mathcal{M}, \mu)$ を測度空間，$f, f_1, f_2, \ldots, f_n, \ldots$ を X 上の複素数値可測関数列とする．$\{f_n\}_{n\in\mathbb{N}}$ が f に測度収束するとは，任意の $\varepsilon > 0$ に対して $\lim_{n\to\infty} \mu(\{|f_n - f| \geq \varepsilon\}) = 0$ となることをいう．$\{f_n\}_{n\in\mathbb{N}}$ が f に測度収束するならば，部分列 $\{f_{n_k}\}_{k\in\mathbb{N}}$ をうまく選んで $\{f_{n_k}\}_{k\in\mathbb{N}}$ が f に概収束するようにできることを，以下の方針で示せ．

第1段：単調増加自然数列 $\{n_k\}_{k\in\mathbb{N}}$ をうまく選び，任意の $k \in \mathbb{N}$ に対して

$$\mu(\{|f_{n_k} - f| \geq 1/k\}) \leq 2^{-k} \tag{6.18}$$

となるようにする．

第2段：$A_k := \{|f_{n_k} - f| \geq 1/k\}$ $(k \in \mathbb{N})$ にボレル–カンテリの補題（命題 3.3.5）を適用して結論を得る．

第 7 章

測度の構成

前章までは，測度空間が与えられているというところを出発点として議論を行ってきた．部分的な事前情報に整合した測度をどのように構成すればよいかというのは非自明な問題である．本章ではこの問題について論じる．

7.1 構成の方針

例えば，$\mathbb{R}^2$ 上の 2 次元ルベーグ測度 μ（3.2.6 項を参照）を構成したいとする．$A = (a_1, b_1] \times (a_2, b_2]$ $(a_1 \leq b_1,\ a_2 \leq b_2)$ という集合に対しては $\mu(A) = (b_1 - a_1)(b_2 - a_2)$ と定まるべきであり，$\mu(A_1)$, $\mu(A_2)$ が定まっているような互いに素な集合 A_1, A_2 に対しては，$\mu(A_1 \sqcup A_2) = \mu(A_1) + \mu(A_2)$ と定めるのは必然である．このようにして，すべての $A \in \mathscr{B}(\mathbb{R}^2)$ に対して σ-加法性が成り立つように $\mu(A)$ の値を定める必要がある．特に，次の問題を解決しなければならない．

- 一般に，$\mathscr{B}(\mathbb{R}^2)$ の元 A は簡単には記述できないが，どのように $\mu(A)$ を定めればよいか．
- 矛盾なく測度は定まるか．また，μ は一意的に定まるか．

一般に，測度でなく有限加法的測度ならば構成するのは易しい．そこで，以下のような手順を踏むことにする．

(1) まず，有限加法的測度を構成する．

(2) それを用いて，任意の部分集合に対して定義される外測度（定義 7.3.1）を構成する．

(3) その外測度を適切な σ-加法族に制限することにより，測度を得る．

これらについて，順に論じていく．

命題 7.1.1 (3.2.6 項も参照のこと)．$d \in \mathbb{N}$ とし，

$$A = (a_1, b_1] \times \cdots \times (a_d, b_d] \quad (-\infty \le a_i \le b_i \le +\infty, \ i = 1, 2, \ldots, d)$$

と表される $\mathbb{R}^d$ の部分集合 A の全体を $\mathscr{J}$ とする．このとき，以下の主張が成立する．

(1) $\mathscr{J}$ から生成される[1] $\mathbb{R}^d$ 上の有限加法族を $\mathscr{F}$ とするとき，

$$\mathscr{F} = \{\mathscr{J} \text{ の元の有限和全体}\}$$
$$= \{\mathscr{J} \text{ の互いに素な有限個の元の和の全体}\}$$

が成り立つ．

(2) $A = (a_1, b_1] \times \cdots \times (a_d, b_d] \in \mathscr{J} \ (a_i \le b_i, \ i = 1, 2, \ldots, d)$ に対して $m(A) = \prod_{j=1}^{d}(b_j - a_j)$ と定めるとき，$\mathscr{F}$ の一般の元 A についても，$\mathscr{F}$ 上で有限加法性が成り立つように $m(A)$ を一意的に定めることができる．

命題 7.1.1 の主張は図を書いてみれば自然に思えるであろう．$d = 1$ のときは 3.2.4 項で一部を論じた．$d \ge 2$ のときは集合の形が多様化するので議論が若干複雑になる．命題 7.1.1 については次節で，より一般的な命題を準備してから証明を与える．

ともあれ，この命題により，将来ルベーグ測度を定義する際の基礎となる有限加法的測度 m が $(\mathbb{R}^d, \mathscr{F})$ 上に定まることになる．

▌7.2 有限加法的測度の構成

この節では，無限や極限に関する事項は一切現れず，基本的な集合演算によ

---

[1] すなわち，「$\mathscr{J}$ を含む最小の」．

る議論に終始する．命題には一通り証明を与えているが，まずは各自で証明を
試みた方が理解が早いかもしれない．

以下で，X は集合とする．

定義 7.2.1. X の部分集合族 $\mathscr{S}$ が次の 3 条件を満たすとき，$\mathscr{S}$ を X 上の**集合
半代数**（semi-algebra of sets）という．

(1) $\varnothing \in \mathscr{S}$.
(2) $A, B \in \mathscr{S}$ ならば $A \cap B \in \mathscr{S}$.
(3) 任意の $A \in \mathscr{S}$ に対して，A^c は $\mathscr{S}$ の互いに素な有限個の元の和で表される．
　　すなわち，ある有限個の $S_1, S_2, \ldots, S_N \in \mathscr{S}$ で，$i \neq j$ のとき $S_i \cap S_j = \varnothing$
　　であり，$A^c = \bigsqcup_{j=1}^N S_j$ となるものが存在する[2].

命題 7.2.2. $\mathscr{S}$ を X 上の集合半代数とし，$\mathscr{S}$ から生成される有限加法族を
$\sigma_0(\mathscr{S})$ で表す．

$$\mathscr{F} = \{\mathscr{S} \text{ の元の有限和全体}\},$$
$$\mathscr{G} = \{\mathscr{S} \text{ の互いに素な有限個の元の和の全体}\}$$

と定めると，$\sigma_0(\mathscr{S}) = \mathscr{F} = \mathscr{G}$ である．

証明.　定義より $\mathscr{G} \subset \mathscr{F} \subset \sigma_0(\mathscr{S})$ は明らかである．$\sigma_0(\mathscr{S}) \subset \mathscr{G}$ を示そう．
$\mathscr{S} \subset \mathscr{G}$ であるので，$\mathscr{G}$ が有限加法族であることを示せばよい．$\varnothing \in \mathscr{G}$ は明
らか．$\mathscr{G}$ が有限個の共通部分を取る操作で閉じていることは，$A = \bigsqcup_{i=1}^M A_i$
（$A_1, A_2, \ldots, A_M \in \mathscr{S}$ は互いに素），$B = \bigsqcup_{j=1}^N B_j$（$B_1, B_2, \ldots, B_N \in \mathscr{S}$ は
互いに素）と表される $\mathscr{G}$ の元 A, B に対して，

$$A \cap B = \bigsqcup_{i=1}^M \bigsqcup_{j=1}^N (A_i \cap B_j)$$

であることから分かる．これを用いて，$\mathscr{G}$ が補集合を取る操作で閉じているこ
とを示そう．$A = \bigsqcup_{i=1}^M A_i$（$A_1, A_2, \ldots, A_M \in \mathscr{S}$）のとき，$A^c = \bigcap_{i=1}^M A_i^c$ で
ある．集合半代数の 3 番目の条件より，各 A_i^c は $\mathscr{G}$ の元であるから，それらの

---
[2] 個数 N の値は集合 A に依存してよい．

共通集合である A^c も $\mathscr{G}$ の元である. 一般に $A \cup B = (A^c \cap B^c)^c$ であるから, $\mathscr{G}$ は有限和について閉じており, したがって $\mathscr{G}$ は有限加法族である. □

命題 7.2.3. $\mathscr{S}$ を集合半代数とする. 写像 $m \colon \mathscr{S} \to [0, +\infty]$ が $m(\varnothing) = 0$ を満たし, さらに $\mathscr{S}$ 上で有限加法的, すなわち

有限個の $\mathscr{S}$ の元 $A_1, A_2, \ldots, A_M$ が互いに素で $A := \bigsqcup_{i=1}^M A_i$ も $\mathscr{S}$ の元ならば, $m(A) = \sum_{i=1}^M m(A_i)$　　　　(7.1)

が成り立つとする. このとき, m を $(X, \sigma_0(\mathscr{S}))$ 上の有限加法的測度に拡張すること[3] ができる. さらに, そのような拡張は一意的である.

証明. 命題 7.2.2 より, 任意の $A \in \sigma_0(\mathscr{S})$ は $A = \bigsqcup_{i=1}^M A_i$ ($A_1, A_2, \ldots, A_M \in \mathscr{S}$ でありこれらは互いに素) と表される. m を有限加法性を満たすように拡張するには, $m(A) = \sum_{i=1}^M m(A_i)$ と定める必要がある. このことから, 拡張の一意性が成り立つ. $m(A)$ が A の表示の仕方によらずに定まることを確認しよう. $\bigsqcup_{i=1}^M A_i = \bigsqcup_{j=1}^N B_j$ ($A_1, A_2, \ldots, A_M \in \mathscr{S}$ は互いに素, $B_1, B_2, \ldots, B_N \in \mathscr{S}$ は互いに素) のとき

$$\sum_{i=1}^M m(A_i) = \sum_{j=1}^N m(B_j) \qquad (7.2)$$

であることを示す. $C_{i,j} = A_i \cap B_j$ ($i = 1, 2, \ldots, M$, $j = 1, 2, \ldots, N$) とすると, $C_{i,j} \in \mathscr{S}$ であり, 各 i に対して $A_i = \bigsqcup_{j=1}^N C_{i,j}$. (7.1) より, $m(A_i) = \sum_{j=1}^N m(C_{i,j})$. i について和を取ると

$$\sum_{i=1}^M m(A_i) = \sum_{i=1}^M \sum_{j=1}^N m(C_{i,j})$$

である. 同様にして

$$\sum_{j=1}^N m(B_j) = \sum_{j=1}^N \sum_{i=1}^M m(C_{i,j})$$

を得るので, (7.2) が従う.

---

[3] すなわち, $\mathscr{S}$ 上での m の値を変えずに $\sigma_0(\mathscr{S})$ の元 A に対して $m(A)$ を定め, 有限加法性が成り立つようにすること.

このようにして $\sigma_0(\mathscr{S})$ 上に拡張した m が有限加法性を持つことを示す.
$A_1, A_2 \in \sigma_0(\mathscr{S})$ は互いに素で $A = A_1 \sqcup A_2$ とする. 各 $i = 1, 2$ に対して
$A_i = \bigsqcup_{j=1}^{N_i} A_{i,j}$ ($A_{i,1}, A_{i,2}, \ldots, A_{i,N_i} \in \mathscr{S}$ でこれらは互いに素) と表される.
$A = \bigsqcup_{i=1}^{2} \bigsqcup_{j=1}^{N_i} A_{i,j}$ より,

$$m(A) = \sum_{i=1}^{2} \sum_{j=1}^{N_i} m(A_{i,j}) \quad (m(A) \text{ の定め方から})$$

$$= \sum_{i=1}^{2} m(A_i). \qquad (m(A_i) \text{ の定め方から}) \qquad \square$$

以上の一般的な命題を利用して, 命題 7.1.1 を証明する.

命題 7.1.1 の証明. まず, $\mathscr{J}$ が集合半代数であることを示そう. $\varnothing \in \mathscr{J}$ で
あることはよい. $A = (a_1, b_1] \times \cdots \times (a_d, b_d] \in \mathscr{J}$ と $B = (\hat{a}_1, \hat{b}_1] \times \cdots \times$
$(\hat{a}_d, \hat{b}_d] \in \mathscr{J}$ に対して

$$A \cap B = (\tilde{a}_1, \tilde{b}_1] \times \cdots \times (\tilde{a}_d, \tilde{b}_d],$$

ただし $\tilde{a}_i = \max\{a_i, \hat{a}_i\}$, $\tilde{b}_i = \min\{b_i, \hat{b}_i\}$ ($i = 1, 2, \ldots, d$) となるので[4]
$A \cap B \in \mathscr{J}$. さらに, $J_{i,-} = (-\infty, a_i]$, $J_{i,\circ} = (a_i, b_i]$, $J_{i,+} = (b_i, +\infty)$
($i = 1, 2, \ldots, d$) とすると

$$\mathbb{R}^d \setminus A = \left(\bigsqcup_{(p_1, p_2, \ldots, p_d) \in \{-, \circ, +\}^d} (J_{1,p_1} \times \cdots \times J_{d,p_d}) \right) \setminus J_{1,\circ} \times \cdots \times J_{d,\circ}$$

$$= \bigsqcup_{(p_1, p_2, \ldots, p_d) \in \{-, \circ, +\}^d \setminus \{(\circ, \circ, \ldots, \circ)\}} (J_{1,p_1} \times \cdots \times J_{d,p_d}).$$

したがって, A^c は $\mathscr{J}$ の互いに素な有限個 ($3^d - 1$ 個) の元の和で表される.

次に, $\mathscr{S} = \mathscr{J}$ としたときの (7.1) を確認する. まず単純な場合から始
める. $A = (a_1, b_1] \times \cdots \times (a_d, b_d] \in \mathscr{J}$ とする. $k = 1, 2, \ldots, d$ に対して
$a_k = x_k^{(0)} < x_k^{(1)} < \cdots < x_k^{(M_k)} = b_k$ とし, $M := \prod_{k=1}^{d} M_k$ 個の集合

$$\{(x_1^{(p_1-1)}, x_1^{(p_1)}] \times \cdots \times (x_d^{(p_d-1)}, x_d^{(p_d)}] \mid 1 \le p_k \le M_k \ (k = 1, 2, \ldots, d)\}$$

---

[4] $\tilde{a}_i \ge \tilde{b}_i$ のときは定義より $(\tilde{a}_i, \tilde{b}_i] = \varnothing$ である.

を一列に並べたものを $B_1, B_2, \ldots, B_M$ とすると，これらは互いに素で $A = \bigsqcup_{i=1}^{M} B_i$ である．このとき，

$$
\sum_{i=1}^{M} m(B_i) = \sum_{p_1=1}^{M_1} \sum_{p_2=1}^{M_2} \cdots \sum_{p_d=1}^{M_d} \prod_{k=1}^{d} (x_k^{(p_k)} - x_k^{(p_k-1)})
$$
$$
= \prod_{k=1}^{d} \left\{ \sum_{p_k=1}^{M_k} (x_k^{(p_k)} - x_k^{(p_k-1)}) \right\}
$$
$$
= \prod_{k=1}^{d} (b_k - a_k) = m(A).
$$

よって，$B_1, B_2, \ldots, B_M$ については (7.1) に相当する式が成立する．

次に，(7.1) の仮定を満たす一般の $A = (a_1, b_1] \times \cdots \times (a_d, b_d] \in \mathscr{J}$ と $A_1, A_2, \ldots, A_M \in \mathscr{J}$ について論じる．$A_1, A_2, \ldots, A_M$ の頂点の第 k 座標に現れる数をすべて集めて大きさの順に並べたものを $a_k = x_k^{(0)} < x_k^{(1)} < \cdots < x_k^{(N_k)} = b_k$ とし，$N := \prod_{k=1}^{d} N_k$ 個の集合

$$
\left\{ (x_1^{(p_1-1)}, x_1^{(p_1)}] \times \cdots \times (x_d^{(p_d-1)}, x_d^{(p_d)}] \mid 1 \leq p_k \leq N_k \ (k = 1, 2, \ldots, d) \right\}
$$

を一列に並べたものを $B_1, B_2, \ldots, B_N$ とする．これらは互いに素で $A = \bigsqcup_{i=1}^{N} B_i$ であり，さらに $\{1, 2, \ldots, N\}$ の部分集合の列 $\Lambda_1, \Lambda_2, \ldots, \Lambda_M$ を，$A_j = \bigsqcup_{i \in \Lambda_j} B_i \ (j = 1, 2, \ldots, M)$ を満たすように取れる．$\Lambda_1, \Lambda_2, \ldots, \Lambda_M$ は互いに素であり，$\{1, 2, \ldots, N\} = \bigsqcup_{j=1}^{M} \Lambda_j$ である．すると，前段の結果を各 A_j と A に適用して，

$$
\sum_{j=1}^{M} m(A_j) = \sum_{j=1}^{M} \left(\sum_{i \in \Lambda_j} m(B_i) \right) = \sum_{i=1}^{N} m(B_i) = m(A).
$$

よって，(7.1) が成り立つ．

命題 7.2.2 と命題 7.2.3 より結論を得る．　　　　　　　　　　　　　□

7.3 外測度から測度へ

次に，外測度の概念を導入する．

定義 7.3.1. X を集合とする．写像 $\Gamma\colon 2^X \to [0, +\infty]$ が**外測度** (outer measure) であるとは，次の 3 条件が成り立つことをいう．

(1)　$\Gamma(\varnothing) = 0$.

(2)　（単調性）$A \subset B$ ならば $\Gamma(A) \leq \Gamma(B)$.

(3)　（σ-劣加法性）X の任意の部分集合列 $\{A_n\}_{n \in \mathbb{N}}$ に対して，$\Gamma\bigl(\bigcup_{n=1}^{\infty} A_n\bigr) \leq \sum_{n=1}^{\infty} \Gamma(A_n)$.

　X の任意の部分集合 A に対して $\Gamma(A)$ が定まっていることに注意する．

　後の命題 7.3.3 の証明で用いるため，系 6.1.3 を少し一般化した補題を準備する．

補題 7.3.2. $[0, +\infty]$ の元からなる二重数列 $\{a_{n,k}\}_{n \in \mathbb{N},\, k \in \mathbb{N}}$ を適当に一列に並べ直した数列[5]を $\{a_l\}_{l \in \mathbb{N}}$ とするとき，

$$\sum_{n=1}^{\infty} \left(\sum_{k=1}^{\infty} a_{n,k} \right) = \sum_{l=1}^{\infty} a_l.$$

証明. 任意の $L \in \mathbb{N}$ に対して，M が十分大きいとき

$$\sum_{n=1}^{M} \sum_{k=1}^{M} a_{n,k} \geq \sum_{l=1}^{L} a_l.$$

$M \to \infty$, 次いで $L \to \infty$ として，

$$\lim_{M \to \infty} \sum_{n=1}^{M} \sum_{k=1}^{M} a_{n,k} \geq \sum_{l=1}^{\infty} a_l. \tag{7.3}$$

また，任意の $M \in \mathbb{N}$ に対して，L が十分大きいとき

$$\sum_{n=1}^{M} \sum_{k=1}^{M} a_{n,k} \leq \sum_{l=1}^{L} a_l.$$

$L \to \infty$, 次いで $M \to \infty$ として，

$$\lim_{M \to \infty} \sum_{n=1}^{M} \sum_{k=1}^{M} a_{n,k} \leq \sum_{l=1}^{\infty} a_l. \tag{7.4}$$

(7.3), (7.4) と系 6.1.3 より，結論を得る．　　　　　□

---

[5] 命題 2.3.2 より $\mathbb{N}^2$ は可算集合なので，一列に並べることができる．

命題 7.3.3. X を集合, $\mathscr{F}$ を X の部分集合族で $\varnothing \in \mathscr{F}$ なるものとし, 写像 $m\colon \mathscr{F} \to [0, +\infty]$ は $m(\varnothing) = 0$ を満たすとする (特に $(X, \mathscr{F}, m)$ が有限加法的測度空間ならばよい). X の部分集合 A に対して,

$$m^*(A) = \inf\left\{ \sum_{j=1}^{\infty} m(E_j) \ \middle|\ E_j \in \mathscr{F}\ (j = 1, 2, \dots),\ A \subset \bigcup_{j=1}^{\infty} E_j \right\} \quad (7.5)$$

と定める. ただし $\inf \varnothing = \infty$ とする[6]. このとき, m^* は X 上の外測度となる.

証明. 定義 7.3.1(1)(2) は容易に確認できる. 実際, $A = \varnothing$ については, $E_j = \varnothing\ (j \in \mathbb{N})$ とすると $A \subset \bigcup_{j=1}^{\infty} E_j$ が成り立つから $m^*(\varnothing) \leq \sum_{j=1}^{\infty} m(\varnothing) = 0$. $A \subset B$ のときは, $m^*(A)$ と $m^*(B)$ の定義において, inf を取る範囲が $m^*(A)$ の方が広くなるから $m^*(A) \leq m^*(B)$. 以下で, (3) の σ-劣加法性を示そう. $\{A_n\}_{n \in \mathbb{N}}$ を X の部分集合列とする. すべての n に対して $m^*(A_n) < \infty$ である場合に示せばよい. $\varepsilon > 0$ とする. 各 n に対して, $\mathscr{F}$ の元からなる列 $\{E_{n,j}\}_{j \in \mathbb{N}}$ で, $A_n \subset \bigcup_{j=1}^{\infty} E_{n,j}$ かつ $\sum_{j=1}^{\infty} m(E_{n,j}) \leq m^*(A_n) + \varepsilon/2^n$ となるものが存在する. $\{E_{n,j}\}_{n \in \mathbb{N},\, j \in \mathbb{N}}$ を一列に並べ直したものを $\{E_l\}_{l \in \mathbb{N}}$ とすると, $\bigcup_{n=1}^{\infty} A_n \subset \bigcup_{l=1}^{\infty} E_l$ であるから,

$$\begin{aligned} m^*\left(\bigcup_{n=1}^{\infty} A_n \right) &\leq \sum_{l=1}^{\infty} m(E_l) \\ &= \sum_{n=1}^{\infty} \left(\sum_{j=1}^{\infty} m(E_{n,j}) \right) \quad (\text{補題 7.3.2 より}) \\ &\leq \sum_{n=1}^{\infty} \left(m^*(A_n) + \frac{\varepsilon}{2^n} \right) \\ &= \sum_{n=1}^{\infty} m^*(A_n) + \varepsilon. \end{aligned}$$

$\varepsilon > 0$ は任意だから, $m^*\left(\bigcup_{n=1}^{\infty} A_n \right) \leq \sum_{n=1}^{\infty} m^*(A_n)$. $\qquad \square$

注意 7.3.4. 命題 7.2.3 の仮定を満たすような, 集合半代数 $\mathscr{J}$ から $[0, +\infty]$ への写像 m から, 有限加法的測度空間 $(X, \mathscr{F}, m)$ (ここで $\mathscr{F} = \sigma_0(\mathscr{J})$) が構成

---

[6] $X \in \mathscr{F}$ のときは, inf を取る集合は空ではないので, この規約は不要である.

されているという状況を考える．このとき，命題 7.3.3 の $m^*(A)$ の定義中で，「$E_j \in \mathscr{F}$」を「$E_j \in \mathscr{J}$」に変えても値が変わらないことが容易に分かる．

　さて，一般に X 上の外測度 Γ が与えられたとき，X 上の σ-加法族 $\mathcal{M}$ をうまく定めて，Γ が $(X, \mathcal{M})$ 上の測度となるようにしたい．$\mathcal{M} = \{\emptyset, X\}$ という自明なものを選ぶことはいつでもできるが，$\mathcal{M}$ としては十分大きな σ-加法族を選びたい．$\mathcal{M}$ の元が満たすべき条件を考えてみよう．測度の加法性から，任意の $A, E \in \mathcal{M}$ に対して

$$\Gamma(A \cap E) + \Gamma(A \cap E^c) = \Gamma(A) \tag{7.6}$$

が成り立たなければならない．これを集合 E についての条件と見なし，「すべての $A \in \mathcal{M}$ に対して (7.6) が成り立つ」ことを $E \in \mathcal{M}$ であるための条件としてみたいところであるが，これでは $\mathcal{M}$ の元を定義するのに $\mathcal{M}$ 自身を用いていることになり定義にならない．そこで，やや大胆であるが，「X のすべての部分集合 A に対して (7.6) が成り立つ」という性質を，$E \in \mathcal{M}$ であるための条件としてみよう．これが以下の定義である[7]．

定義 7.3.5（カラテオドリ (Carathéodory) の可測性）．Γ を X 上の外測度とする．X の部分集合 E が **Γ-可測**（または**カラテオドリの意味で可測**）であるとは，X の任意の部分集合 A に対して (7.6) が成り立つことをいう．

注意 7.3.6. 外測度の性質より $\Gamma(A \cap E) + \Gamma(A \cap E^c) \geq \Gamma(A)$ が成り立つから，定義 7.3.5 において (7.6) の $=$ を $\leq$ に置き換えてもよい．このことは以降の命題の証明中で用いられる．

　定義からは Γ-可測性の意味するところはやや分かりにくい．E と E^c で全体集合 X を二つに分割しても外測度 Γ に影響を及ぼさないというのが一つの解釈であるが，だからといってこの定義が妥当であることの説明にはあまりなっていない．実は次の定理が成り立ち，これで議論がうまく進むのである．

定理 7.3.7. Γ を X 上の外測度とし，$\mathcal{M}_\Gamma$ を Γ-可測集合の全体とする．このと

---

[7] ここではこのような筋道で定義 7.3.5 を導入するが，カラテオドリが実際にこのように考えたと主張するものではない．

き，$\mathcal{M}_\Gamma$ は X 上の σ-加法族で，$(X, \mathcal{M}_\Gamma, \Gamma)$ は完備測度空間となる[8][9].

証明．$\mathcal{M}_\Gamma$ が σ-加法族であることを示すには，次の四つの性質を示せばよい.

(1) $\varnothing \in \mathcal{M}_\Gamma$.

(2) $E \in \mathcal{M}_\Gamma$ ならば $E^c \in \mathcal{M}_\Gamma$.

(3) $E_1, E_2 \in \mathcal{M}_\Gamma$ ならば $E_1 \cap E_2 \in \mathcal{M}_\Gamma$.

(4) $\mathcal{M}_\Gamma$ の元からなる集合列 $\{E_j\}_{j\in\mathbb{N}}$ が互いに素ならば，$\bigsqcup_{j=1}^\infty E_j \in \mathcal{M}_\Gamma$.

実際，このとき $\mathcal{M}_\Gamma$ が可算和を取る操作について閉じていることを示そう. $\mathcal{M}_\Gamma$ の元からなる列 $\{A_j\}_{j\in\mathbb{N}}$ に対して，$B_1 = A_1$, $B_j = A_j \setminus \bigcup_{k=1}^{j-1} A_k = A_j \cap \bigcap_{k=1}^{j-1} A_k^c \in \mathcal{M}_\Gamma$ $(j \geq 2)$ と定めれば，$\{B_j\}_{j\in\mathbb{N}}$ は互いに素で $\bigcup_{n=1}^\infty A_n = \bigsqcup_{j=1}^\infty B_j \in \mathcal{M}_\Gamma$ である.

さて，(1), (2) は $\mathcal{M}_\Gamma$ の定義より明らかである．(3) を示す．X の任意の部分集合 A に対して，

$$\begin{aligned}
\Gamma(A) &= \Gamma(A \cap E_1) + \Gamma(A \cap E_1^c) \quad (E_1 \in \mathcal{M}_\Gamma \text{ より})\\
&= \Gamma((A \cap E_1) \cap E_2) + \Gamma((A \cap E_1) \cap E_2^c) + \Gamma(A \cap E_1^c)\\
&\qquad\qquad (E_2 \in \mathcal{M}_\Gamma \text{ より})\\
&\geq \Gamma(A \cap (E_1 \cap E_2)) + \Gamma(A \cap (E_1 \cap E_2)^c).
\end{aligned}$$

ここで，最後の不等式は，$(E_1 \cap E_2)^c = (E_1 \cap E_2^c) \cup E_1^c$ より

$$A \cap (E_1 \cap E_2)^c = (A \cap (E_1 \cap E_2^c)) \cup (A \cap E_1^c)$$

であることと Γ の劣加法性より従う．注意7.3.6をふまえると，$E_1 \cap E_2 \in \mathcal{M}_\Gamma$ が結論される.

次に，(4) を示す．$E = \bigsqcup_{j=1}^\infty E_j$ とおく．まず，すべての $N \in \mathbb{N}$ について，

$$\text{任意の } A(\subset X) \text{ に対して } \Gamma(A) \geq \sum_{j=1}^N \Gamma(A \cap E_j) + \Gamma(A \cap E^c) \quad (7.7)$$

---

[8] 完備性の定義は第5.2節を参照のこと.
[9] 正確には，$(X, \mathcal{M}_\Gamma, \Gamma)$ は $(X, \mathcal{M}_\Gamma, \Gamma|_{\mathcal{M}_\Gamma})$ と記すべきものであるが，定義域の制限は明示しなくても誤解のおそれはないので，以降も $\Gamma|_{\mathcal{M}_\Gamma}$ ではなく Γ のように表すことにする.

が成り立つことを数学的帰納法で示そう．$N = 1$ のときは，$E_1 \in \mathscr{M}_\Gamma$ と $E^c \subset E_1^c$ より (7.7) が成り立つ．$N = k$ のとき成り立つとする．X の部分集合 A に対して

$$
\begin{aligned}
\Gamma(A) &= \Gamma(A \cap E_{k+1}) + \Gamma(A \cap E_{k+1}^c) \\
&\geq \Gamma(A \cap E_{k+1}) + \sum_{j=1}^{k} \Gamma((A \cap E_{k+1}^c) \cap E_j) + \Gamma((A \cap E_{k+1}^c) \cap E^c)
\end{aligned}
$$

（帰納法の仮定より）

$$
= \Gamma(A \cap E_{k+1}) + \sum_{j=1}^{k} \Gamma(A \cap E_j) + \Gamma(A \cap E^c).
$$

最後の等式において，$E_j \cap E_{k+1} = \varnothing \ (j = 1, 2, \ldots, k)$ と $E^c \subset E_{k+1}^c$ を用いた．よって，$N = k + 1$ のときにも (7.7) が成り立つ．

(7.7) で $N \to \infty$ とすると，任意の $A (\subset E)$ に対して

$$
\begin{aligned}
\Gamma(A) &\geq \sum_{j=1}^{\infty} \Gamma(A \cap E_j) + \Gamma(A \cap E^c) \qquad\qquad\qquad (7.8) \\
&\geq \Gamma(A \cap E) + \Gamma(A \cap E^c). \qquad (\Gamma \text{ の } \sigma\text{-劣加法性より})
\end{aligned}
$$

したがって，注意 7.3.6 をふまえて $E \in \mathscr{M}_\Gamma$ が成り立つ．

以上で $\mathscr{M}_\Gamma$ が σ-加法族であることが示された．また，(7.8) で特に $A = E$ とすると $\Gamma(E) \geq \sum_{j=1}^{\infty} \Gamma(E_j)$．逆向きの不等式は常に成立するから（$\Gamma$ の σ-劣加法性），$\Gamma(E) = \sum_{j=1}^{\infty} \Gamma(E_j)$．これは Γ が $(X, \mathscr{M}_\Gamma)$ 上の測度であることを表す．

最後に，測度空間 $(X, \mathscr{M}_\Gamma, \Gamma)$ が完備であることを示す．$E \subset N$, $N \in \mathscr{M}_\Gamma$, $\Gamma(N) = 0$ とする．X の任意の部分集合 A に対して，

$$
\Gamma(A \cap E) + \Gamma(A \cap E^c) \leq \Gamma(N) + \Gamma(A) = \Gamma(A).
$$

注意 7.3.6 をふまえると，$E \in \mathscr{M}_\Gamma$ が従う．　　　　　　　　　　　　□

注意 7.3.8. 定理 7.3.7 において，$\mathscr{M}_\Gamma$ は，その上で Γ が測度となるような σ-加法族のうちで最大のものとは限らない．例えば，$X = \{a, b, c\}$ とし，X の部分集合 A に対して

$$\Gamma(A) = \begin{cases} 0 & (A = \varnothing \text{ のとき}), \\ 2 & (A = X \text{ のとき}), \\ 1 & (\text{その他のとき}) \end{cases}$$

によって X 上の外測度 Γ を定めると，$\mathcal{M}_\Gamma = \{\varnothing, X\}$ となるが，Γ は σ-加法族 $\{\varnothing, \{a\}, \{b, c\}, X\}$ の上の測度にもなっている.

命題 7.3.3 と定理 7.3.7（$\Gamma = m^*$ とする）をあわせると，有限加法的測度空間 $(X, \mathcal{F}, m)$ から完備測度空間 $(X, \mathcal{M}_{m^*}, m^*)$ が構成できたことになる．しかし $(X, \mathcal{M}_{m^*}, m^*)$ が $(X, \mathcal{F}, m)$ の拡張になっているか，すなわち $\mathcal{F} \subset \mathcal{M}_{m^*}$ かつ，$A \in \mathcal{F}$ に対して $m(A) = m^*(A)$ が成り立つかということは定かでなく，実際無条件では成り立たない．このことを明確にするのが次の定理である.

定理 7.3.9（**ホップ** (E. Hopf) **の拡張定理**[10]）．$(X, \mathcal{F}, m)$ を有限加法的測度空間とする．m が $\mathcal{F}$ 上で σ-**加法的**，すなわち

$\mathcal{F}$ の元からなる列 $\{A_n\}_{n \in \mathbb{N}}$ が互いに素で $\bigsqcup_{n=1}^\infty A_n \in \mathcal{F}$ ならば，

$$m\left(\bigsqcup_{n=1}^\infty A_n\right) = \sum_{n=1}^\infty m(A_n) \tag{7.9}$$

という性質を満たすとする．このとき，$\mathcal{F} \subset \mathcal{M}_{m^*}$（したがって $\sigma(\mathcal{F}) \subset \mathcal{M}_{m^*}$）が成り立ち，さらに任意の $A \in \mathcal{F}$ に対して $m^*(A) = m(A)$ が成立する．つまり，$(X, \mathcal{M}_{m^*}, m^*)$ は $(X, \mathcal{F}, m)$ の拡張である.

加えて，もし $(X, \mathcal{F}, m)$ が σ-**有限**，すなわち $\mathcal{F}$ の元からなる列 $\{X_k\}_{k \in \mathbb{N}}$ で，任意の $k \in \mathbb{N}$ に対して $m(X_k) < \infty$ かつ，$X = \bigcup_{k=1}^\infty X_k$ であるものが存在するとき，有限加法的測度 m の $(X, \sigma(\mathcal{F}))$ 上の測度への拡張は一意的（つまり，m^* を $\sigma(\mathcal{F})$ 上に制限したもののみ）である.

注意 7.3.10. 条件 (7.9) は，m が $(X, \sigma(\mathcal{F}))$ 上の測度に拡張できるための必要条件にもなっていることは明らかである.

証明. $A \in \mathcal{F}$ とする．$m^*(A) \leq m(A)$ は m^* の定義より従うので[11]，逆向き

---

[10] ホップ代数の H. Hopf とは別人．この名称は文献 [3, 6] に倣ったが，カラテオドリの拡張定理と呼ばれることも多いようである.

[11] 実際，(7.5) の右辺において，$E_1 = A$, $E_j = \varnothing$ $(j \geq 2)$ の場合を考えればよい.

の不等式を示す．$\{E_n\}_{n\in\mathbb{N}}$ を $\mathcal{F}$ の元からなる列で，$A \subset \bigcup_{n=1}^{\infty} E_n$ となるものとする．

$$F_1 = E_1 \cap A, \quad F_n = \left(E_n \setminus \bigcup_{k=1}^{n-1} E_k\right) \cap A \quad (n = 2, 3, \dots)$$

と定めると，$\{F_n\}_{n\in\mathbb{N}}$ は互いに素で，各 F_n は $\mathcal{F}$ の元であり，さらに $F_n \subset E_n$，$A = \bigsqcup_{n=1}^{\infty} F_n$ が成り立つ．(7.9) より

$$m(A) = \sum_{n=1}^{\infty} m(F_n) \le \sum_{n=1}^{\infty} m(E_n).$$

A を覆う $\{E_n\}_{n\in\mathbb{N}}$ について下限を取ると，$m(A) \le m^*(A)$ を得る．したがって，$m(A) = m^*(A)$ である．

次に，$\mathcal{F} \subset \mathcal{M}_{m^*}$ を示す．$E \in \mathcal{F}$, $A \subset X$ とする．$\mathcal{F}$ の元からなる列 $\{E_n\}_{n\in\mathbb{N}}$ で，$A \subset \bigcup_{n=1}^{\infty} E_n$ であるものを任意に選ぶ．

$$A \cap E \subset \bigcup_{n=1}^{\infty}(E_n \cap E), \quad A \cap E^c \subset \bigcup_{n=1}^{\infty}(E_n \cap E^c),$$

および $E_n \cap E$, $E_n \cap E^c \in \mathcal{F}$ $(n \in \mathbb{N})$ と $m(E_n) = m(E_n \cap E) + m(E_n \cap E^c)$ に注意すると，

$$\sum_{n=1}^{\infty} m(E_n) = \sum_{n=1}^{\infty} m(E_n \cap E) + \sum_{n=1}^{\infty} m(E_n \cap E^c)$$
$$\ge m^*(A \cap E) + m^*(A \cap E^c).$$

$\{E_n\}_{n\in\mathbb{N}}$ について下限を取ると，$m^*(A) \ge m^*(A \cap E) + m^*(A \cap E^c)$ を得る．したがって，注意 7.3.6 より $E \in \mathcal{M}_{m^*}$ である．

最後に，さらに $(X, \mathcal{F}, m)$ が σ-有限であるとして拡張の一意性を示す．定理の主張中の $\{X_k\}_{k\in\mathbb{N}}$ は単調非減少列としてよい[12]．ν を，$(X, \sigma(\mathcal{F}))$ 上の測度で m の拡張になっているものとする．$\sigma(\mathcal{F})$ の元 A を任意に選ぶ．$A \subset \bigcup_{n=1}^{\infty} E_n$ となるような，$\mathcal{F}$ の元からなる列 $\{E_n\}_{n\in\mathbb{N}}$ を取ると，

$$\nu(A) \le \nu\left(\bigcup_{n=1}^{\infty} E_n\right) \le \sum_{n=1}^{\infty} \nu(E_n) = \sum_{n=1}^{\infty} m(E_n).$$

---

[12] $\bigcup_{j=1}^{k} X_j$ を改めて X_k とすればよいから．

$\{E_n\}_{n\in\mathbb{N}}$ について下限を取ると, $\nu(A) \leq m^*(A)$ を得る. 次に, この式で A の代わりに $X_k \setminus A$ $(k \in \mathbb{N})$ とすると, $\nu(X_k \setminus A) \leq m^*(X_k \setminus A)$.

$$\nu(X_k \setminus A) = \nu(X_k) - \nu(A \cap X_k), \quad m^*(X_k \setminus A) = m^*(X_k) - m^*(A \cap X_k)$$

であるから (ここで $\nu(X_k) = m(X_k) < \infty$, $m^*(X_k) = m(X_k) < \infty$ を用いた), $\nu(X_k) - \nu(A \cap X_k) \leq m^*(X_k) - m^*(A \cap X_k)$, したがって $\nu(A \cap X_k) \geq m^*(A \cap X_k)$. $k \to \infty$ として $\nu(A) \geq m^*(A)$. 以上で, $\nu(A) = m^*(A)$ が示された. $\qquad\square$

注意 7.3.11. 定理 7.3.9 において, σ-有限性の仮定がないと拡張の一意性は一般に成立しない. 以下でそのような例を与える. X を, $\mathbb{N}$ に 1 点 $\triangle$ を付け加えた集合 $\mathbb{N} \cup \{\triangle\}$ とし, X の部分集合 A に対して「A の元の個数」($0, 1, 2, \ldots$ または $+\infty$ の値を取る) を $\mu(A)$ と表そう.

$$\mathscr{F}_0 = \{A \subset X \mid A \text{ は有限集合で } \triangle \notin A\}, \quad \mathscr{F} = \mathscr{F}_0 \cup \{X \setminus A \mid A \in \mathscr{F}_0\}$$

とすると, $\mathscr{F}$ は X 上の有限加法族となる. $A \in \mathscr{F}$ に対して $m(A) = \mu(A)$ と定めることで, $(X, \mathscr{F})$ 上の有限加法的測度 m が定まる. $A \in \mathscr{F}$ に対して「$\triangle \in A \iff A$ は無限集合 $\iff m(A) = \infty$」であることと, $\{\triangle\} \notin \mathscr{F}$ に注意する. $\sigma(\mathscr{F}) = 2^X$ であり, $(X, 2^X)$ 上の測度への m の拡張 ν は無数に存在する. 実際, 任意に $\alpha \in [0, +\infty]$ を選び, X の部分集合 A に対して

$$\nu(A) = \begin{cases} \mu(A \setminus \{\triangle\}) + \alpha & (\triangle \in A \text{ のとき}), \\ \mu(A) & (\triangle \notin A \text{ のとき}) \end{cases}$$

と定めると[13), $(X, 2^X, \nu)$ は $(X, \mathscr{F}, m)$ の拡張となる測度空間である.

▶ **問 7.3.12.** $(X, \mathscr{F}, m)$ は σ-有限でないことを定義に基づいて確認せよ.

次の命題は, 命題 7.3.3 と定理 7.3.7 の手続きを繰り返しても真に新しいものは生じないことを示している.

---

13) δ_z を z におけるディラック測度とするとき, $\nu = \sum_{z\in\mathbb{N}} \delta_z + \alpha\delta_\triangle$ とも表せる.

命題 7.3.13. 有限加法的測度空間 $(X, \mathscr{F}, m)$ について，m は $\mathscr{F}$ 上で σ-加法的であるとする．命題 7.3.3 と定理 7.3.7（$\Gamma = m^*$ とする）の手続きで測度空間 $(X, \mathscr{M}_{m^*}, m^*)$ を構成する．$\mathscr{G}$ を，$\mathscr{F} \subset \mathscr{G} \subset \mathscr{M}_{m^*}$ を満たす X 上の有限加法族とし，$(X, \mathscr{M}_{m^*}, m^*)$ を $\mathscr{G}$ に制限してできる有限加法的測度空間を $(X, \mathscr{G}, \nu)$ で表す[14]．$(X, \mathscr{G}, \nu)$ から命題 7.3.3 の手続きで定まる X 上の外測度を ν^* とするとき，$m^* = \nu^*$ が成り立つ．

特に，$\mathscr{G} = \sigma(\mathscr{F})$ とすることにより[15]，$(X, \mathscr{F}, m)$ と $(X, \sigma(\mathscr{F}), m^*)$ から命題 7.3.3 の手続きでそれぞれ定まる X 上の外測度は一致する．

証明. ホップの拡張定理（定理 7.3.9）より $(X, \mathscr{G}, \nu)$ は $(X, \mathscr{F}, m)$ の拡張になっているので，外測度の定め方から，X の任意の部分集合 A に対して $m^*(A) \geq \nu^*(A)$ が成り立つ．逆向きの不等式を示そう．$A \subset X$, $\varepsilon > 0$ とする．ν^* の定義より，$\mathscr{G}$ の元からなる列 $\{B_j\}_{j \in \mathbb{N}}$ で，$A \subset \bigcup_{j=1}^\infty B_j$ かつ $\sum_{j=1}^\infty \nu(B_j) \leq \nu^*(A) + \varepsilon$ となるものが選べる．各 j に対し，$\nu(B_j) = m^*(B_j)$ であるから，$\mathscr{F}$ の元からなる列 $\{E_{j,k}\}_{k \in \mathbb{N}}$ で，$B_j \subset \bigcup_{k=1}^\infty E_{j,k}$ かつ $\sum_{k=1}^\infty m(E_{j,k}) \leq \nu(B_j) + \varepsilon/2^j$ となるものが選べる．$\{E_{j,k}\}_{j \in \mathbb{N}, k \in \mathbb{N}}$ を一列に並べ直したものを $\{E_l\}_{l \in \mathbb{N}}$ とすると，$A \subset \bigcup_{l=1}^\infty E_l$ であるから

$$m^*(A) \leq \sum_{l=1}^\infty m(E_l) = \sum_{j=1}^\infty \left(\sum_{k=1}^\infty m(E_{j,k}) \right) \quad (\text{補題 7.3.2 より})$$
$$\leq \sum_{j=1}^\infty \left(\nu(B_j) + \frac{\varepsilon}{2^j} \right) \leq \nu^*(A) + \varepsilon + \varepsilon.$$

$\varepsilon > 0$ は任意だから，$m^*(A) \leq \nu^*(A)$ である．以上より，$m^*(A) = \nu^*(A)$ が従う．　　　　□

▸**問 7.3.14.** $\mathbb{N}$ の部分集合族 $\mathscr{F}$ を

$$\mathscr{F} = \left\{ A \subset \mathbb{N} \ \middle|\ m(A) := \lim_{n \to \infty} \frac{\#(A \cap \{1, 2, \ldots, n\})}{n} \text{が存在して 0 または 1} \right\}$$

と定める．以下の問に答えよ．

---

[14] すなわち，$\mathscr{G}$ 上で $\nu = m^*$ である．
[15] 定理 7.3.9 から $\sigma(\mathscr{F}) \subset \mathscr{M}_{m^*}$ が保証されている．

(1)　$\mathcal{F}$ は有限加法族であることを示せ.

(2)　m は $(\mathbb{N}, \mathcal{F})$ 上の有限加法的測度であることを示せ.

(3)　m は $\mathcal{F}$ 上で σ-加法的ではないことを示せ（したがって，m を $(\mathbb{N}, \sigma(\mathcal{F}))$
　　上の測度に拡張することはできない）.

7.4　ルベーグ測度の構成

命題 7.1.1 で有限加法的測度 $(\mathbb{R}^d, \mathcal{F}, m)$ を構成した. 特に

$$m\big((a_1, b_1] \times \cdots \times (a_d, b_d]\big) = \prod_{j=1}^{d} (b_j - a_j) \qquad (\text{ここで},\ a_j \le b_j).$$

命題 7.4.1. $(\mathbb{R}^d, \mathcal{F}, m)$ は $\mathcal{F}$ 上で σ-加法的, すなわち (7.9) が成立する.

証明. $\mathcal{F}$ の元からなる列 $\{A_n\}_{n \in \mathbb{N}}$ が互いに素で, $A := \bigsqcup_{n=1}^{\infty} A_n$ が $\mathcal{F}$ の元
であるとする. $\sum_{k=1}^{\infty} m(A_k) = m(A)$ を示す. 任意の $n \in \mathbb{N}$ に対して

$$\sum_{k=1}^{n} m(A_k) = m\left(\bigsqcup_{k=1}^{n} A_k\right) \le m(A)$$

であるから, $n \to \infty$ として $\sum_{k=1}^{\infty} m(A_k) \le m(A)$. 逆向きの不等式

$$m(A) \le \sum_{k=1}^{\infty} m(A_k) \tag{7.10}$$

を示そう. $\varepsilon > 0$ とする. 各 $k \in \mathbb{N}$ に対して, $G_k \in \mathcal{F}$ で $A_k \subset G_k^{\circ}$[16]かつ
$m(G_k) \le m(A_k) + \varepsilon/2^k$ となるものが選べる[17]. また,

$$m(A) = \sup\{m(F) \mid F \in \mathcal{F},\ \overline{F} \subset A\ \text{で}\ \overline{F}\ \text{はコンパクト集合}\}^{[18]} \tag{7.11}$$

であることにも注意する[19]. (7.11) の右辺の条件を満たす $F \in \mathcal{F}$ に対して,
$\overline{F} \subset A \subset \bigcup_{k=1}^{\infty} G_k^{\circ}$ で $\overline{F}$ はコンパクト集合だから, ある自然数 N が存在して

---

[16]　G_k° は G_k の内部を表す（2.4.2 項を参照）.

[17]　A_k は d 次元区間の有限和である. そこで, 各 d 次元区間を少し拡大した d 次元区間を
　　取ってその和を G_k とすればよい.

[18]　$\overline{F}$ は F の閉包を表す.

[19]　A は d 次元区間の有限和だから, A が有界ならば F として各 d 次元区間を少し縮めた d
　　次元閉区間の和を考えればよく, 非有界のときは $m(A) = \infty$ なのでこの場合も易しい.

$\overline{F} \subset \bigcup_{k=1}^{N} G_k^{\circ}.$ すると

$$
\begin{aligned}
m(F) &\leq m\left(\bigcup_{k=1}^{N} G_k\right) \\
&\leq \sum_{k=1}^{N} m(G_k) \qquad (\text{有限劣加法性}) \\
&\leq \sum_{k=1}^{N} (m(A_k) + \varepsilon/2^k) \\
&\leq \sum_{k=1}^{\infty} m(A_k) + \varepsilon.
\end{aligned}
$$

F について上限を取ると, $m(A) \leq \sum_{k=1}^{\infty} m(A_k) + \varepsilon.$ $\varepsilon > 0$ は任意だから (7.10) が従う. □

　この命題をもとにして, 命題 7.3.3 と定理 7.3.7 の手続きで構成された測度空間 $(\mathbb{R}^d, \mathcal{M}_{m^*}, m^*)$ を d 次元**ルベーグ測度空間**という. この測度空間に関しては詳しい性質を次章で論じるので, ここでは一つコメントするに留める. 命題 7.4.1 の証明では, 空間 $\mathbb{R}^d$ の位相的性質, より具体的には (7.11) の意味で

$$\mathcal{F} \text{ の元をコンパクト集合に取り換えて議論できること} \qquad (7.12)$$

が本質的に用いられた. 第 7.3 節までの一般論では空間に可測構造しか課していなかったが, 非自明な測度の構成のためには, 多くの場合に空間に位相構造を課して, (7.12) のような性質を経由して σ-加法性 (7.9) を示すことになる.

　さて, 3.2.5 項の内容について改めて論じる.

$$\mathcal{F} = \{(a, b] \ (-\infty \leq a \leq b \leq +\infty) \text{ の形の集合の有限和の全体}\}$$

とすると, $\mathcal{F}$ は $\mathbb{R}$ 上の有限加法族であった. F を $\mathbb{R}$ 上の実数値関数で, 非減少かつ右連続なものとする. $F(+\infty) := \lim_{x \to +\infty} F(x),$ $F(-\infty) := \lim_{x \to -\infty} F(x)$ と定める. $m \colon \mathcal{F} \to [0, +\infty]$ を, $A = \bigsqcup_{k=1}^{n} (a^{(k)}, b^{(k)}]$ (ただし $a^{(k)} \leq b^{(k)}$) と表される集合 $A \in \mathcal{F}$ に対して

$$m(A) = \sum_{k=1}^{n} (F(b^{(k)}) - F(a^{(k)}))$$

と定める. $m(A)$ は A の表示の仕方によらず矛盾なく定まり, m が $(\mathbb{R}, \mathscr{F})$ 上の有限加法的測度となることが, 命題 7.1.1 の証明を修正することで分かる. この m（と $d = 1$）について, 命題 7.4.1 の主張が同様の証明により成り立ち, 定理 7.3.9 により $(\mathbb{R}, \mathscr{F}, m)$ の拡張となる完備測度空間 $(\mathbb{R}, \mathscr{M}, \mu)$ が構成される.

▶ **問 7.4.2.** 上記のことを確認せよ.

μ を F に対応するルベーグ–スティルチェス測度, μ に関するルベーグ積分をルベーグ–スティルチェス積分ともいい, $\int_{\mathbb{R}} \cdots \mu(dx)$ を $\int_{\mathbb{R}} \cdots dF(x)$ とも表す.

命題 7.4.3. もしさらに F が C^1-級ならば, 1 次元ルベーグ測度 λ を用いて, $(\mathbb{R}, \mathscr{B}(\mathbb{R}))$ 上の測度として $\mu = F' \cdot \lambda$ と表される[20].

証明. $-\infty \le a < b \le \infty$ のとき $F(b) - F(a) = \int_a^b F'(x)\, dx$ より, μ と $F' \cdot \lambda$ について区間 $(a, b]$ の測度は等しい. このことから, μ と $F' \cdot \lambda$ は $\mathscr{F}$ 上で一致する. $\mathscr{B}(\mathbb{R})$ 上への測度としての拡張の一意性（定理 7.3.9）より結論を得る. □

ルベーグ–スティルチェス積分は, より一般的な F に対しても定義されるが, ここでは触れない.

その他の非自明な測度の構成や例については, 第 9.1 節および第 10.3 節で論じる.

▌ 7.5　測度空間の完備化

以下では, $(X, \mathscr{M}, \mu)$ を測度空間とする. 零集合の定義（定義 5.2.3）を思い出しておこう. X の部分集合 A が $(\mu\text{-})$ 零集合とは, $\mathscr{M}$ の元 N で $A \subset N$ かつ $\mu(N) = 0$ となるものが存在することであった. 零集合の全体を $\mathscr{N}$ で表し,

---

[20] 式の意味については, 系 6.2.9 とその後の注意を参照のこと.

$\overline{\mathcal{M}} = \sigma(\mathcal{M} \cup \mathcal{N})$ とする[21) 22)].

　一般に，集合 X の部分集合 A と B の**対称差** (symmetric difference) $(A \setminus B) \cup (B \setminus A)$ を $A \triangle B$ で表す.

▶**問 7.5.1.** 次の関係式を示せ.

$$A^c \triangle B^c = A \triangle B, \tag{7.13}$$

$$\left(\bigcup_{n=1}^{\infty} A_n \right) \triangle \left(\bigcup_{n=1}^{\infty} B_n \right) \subset \bigcup_{n=1}^{\infty} (A_n \triangle B_n), \tag{7.14}$$

$$A \triangle B \subset (A \triangle C) \cup (B \triangle C). \tag{7.15}$$

命題 7.5.2. $A, B \in \mathcal{M}$, $\mu(A \triangle B) = 0$ ならば，$\mu(A) = \mu(B)$ である.

証明.　$A \subset B \cup (A \triangle B)$ より，

$$\mu(A) \leq \mu(B) + \mu(A \triangle B) = \mu(B).$$

A と B の役割を入れ替えると，$\mu(B) \leq \mu(A)$ も成り立つ.　　　　　□

定理 7.5.3. (1)　X の部分集合族 $\widehat{\mathcal{M}}$ と $\widetilde{\mathcal{M}}$ を

$$\widehat{\mathcal{M}} = \{ A \subset X \mid B \in \mathcal{M} \text{ が存在して，} A \triangle B \text{ が } \mu\text{-零集合となる} \},$$

$$\widetilde{\mathcal{M}} = \left\{ A \subset X \,\middle|\, \begin{array}{l} B_1, B_2 \in \mathcal{M} \text{ が存在して，} B_1 \subset A \subset B_2 \\ \text{かつ } \mu(B_2 \setminus B_1) = 0 \text{ となる} \end{array} \right\}$$

により定めると，$\overline{\mathcal{M}} = \widehat{\mathcal{M}} = \widetilde{\mathcal{M}}$ である.

(2)　$A \in \overline{\mathcal{M}} \, (= \widehat{\mathcal{M}} = \widetilde{\mathcal{M}})$ に対して，$\widehat{\mathcal{M}}$ と $\widetilde{\mathcal{M}}$ の定義中にある B, B_1, B_2 について $\mu(B) = \mu(B_1) = \mu(B_2)$ が成り立つ. 特に，この値は B, B_1, B_2 の取り方によらずに定まる.

(3)　$A \in \overline{\mathcal{M}}$ に対して $\overline{\mu}(A) = \mu(B_1)$（ただし B_1 は $\widetilde{\mathcal{M}}$ の定義中のもの）と定めると，$(X, \overline{\mathcal{M}}, \overline{\mu})$ は完備測度空間で $(X, \mathcal{M}, \mu)$ の拡張となる.

[21)] すなわち，$\overline{\mathcal{M}}$ は，$\mathcal{M}$ の元も $\mathcal{N}$ の元もすべて元として持つような σ-加法族のうちで最小のもの.

[22)] $\overline{\mathcal{M}}$ が μ に依存して決まることを明示したいときは $\overline{\mathcal{M}}^{\mu}$ などとも表す. 一つの可測空間上に二つ以上の測度が定まっているときなどに有用な記法である.

証明. (1)
- $\overline{\mathcal{M}} \subset \widehat{\mathcal{M}}$ の証明. $\mathcal{M} \subset \widehat{\mathcal{M}}$ と $\mathcal{N} \subset \widehat{\mathcal{M}}$ は容易に分かる. $\widehat{\mathcal{M}}$ が σ-加法族であることは (7.13) と (7.14) から従う. よって, $\overline{\mathcal{M}} = \sigma(\mathcal{M} \cup \mathcal{N}) \subset \widehat{\mathcal{M}}$ である.

- $\widehat{\mathcal{M}} \subset \widetilde{\mathcal{M}}$ の証明. $A \in \widehat{\mathcal{M}}$ とし, B を $\widehat{\mathcal{M}}$ の定義中のものとすると, ある $N \in \mathcal{M} \cap \mathcal{N}$ で $A \triangle B \subset N$ となるものが選べる. $B_1 = B \setminus N$, $B_2 = B \cup N$ とすれば, $B_1 \subset A \subset B_2, \mu(B_2 \setminus B_1) = \mu(N) = 0$ となるので $A \in \widetilde{\mathcal{M}}$ である.

- $\widetilde{\mathcal{M}} \subset \overline{\mathcal{M}}$ の証明. $A \in \widetilde{\mathcal{M}}$ とし, B_1 と B_2 を $\widetilde{\mathcal{M}}$ の定義中のものとする. $A \setminus B_1 \subset B_2 \setminus B_1$ だから $A \setminus B_1 \in \mathcal{N}$. $A = B_1 \cup (A \setminus B_1)$ より, $A \in \sigma(\mathcal{M} \cup \mathcal{N}) = \overline{\mathcal{M}}$ である.

(2) $\mu(B_2) = \mu(B_1) + \mu(B_2 \setminus B_1) = \mu(B_1)$. また, (7.15) より

$$B \triangle B_1 \subset (B \triangle A) \cup (B_1 \triangle A) \subset (A \triangle B) \cup (B_2 \setminus B_1)$$

であるから, $\mu(B \triangle B_1) = 0$. したがって, 命題 7.5.2 より $\mu(B) = \mu(B_1)$.

(3) $A \in \mathcal{M}$ に対して $\overline{\mu}(A) = \mu(A)$ であることは明らか. $\overline{\mathcal{M}}$ の元からなる, 互いに素な列 $\{A_n\}_{n \in \mathbb{N}}$ に対して, $B_n^{(1)} \subset A_n \subset B_n^{(2)}$ かつ $\mu(B_n^{(2)} \setminus B_n^{(1)}) = 0$ となる $B_n^{(1)}, B_n^{(2)} \in \mathcal{M}$ $(n \in \mathbb{N})$ を選ぶ. (7.14) より, $\left(\bigcup_{n=1}^{\infty} A_n\right) \triangle \left(\bigcup_{n=1}^{\infty} B_n^{(1)}\right) \in \mathcal{N}$. よって,

$$\overline{\mu}\left(\bigcup_{n=1}^{\infty} A_n\right) = \mu\left(\bigcup_{n=1}^{\infty} B_n^{(1)}\right)$$
$$= \sum_{n=1}^{\infty} \mu(B_n^{(1)}) \qquad (\{B_n^{(1)}\}_{n \in \mathbb{N}} \text{ は互いに素だから})$$
$$= \sum_{n=1}^{\infty} \overline{\mu}(A_n).$$

したがって, $\overline{\mu}$ は $(X, \overline{\mathcal{M}})$ 上の測度である. $\overline{\mu}$ が完備であることを示す. A が $\overline{\mu}$-零集合であるとき, ある $N \in \overline{\mathcal{M}} = \widetilde{\mathcal{M}}$ で $A \subset N$ かつ $\overline{\mu}(N) = 0$ となるものが選べる. $\overline{\mu}$ の定義と (2) から, ある $B_2 \in \mathcal{M}$ で $N \subset B_2$ かつ $\mu(B_2) = 0$ となるものが選べる. $A \subset B_2$ であるから, A は μ-零集合, すなわち $A \in \mathcal{N} \subset \overline{\mathcal{M}}$ となり, 完備性が従う. □

$(X, \overline{\mathcal{M}}, \overline{\mu})$ を, $(X, \mathcal{M}, \mu)$ の**完備化** (completion) という.

命題 7.5.4. 以下が成り立つ.

(1) $(X, \overline{\mathcal{M}})$ 上の測度で, $(X, \mathcal{M}, \mu)$ の拡張になっているものは $\overline{\mu}$ のみである.

(2) $(X, \overline{\mathcal{M}}, \overline{\mu})$ は, $(X, \mathcal{M}, \mu)$ の拡張となる完備測度空間のうち最小のものである.

証明. (1) $(X, \overline{\mathcal{M}}, \hat{\mu})$ を $(X, \mathcal{M}, \mu)$ の拡張とする. $A \in \overline{\mathcal{M}} = \widetilde{\mathcal{M}}$ に対して, $\widetilde{\mathcal{M}}$ の定義中の B_1 と B_2 を取ると $\hat{\mu}(B_1) = \mu(B_1) = \mu(B_2) = \hat{\mu}(B_2)$ であるから, $\hat{\mu}$ が測度の単調性（命題 3.3.1(1)）を満たすためには $\hat{\mu}(A) = \mu(B_1)$ が必要である. すなわち, $\hat{\mu} = \overline{\mu}$.

(2) $(X, \widehat{\mathcal{M}}, \hat{\mu})$ を $(X, \mathcal{M}, \mu)$ の拡張となる完備測度空間とする. $\widehat{\mathcal{M}} \supset \mathcal{M}$ かつ $\widehat{\mathcal{M}} \supset \mathcal{N}$ であるから, $\widehat{\mathcal{M}} \supset \mathcal{M} \cup \mathcal{N}$, したがって $\widehat{\mathcal{M}} \supset \sigma(\mathcal{M} \cup \mathcal{N}) = \overline{\mathcal{M}}$ である. $\hat{\mu}$ が $\overline{\mathcal{M}}$ 上で $\overline{\mu}$ に一致することは (1) より従う.   □

定理 7.5.5. σ-有限測度空間 $(X, \mathcal{M}, \mu)$ から, 命題 7.3.3 と定理 7.3.7 の手続きで定まる完備測度空間 $(X, \mathcal{M}_{\mu^*}, \mu^*)$ は $(X, \overline{\mathcal{M}}, \overline{\mu})$ に一致する.

証明. 命題 7.5.4 をふまえると, $\mathcal{M}_{\mu^*} \subset \overline{\mathcal{M}}$ を示せば十分である.

まず, $\mu^*(A) < \infty$ を満たす $A \in \mathcal{M}_{\mu^*}$ について考える. $n \in \mathbb{N}$ に対して, $B_n \in \mathcal{M}$ で $A \subset B_n$ かつ $\mu(B_n) < \mu^*(A) + 1/n$ を満たすものが選べる. $\mu^*(B_n) = \mu(B_n)$ だから[23], A がカラテオドリの意味で可測であることから

$$\mu^*(B_n \setminus A) = \mu^*(B_n) - \mu^*(A) < \frac{1}{n}.$$

すると, $C_n \in \mathcal{M}$ で $B_n \setminus A \subset C_n$ かつ $\mu(C_n) < 1/n$ となるものが選べる. $D_n = B_n \setminus C_n$ とすると, $D_n \subset B_n \setminus (B_n \setminus A) = A \subset B_n$ で, $\mu(B_n \setminus D_n) \leq \mu(C_n) < 1/n$ である. $B = \bigcap_{n=1}^{\infty} B_n \in \mathcal{M}$, $D = \bigcup_{n=1}^{\infty} D_n \in \mathcal{M}$ と定めると, $D \subset A \subset B$ であり, 任意の $n \in \mathbb{N}$ に対して

$$\mu(B \setminus D) \leq \mu(B_n \setminus D_n) < \frac{1}{n}$$

であるから $\mu(B \setminus D) = 0$. よって, $A \in \overline{\mathcal{M}}$ となる.

一般の $A \in \mathcal{M}_{\mu^*}$ に対しては, $\mathcal{M}$ の元からなる列 $\{X_k\}_{k \in \mathbb{N}}$ で $X = \bigcup_{k=1}^{\infty} X_k$

---

[23] 定理 7.3.9 より, $\mathcal{M}$ 上で μ^* と μ は一致する.

かつ $\mu(X_k) < \infty$ $(k \in \mathbb{N})$ となるものを選ぶと，前段より $A \cap X_k \in \bar{\mathcal{M}}$．したがって，$A = \bigcup_{k=1}^{\infty}(A \cap X_k) \in \bar{\mathcal{M}}$. □

注意 7.5.6. σ-有限でない測度空間については，定理 7.5.5 の結論は一般に成り立たない．例えば，$X = \{a, b\}$, $\mathcal{M} = \{\varnothing, X\}$,

$$\mu(A) = \begin{cases} \infty & (A = X \text{ のとき}), \\ 0 & (A = \varnothing \text{ のとき}) \end{cases}$$

とすると，$(X, \mathcal{M}, \mu)$ は完備測度空間であるので，$(X, \bar{\mathcal{M}}, \bar{\mu}) = (X, \mathcal{M}, \mu)$．一方，$\mathcal{M}_{\mu^*} = 2^X \supsetneqq \bar{\mathcal{M}}$ である．

命題 7.5.7. (1) f と g を X 上の $\bar{\mathbb{R}}$-値（または $\mathbb{C}$-値）関数とする．f が $\mathcal{M}$-可測で，$f = g$ μ-a.e. ならば[24]，g は $\bar{\mathcal{M}}$-可測関数である．

(2) g を X 上の $\bar{\mathbb{R}}$-値（または $\mathbb{C}$-値）$\bar{\mathcal{M}}$-可測関数とするとき，$\mathcal{M}$-可測関数 f で $f = g$ μ-a.e. となるものが存在する．

証明. (1) $A \in \mathcal{B}(\bar{\mathbb{R}})$（または $A \in \mathcal{B}(\mathbb{C})$）に対して，$\{f \in A\} \triangle \{g \in A\}$ は $\{f \neq g\}$ の部分集合だから零集合．$\{f \in A\} \in \mathcal{M}$ であるから，$\{g \in A\} \in \bar{\mathcal{M}}$．よって，$g$ は $\bar{\mathcal{M}}$-可測である．

(2) g が実数値単関数のとき，$g = \sum_{j=1}^{N} a_j \mathbf{1}_{E_j}$ $(a_j \in \mathbb{R}, E_j \in \bar{\mathcal{M}})$ と表される．各 j に対して，$B_j \in \mathcal{M}$ で $E_j \triangle B_j$ が零集合となるものを選び，$f = \sum_{j=1}^{N} a_j \mathbf{1}_{B_j}$ と定める．f は $\mathcal{M}$-可測関数で，$\{f \neq g\}$ は $\bigcup_{j=1}^{N}(E_j \triangle B_j)$ に含まれるから零集合である．すなわち，$f = g$ μ-a.e.

g が $[0, +\infty]$-値関数のとき，g の単関数近似 $\{g_n\}_{n \in \mathbb{N}}$ を取る．各 n に対して，$f_n = g_n$ μ-a.e. となる $\mathcal{M}$-可測関数 f_n を選ぶ．$f(x) = \varliminf_{n \to \infty} f_n(x)$ とすると，f は $\mathcal{M}$-可測で $f = g$ μ-a.e. である[25]．

g が一般の $\bar{\mathbb{R}}$-値または $\mathbb{C}$-値関数の場合は，g を $[0, +\infty]$-値関数の一次結合で表して前段の結果を用いればよい． □

---

[24] すなわち，「$\{x \in X \mid f(x) \neq g(x)\}$ が零集合ならば」．

[25] 実際，$\varliminf_{n \to \infty} f_n(x) = \varliminf_{n \to \infty} g_n(x)$ μ-a.e. で，$\{g_n\}_{n \in \mathbb{N}}$ は g に各点収束するから $\varliminf_{n \to \infty} g_n(x) = g(x)$.

　上の命題で，値を取る方の可測空間は $(\mathbb{R}, \mathscr{B}(\mathbb{R}))$ または $(\mathbb{C}, \mathscr{B}(\mathbb{C}))$ のままであり[26]，完備化とは無関係であることに注意する．特に，X が $\mathbb{R}$ や $\mathbb{C}$ の部分集合のとき混乱しないようにしよう．

注意 7.5.8. 測度空間を完備化することの利点はやや分かりにくいかもしれない．集合や関数が可測になりやすくなるという意味では利点といえるが，上の命題で示したように，$\overline{\mathscr{M}}$-可測関数は零集合上の修正を施せば $\mathscr{M}$-可測になるので，違いを気にする必要がない場面も多い．確率論においては一つの可測空間上に非可算個の測度の族や確率変数（可測関数）の族を定めることがあり，その場合は「零集合上の修正」というのはしばしば非自明な話になる（どの測度に関する零集合かという問題があるし，確率変数族のパラメータに関する連続性などの良い性質を保ったまま修正したい場合に困難が生じうる）．第 8.3節で述べるように，有界閉区間上のリーマン可積分関数はルベーグ可測だがボレル可測とは限らない．しかし，それをもって完備化の意義を強調するのは言い過ぎかもしれない．第 9 章で論じるように，フビニの定理に関しては直積測度空間を完備化すると主張が若干弱くなるので，いつでも完備化しておけばよいというものでもない．位相空間の観点からは，ボレル集合に関する演算でボレル集合でないものが生じるとき完備化の意義が出てくるといえるが，その典型例は「連続写像に関する像集合」である．簡単な例として，$\mathbb{R}^2$ から $\mathbb{R}$ への第 1 成分への射影を π としたとき，$\mathbb{R}^2$ のボレル集合 A の π による像集合 $\pi(A)$ は $\mathbb{R}$ のボレル集合とは限らない．しかし解析集合[27]ではあるので，解析集合の一般論から，$\pi(A)$ は普遍可測集合，すなわち $(\mathbb{R}, \mathscr{B}(\mathbb{R}))$ 上の任意の有限測度 μ に関して，$\pi(A)$ は $\overline{\mathscr{B}(\mathbb{R})}^{\mu}$（$\mathscr{B}(\mathbb{R})$ の μ による完備化）の元である．この種の集合を扱う必要があるとき，完備化の操作が重要になることがある．

7.6　まとめ

　本章のさまざまな主張を図式にまとめておく．

---

[26] すなわち，$\overline{\mathscr{M}}$-可測とは $\overline{\mathscr{M}}/\mathscr{B}(\mathbb{R})$-可測あるいは $\overline{\mathscr{M}}/\mathscr{B}(\mathbb{C})$-可測を意味する．

[27] 解析集合は本書で取り扱う範囲から逸脱するので，用語を出すだけに留める．

(1) 有限加法的測度空間 $(X, \mathscr{F}, m)$ について，m が $\mathscr{F}$ 上で σ-加法的である とき

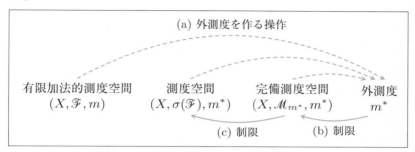

- (a)→(b)→(c) の順で構成される測度空間 $(X, \mathscr{M}_{m^*}, m^*)$ および $(X, \sigma(\mathscr{F}), m^*)$ は $(X, \mathscr{F}, m)$ の拡張．（定理 7.3.7, 7.3.9）
- $(X, \mathscr{F}, m)$ がさらに σ-有限のとき，$(X, \mathscr{F}, m)$ の $(X, \sigma(\mathscr{F}))$ への拡張 は $(X, \sigma(\mathscr{F}), m^*)$ のみ．（定理 7.3.9）
- $(X, \mathscr{F}, m)$, $(X, \sigma(\mathscr{F}), m^*)$, $(X, \mathscr{M}_{m^*}, m^*)$ からそれぞれ構成した外 測度は一致する．（命題 7.3.13）

(2) σ-有限測度空間 $(X, \mathscr{M}, \mu)$ について

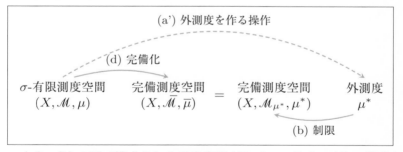

- (a')→(b) の順で構成される測度空間 $(X, \mathscr{M}_{\mu^*}, \mu^*)$ と，(d) で構成さ れる測度空間 $(X, \overline{\mathscr{M}}, \overline{\mu})$ は一致する．（定理 7.5.5）

┃章末問題

1. $\mathbb{N}$ 上の有限加法族 $\mathscr{F}$ を，$\mathscr{F} = \{A \subset \mathbb{N} \mid A$ または A^c が有限集合 $\}$ で定め， $A \in \mathscr{F}$ に対して

$$m(A) = \begin{cases} 0 & (A \text{ が有限集合のとき}), \\ 1 & (A \text{ が無限集合のとき}) \end{cases}$$

と定める.

(a)　m は $(\mathbb{N}, \mathscr{F})$ 上の有限加法的測度であることを示せ.

(b)　命題 7.3.3 により,$(\mathbb{N}, \mathscr{F}, m)$ から定まる外測度を m^* とする.$\mathbb{N}$ の部分集合 A に対して $m^*(A)$ を具体的に求めよ.

(c)　m^* に関してカラテオドリの意味で可測な集合をすべて求めよ.

(d)　m は $(\mathbb{N}, \mathscr{F})$ 上で σ-加法的((7.9) 参照)ではないことを確認せよ.

2.　Γ を集合 X 上の外測度とする.X の部分集合列 $\{A_n\}_{n\in\mathbb{N}}$ と $\{B_n\}_{n\in\mathbb{N}}$ が,$\Gamma(A_n \triangle B_n) = 0 \ (n \in \mathbb{N})$ を満たすとき,$\Gamma\big(\bigcup_{n=1}^{\infty} A_n\big) = \Gamma\big(\bigcup_{n=1}^{\infty} B_n\big)$ であることを示せ.

3.　可測空間 $(\mathbb{R}, \mathscr{B}(\mathbb{R}))$ 上の測度 δ_0 を

$$\delta_0(E) = \begin{cases} 1 & (0 \in E \text{ のとき}), \\ 0 & (0 \notin E \text{ のとき}) \end{cases} \qquad E \in \mathscr{B}(\mathbb{R})$$

で定める(すなわち,δ_0 は 0 におけるディラック測度).測度空間 $(\mathbb{R}, \mathscr{B}(\mathbb{R}), \delta_0)$ の完備化 $(\mathbb{R}, \mathscr{M}, \bar{\delta_0})$ について,$\mathscr{M}$ は具体的にどのような σ-加法族であるか.

4.　λ を d 次元ルベーグ測度とする.

(a)　$i \in \{1, 2, \ldots, d\}$ に対して,$A_i = \{(x_1, x_2, \ldots, x_d) \in \mathbb{R}^d \mid x_i = 0\}$ とする.$\lambda(A_i) = 0$ を示せ.

(b)　$d \geq 2$ とし,g を $\mathbb{R}^{d-1}$ 上の実数値連続関数とする.g のグラフ

$$G = \{(x_1, x_2, \ldots, x_{d-1}, g(x_1, x_2, \ldots, x_{d-1})) \in \mathbb{R}^d \\ \mid (x_1, x_2, \ldots, x_{d-1}) \in \mathbb{R}^{d-1}\}$$

について,$\lambda(G) = 0$ を示せ.

5.　$(X, \mathscr{M}, \mu)$ を有限測度空間とし,μ^* を $(X, \mathscr{M}, \mu)$ から定まる X 上の外測度とする.X の部分集合 E を任意に選ぶ($E \in \mathscr{M}$ とは限らない).

(a)　$\mathscr{M}$ の元 $\hat{E}$ で,$E \subset \hat{E}$ かつ $\mu^*(E) = \mu(\hat{E})$ となるものが存在することを示せ.

(b)　任意の $B \in \mathscr{M}$ に対して,$\mu^*(B \cap E) = \mu(B \cap \hat{E})$ であることを示せ.

(c)　$\mathcal{M}_E = \{B \cap E \mid B \in \mathcal{M}\}$ とするとき，$(E, \mathcal{M}_E, \mu^*)$ は測度空間になることを示せ．

第 **8** 章

ルベーグ測度

　本章では，第7.4節で構成したルベーグ測度のより詳しい性質と関連する話題について論じる.

8.1　ルベーグ測度の性質

　命題7.1.1, 7.3.3, 定理7.3.7, 7.3.9および命題7.4.1により，有限加法的測度空間 $(\mathbb{R}^d, \mathscr{F}, m)$ の拡張となる d 次元**ルベーグ測度空間** $(\mathbb{R}^d, \mathscr{M}_{m^*}, m^*)$ が構成された. これをこの章では $(\mathbb{R}^d, \mathscr{L}(\mathbb{R}^d), \lambda)$ と表す. $\mathscr{L}(\mathbb{R}^d)$ の元を $(d$ 次元$)$ **ルベーグ可測集合**, $(\mathbb{R}^d, \mathscr{L}(\mathbb{R}^d), \lambda)$ 上の可測関数, 可積分関数をそれぞれ**ルベーグ可測関数**, **ルベーグ可積分**関数という[1]. また，λ-零集合のことを $(d$ 次元$)$ **ルベーグ零集合**といい，ルベーグ測度を構成する際に導入した外測度 m^* を**ルベーグ外測度**という.

注意 8.1.1. $\mathbb{R}^d$ 上の実数値ルベーグ可測関数とは，$\mathscr{L}(\mathbb{R}^d)/\mathscr{B}(\mathbb{R})$-可測関数のことであり，$\mathscr{L}(\mathbb{R}^d)/\mathscr{L}(\mathbb{R})$-可測関数のことではない. 関数の終域上の σ-加法族は，特に明記しない限りボレル σ-加法族であることに注意する.

---

[1] より一般に，$\mathbb{R}^d$ のルベーグ可測集合 X に対して，ルベーグ測度空間を X に制限した測度空間 $(X, \mathscr{L}_X, \lambda)$（ここで $\mathscr{L}_X = \{A \subset X \mid A \in \mathscr{L}(\mathbb{R}^d)\}$）における可測関数（可積分関数）のこともルベーグ可測関数（ルベーグ可積分関数）という. また，「ルベーグ測度に関するルベーグ積分」のことを単にルベーグ積分と呼ぶことも多い. 少し紛らわしいが，文脈で判断してほしい.

注意 8.1.2. $\mathscr{L}(\mathbb{R}^d) \supsetneq \mathscr{B}(\mathbb{R}^d)$ である. これは両者の濃度が等しくないことから示される. 第 8.2 節で $d = 1$ の場合を論じるが, 一般の d でも同様である.

$\mathbb{R}^d = \bigcup_{n=1}^{\infty} (-n, n]^d$ であるから, $(\mathbb{R}^d, \mathscr{F}, m)$ は σ-有限である. 命題 7.3.13 より, $(\mathbb{R}^d, \mathscr{F}, m), (\mathbb{R}^d, \mathscr{B}(\mathbb{R}^d), \lambda), (\mathbb{R}^d, \mathscr{L}(\mathbb{R}^d), \lambda)$ からそれぞれ作られる外測度は一致する. また, 定理 7.5.5 より, $(\mathbb{R}^d, \mathscr{B}(\mathbb{R}^d), \lambda)$ の完備化は $(\mathbb{R}^d, \mathscr{L}(\mathbb{R}^d), \lambda)$ に一致する.

以下では, (有限加法的) 測度 μ から命題 7.3.3 の手続きで定まる外測度を, μ^* のように $*$ を付けて表す.

$x \in \mathbb{R}^d$, $A \subset \mathbb{R}^d$ に対して, $A + x = \{a + x \mid a \in A\}$ と定める.

命題 8.1.3 (ルベーグ測度の平行移動不変性). $x \in \mathbb{R}^d$, $E \in \mathscr{L}(\mathbb{R}^d)$ に対して $E + x \in \mathscr{L}(\mathbb{R}^d)$ であり, さらに $\lambda(E + x) = \lambda(E)$ である.

証明. $E \in \mathscr{F}$ に対して, $E + x \in \mathscr{F}$ かつ $m(E + x) = m(E)$ は明らか. これより, 任意の $E \subset \mathbb{R}^d$ に対して $m^*(E + x) = m^*(E)$ が成り立つ. E がカラテオドリの意味で可測ならば $E + x$ も同様であり[2], 結論が従う. $\square$

命題 8.1.4 (命題 8.1.3 の一種の逆). 可測空間 $(\mathbb{R}^d, \mathscr{B}(\mathbb{R}^d))$ 上の測度 μ が $c := \mu((0, 1]^d) < \infty$ を満たし, さらに任意の $x \in \mathbb{R}^d$ と $A \in \mathscr{B}(\mathbb{R}^d)$ に対して平行移動不変性 $\mu(A + x) = \mu(A)$ が成り立つとする. このとき, $\mathbb{R}^d$ の任意の部分集合 E に対して $\mu^*(E) = c\lambda^*(E)$ が成り立つ. 特に, $A \in \mathscr{B}(\mathbb{R}^d)$ に対して $\mu(A) = c\lambda(A)$ であり, $\mathscr{B}(\mathbb{R}^d)$ の μ による完備化は $\mathscr{L}(\mathbb{R}^d)$ に等しく, $A \in \mathscr{L}(\mathbb{R}^d)$ に対して $\overline{\mu}(A) = c\lambda(A)$ である.

証明. $A = (0, 1/k_1] \times \cdots \times (0, 1/k_d]$ $(k_1, k_2, \ldots, k_d \in \mathbb{N})$ に対して,

$$(0, 1]^d = \bigsqcup_{\substack{x_i \in \{j/k_i \mid j = 0, 1, \ldots, k_i - 1\}, \\ i = 1, 2, \ldots, d}} (A + (x_1, x_2, \ldots, x_d))$$

であるから, 平行移動不変性を用いて $c = k_1 k_2 \cdots k_d \mu(A)$, すなわち $\mu(A) = c\lambda(A)$ が成り立つ. 再び平行移動不変性を用いて, 集合 A が $A = (a_1, b_1] \times$

---

[2] 詳細を補え.

$\cdots \times (a_d, b_d]$, $-\infty < a_i < b_i < +\infty$, $b_i - a_i \in \mathbb{Q}$ $(i = 1, 2, \ldots, d)$ と表され
るとき $\mu(A) = c\lambda(A)$ が示される．測度の連続性（命題3.3.2）より，この等式
は一般の d 次元区間 $A = (a_1, b_1] \times \cdots \times (a_d, b_d]$ でも成立する．よって，$\mathbb{R}^d$
の任意の部分集合 E に対して $\mu^*(E) = c\lambda^*(E)$ が成り立ち，結論を得る．　　□

命題 8.1.5（ルベーグ測度の直交変換不変性）．　Φ を $\mathbb{R}^d$ 上の直交変換とす
る．すなわち，ある d 次直交行列 G を用いて $\Phi(x) = Gx$ $(x \in \mathbb{R}^d)$ と表さ
れているとする．このとき，$A \in \mathscr{L}(\mathbb{R}^d)$ に対して $\Phi(A) \in \mathscr{L}(\mathbb{R}^d)$ であり，
$\lambda(\Phi(A)) = \lambda(A)$ が成り立つ．

証明．　Φ は $\mathbb{R}^d$ 上の同相写像だから，系4.1.3より逆写像 Φ^{-1} は $\mathscr{B}(\mathbb{R}^d)/\mathscr{B}(\mathbb{R}^d)$-
可測である．すなわち，任意の $A \in \mathscr{B}(\mathbb{R}^d)$ に対して $\Phi(A) = (\Phi^{-1})^{-1}(A) \in$
$\mathscr{B}(\mathbb{R}^d)$．よって，$A \in \mathscr{B}(\mathbb{R}^d)$ に対して $\mu(A) = \lambda(\Phi(A))$ として $(\mathbb{R}^d, \mathscr{B}(\mathbb{R}^d))$
上の測度 μ が定まる．μ が命題8.1.4の仮定を満たすことも，

$$\mu(A + x) = \lambda(\Phi(A + x)) = \lambda(\Phi(A) + \Phi(x)) = \lambda(\Phi(A)) = \mu(A) \qquad (8.1)$$

より分かる．したがって，ある定数 c を用いて $\mu(A) = c\lambda(A)$ が任意の $A \in$
$\mathscr{B}(\mathbb{R}^d)$ で成立する．A として原点中心で半径1の開球を取ると，$\Phi(A) = A$
で，さらに $\lambda(A) > 0$ であるから，$c = 1$ である．よって，$\mathscr{B}(\mathbb{R}^d)$ の元 A につ
いては主張が従う．$A \in \mathscr{L}(\mathbb{R}^d)$ に対しては，$B_1 \subset A \subset B_2$, $\lambda(B_2 \setminus B_1) = 0$
であるような $B_1, B_2 \in \mathscr{B}(\mathbb{R}^d)$ を選べば，$\Phi(B_1) \subset \Phi(A) \subset \Phi(B_2)$ で

$$\lambda(\Phi(B_2) \setminus \Phi(B_1)) = \lambda(\Phi(B_2 \setminus B_1)) = \lambda(B_2 \setminus B_1) = 0$$

となる．したがって，$\Phi(A) \in \mathscr{L}(\mathbb{R}^d)$ かつ $\lambda(\Phi(A)) = \lambda(\Phi(B_1)) = \lambda(B_1) =$
$\lambda(A)$ である．　　　　　　　　　　　　　　　　　　　　　　　　　　　□

　命題8.1.3と命題8.1.5より，ルベーグ測度は $\mathbb{R}^d$ の合同変換によって不変で
あることが従う．

命題 8.1.6.　Ψ を $\mathbb{R}^d$ 上の線型変換とする．すなわち，ある d 次正方行列 T を用
いて $\Psi(x) = Tx$ $(x \in \mathbb{R}^d)$ と表されているとする．このとき，$A \in \mathscr{L}(\mathbb{R}^d)$ に
対して $\Psi(A) \in \mathscr{L}(\mathbb{R}^d)$ で，$\lambda(\Psi(A)) = |\det T| \, \lambda(A)$ が成り立つ．

証明．　まず，T が対角行列で，対角成分 $\alpha_1, \alpha_2, \ldots, \alpha_d$ がすべて非負のときに主

張を示そう. もしある α_i が0であれば, $\Psi(\mathbb{R}^d)$ は集合 $H_i := \{(x_1, x_2, \ldots, x_d) \in \mathbb{R}^d \mid x_i = 0\}$ に含まれ, H_i は d 次元ルベーグ零集合である (第7章の章末問題4を参照のこと). よって, 任意の $A \in \mathscr{L}(\mathbb{R}^d)$ に対して $\Psi(A)$ も d 次元ルベーグ零集合となり, $\det T = 0$ なので主張が成立する. そこで, 以下ではすべての $i = 1, 2, \ldots, d$ に対して $\alpha_i \neq 0$ であるとしよう. このとき T は正則なので, Ψ は $\mathbb{R}^d$ 上の同相写像である. よって, $A \in \mathscr{B}(\mathbb{R}^d)$ に対して $\Psi(A) = (\Psi^{-1})^{-1}(A) \in \mathscr{B}(\mathbb{R}^d)$ であり, $\mu(A) := \lambda(\Psi(A))$ として $(\mathbb{R}^d, \mathscr{B}(\mathbb{R}^d))$ 上の測度 μ が定まる. 命題 8.1.4 の仮定を満たすことも (8.1) と同様にして確認できる. Ψ による $(0, 1]^d$ の像は $(0, \alpha_1] \times \cdots \times (0, \alpha_d]$ であるから, そのルベーグ測度は $\alpha_1 \alpha_2 \cdots \alpha_d = \det T = |\det T|$. したがって, 命題 8.1.4 より, $\mathscr{B}(\mathbb{R}^d)$ の元 A に対して主張が従う. $A \in \mathscr{L}(\mathbb{R}^d)$ に対しては, 命題 8.1.5 の証明の最後の議論と同様にボレル集合ではさんで評価すると, やはり命題の主張が従う.

次に, T が一般の正方行列の場合に示す. d 次直交行列 U, V と, 対角成分がすべて非負であるような d 次対角行列 Λ をうまく選んで, $T = U\Lambda{}^tV$ と表すことができる[3]. 直交行列の行列式は 1 または -1 であるから $|\det T| = |\det \Lambda|$ であることと, 命題 8.1.5 および前段の結果を組み合わせると主張が従う. $\square$

命題 8.1.7 (アフィン写像に関する変数変換の公式). f を $\mathbb{R}^d$ 上の $[0, +\infty]$-値ボレル可測関数 (またはボレル可測であってルベーグ測度 λ に関する可積分関数) とし, T を d 次実正方行列, $a \in \mathbb{R}^d$ とする. 写像 $\Phi \colon \mathbb{R}^d \to \mathbb{R}^d$ を $\Phi(x) = Tx + a$ で定めるとき, 等式

$$|\det T| \int_{\mathbb{R}^d} (f \circ \Phi)(x)\, \lambda(dx) = \int_{\Phi(\mathbb{R}^d)} f(x)\, \lambda(dx)$$

が成り立つ.

証明. $\Psi(x) = Tx$ $(x \in \mathbb{R}^d)$ とする. f が定義関数 $\mathbf{1}_A$ $(A \in \mathscr{B}(\mathbb{R}^d))$ の場合は, 命題 8.1.3 と命題 8.1.6 より

---

[3] 行列の特異値分解の特別な場合である. 詳しくは第 A.3 節を参照のこと.

$$|\det T| \int_{\mathbb{R}^d} (f \circ \Phi)(x)\, \lambda(dx) = |\det T| \int_{\mathbb{R}^d} \mathbf{1}_A(\Phi(x))\, \lambda(dx)$$

$$= |\det T|\, \lambda(\Phi^{-1}(A))$$

$$= \lambda(\Psi(\Phi^{-1}(A)))$$

$$= \lambda(\Phi(\Phi^{-1}(A)))$$

$$= \lambda(\Phi(\mathbb{R}^d) \cap A)$$

$$= \int_{\Phi(\mathbb{R}^d)} f(x)\, \lambda(dx)$$

となり主張が従う. f が単関数の場合は, 定義関数の場合の結果と積分の線型性より従う. f が $[0, +\infty]$-値の場合は, 単関数で近似して単調収束定理を用いる. f が可積分関数の場合は, 非負値関数の一次結合で表して積分の線型性を用いる. □

命題 8.1.7 と命題 6.2.13 との関連性にも注意しよう. より一般的な変数変換の公式も知られている. ここで一つ紹介する.

定理 8.1.8. U を $\mathbb{R}^d$ の開集合, $\Phi = (\Phi_1, \Phi_2, \ldots, \Phi_d) \colon U \to \mathbb{R}^d$ を C^1-級写像とする. V を U の部分集合でルベーグ可測なものとし, $\Phi|_V$ は単射であるとする. このとき, $\Phi(V)$ もルベーグ可測であり, V 上の $[0, +\infty]$-値ルベーグ可測関数 g に対して等式

$$\int_V g(x)\, |\det(D\Phi)_x|\, \lambda(dx) = \int_{\Phi(V)} g(\Phi|_V^{-1}(x))\, \lambda(dx) \tag{8.2}$$

が成立する. ただしここで, $(D\Phi)_x$ は Φ の x におけるヤコビ (Jacobi) 行列 $\left(\frac{\partial \Phi_i}{\partial x_j}(x) \right)_{i,j=1}^d$ を表す. (8.2) の右辺の被積分関数が $\Phi(V)$ 上でルベーグ可測であることも主張のうちに含む.

定理 8.1.8 の証明はやや複雑であるので本書では省略する. 文献 [10, 定理 3.16] 等を参照されたい.

次に, 一般の集合を, (外) 測度に関して開集合や閉集合で近似するという種類の主張について論じる.

命題 8.1.9. $\mathbb{R}^d$ の任意の部分集合 A に対して,

$$m^*(A) = \inf\{\lambda(G) \mid G \text{ は } \mathbb{R}^d \text{ の開集合で } A \subset G\}.$$

証明. 左辺 ≤ 右辺の証明. G が開集合で $A \subset G$ ならば, $m^*(A) \le m^*(G) = \lambda(G)$. G について下限を取ればよい.

左辺 ≥ 右辺の証明. $m^*(A) < \infty$ のときに示せばよい. $\varepsilon > 0$ とする. m^* の定義より, $\mathscr{F}$ の元からなる列 $\{E_n\}_{n \in \mathbb{N}}$ で $A \subset \bigcup_{n=1}^{\infty} E_n$ かつ $\sum_{n=1}^{\infty} \lambda(E_n) \le m^*(A) + \varepsilon$ を満たすものが選べる. 各 n に対して, 開集合 G_n で $E_n \subset G_n$ かつ $\lambda(G_n) \le \lambda(E_n) + \varepsilon/2^n$ となるものが存在する[4]. $G = \bigcup_{n=1}^{\infty} G_n$ とすると, G は開集合で $A \subset G$ であり, さらに

$$\lambda(G) \le \sum_{n=1}^{\infty} \lambda(G_n) \le \sum_{n=1}^{\infty} \left(\lambda(E_n) + \frac{\varepsilon}{2^n} \right) \le m^*(A) + \varepsilon + \varepsilon.$$

$\varepsilon > 0$ は任意なので, 結論を得る. □

命題 8.1.10. $A \in \mathscr{L}(\mathbb{R}^d)$, $\varepsilon > 0$ とする. このとき, $\mathbb{R}^d$ の開集合 G と閉集合 F で, $F \subset A \subset G$, $\lambda(G \setminus A) \le \varepsilon$, $\lambda(A \setminus F) \le \varepsilon$ となるものが存在する (特に, $\lambda(G \setminus F) \le 2\varepsilon$ である).

証明. $n \in \mathbb{N}$ に対して, $A_n = A \cap [-n, n]^d$ とする. 命題 8.1.9 より, 各 n に対して $\mathbb{R}^d$ の開集合 G_n で, $A_n \subset G_n$ かつ $\lambda(G_n) \le \lambda(A_n) + \varepsilon/2^n$ となるものが選べる. $\lambda(A_n) < \infty$ なので, $\lambda(G_n \setminus A_n) \le \varepsilon/2^n$ である. $G = \bigcup_{n=1}^{\infty} G_n$ とすれば, G は開集合, $A \subset G$ で

$$\lambda(G \setminus A) \le \lambda\left(\bigcup_{n=1}^{\infty} (G_n \setminus A_n) \right) \le \sum_{n=1}^{\infty} \lambda(G_n \setminus A_n) \le \varepsilon.$$

F については, 前段で A の代わりに A^c としたときに対応する G の補集合を F とすれば, $A \setminus F = F^c \setminus A^c = G \setminus A^c$ より $\mu(A \setminus F) = \mu(G \setminus A^c) \le \varepsilon$. □

▶ **問 8.1.11.** (1)　$A \in \mathscr{L}(\mathbb{R}^d)$ と $\varepsilon > 0$ に対して, $\mathbb{R}^d$ 上の実数値連続関数 φ で

$$\int_{\mathbb{R}^d} |\mathbf{1}_A - \varphi| \, d\lambda \le \varepsilon$$

を満たすものが存在することを示せ.

　(ヒント:閉集合 F と開集合 G で, $F \subset A \subset G$ かつ $\lambda(G \setminus F) \le \varepsilon$ を満た

---

[4] p.101 の脚注 17 も参照のこと.

すものを取り,

$$\varphi(x) = \frac{d(x, G^c)}{d(x, F) + d(x, G^c)}, \quad x \in \mathbb{R}$$

とせよ. ただし, ここで一般に $d(x, C) := \inf_{y \in C} |x - y|_{\mathbb{R}^d}$ である.)

(2) $\mathbb{R}^d$ 上の実数値ルベーグ可積分関数 f と $\varepsilon > 0$ に対して, $\mathbb{R}^d$ 上の実数値連続関数 φ で

$$\int_{\mathbb{R}^d} |f - \varphi| \, d\lambda \le \varepsilon$$

を満たすものが存在することを示せ.

(3) $\mathbb{R}^d$ 上の実数値ルベーグ可積分関数 f と $\varepsilon > 0$ に対して, $\mathbb{R}^d$ 上の実数値連続関数 ψ で, 台 $\overline{\{x \in \mathbb{R}^d \mid \psi(x) \neq 0\}}$ が有界かつ

$$\int_{\mathbb{R}^d} |f - \psi| \, d\lambda \le \varepsilon$$

を満たすものが存在することを示せ.

系 8.1.12. $A \in \mathscr{L}(\mathbb{R}^d)$ に対して, $\mathbb{R}^d$ において可算個の開集合の共通集合として表される集合[5] $\hat{G}$ と, 可算個の閉集合の和として表される集合[6] $\hat{F}$ で, $\hat{F} \subset A \subset \hat{G}$ かつ $\hat{G} \setminus \hat{F}$ が λ-零集合となるものが存在する.

証明. 命題 8.1.10 で $\varepsilon = 1/k$ $(k \in \mathbb{N})$ に対する G と F を, それぞれ G_k と F_k として, $\hat{G} = \bigcap_{k=1}^{\infty} G_k$, $\hat{F} = \bigcup_{k=1}^{\infty} F_k$ と定める. 任意の $k \in \mathbb{N}$ で $\lambda(\hat{G} \setminus \hat{F}) \le \lambda(G_k \setminus F_k) \le 2/k$ が成り立つので, $\lambda(\hat{G} \setminus \hat{F}) = 0$. □

注意 8.1.13. $\mathbb{R}^d$ の閉集合 F は可算個のコンパクト集合 $\{F \cap [-n, n]^d\}_{n \in \mathbb{N}}$ の和で表されるから, 系 8.1.12 における $\hat{F}$ は, 可算個のコンパクト集合の和としても表される.

系 8.1.14. $A \in \mathscr{L}(\mathbb{R}^d)$ に対して, 等式

$$\lambda(A) = \sup\{\lambda(F) \mid F \text{ は } \mathbb{R}^d \text{ の閉集合で } F \subset A\}$$
$$= \sup\{\lambda(K) \mid K \text{ は } \mathbb{R}^d \text{ のコンパクト集合で } K \subset A\}$$

---

[5] このような集合を G_δ 集合ということもある.

[6] このような集合を F_σ 集合ということもある.

が成り立つ. さらに $\lambda(A) < \infty$ ならば, 任意の $\varepsilon > 0$ に対して, $\mathbb{R}^d$ のコンパクト集合 K で $K \subset A$ かつ $\lambda(A \setminus K) \le \varepsilon$ となるものが選べる.

証明. 第1式は命題 8.1.10 より従う. 二つ目の等式について, $\ge$ の向きは自明. $\le$ の向きを示そう. A に含まれる閉集合 F に対して, $F_n = F \cap [-n, n]^d$ ($n \in \mathbb{N}$) とすると, 各 F_n はコンパクト集合で $F_n \subset F$, $\lambda(F_n) \to \lambda(F)$ ($n \to \infty$) であるから,

$$\lambda(F) \le \sup\{\lambda(K) \mid K \text{ は } \mathbb{R}^d \text{ のコンパクト集合で } K \subset A\}.$$

F について上限を取ればよい.

最後の主張を示す. $\lambda(A) < \infty$ であるから, 前半の主張より, A に含まれるコンパクト集合 K で $\lambda(A) \le \lambda(K) + \varepsilon$ となるものが存在する. すると, $\lambda(A \setminus K) = \lambda(A) - \lambda(K) \le \varepsilon$. □

注意 8.1.15. ここだけの記号だが, $\mathbb{R}^d$ の部分集合 E に対して,

$$\overline{\lambda}(E) = \inf\{\lambda(G) \mid G \text{ は } \mathbb{R}^d \text{ の開集合で } E \subset G\},$$
$$\underline{\lambda}(E) = \sup\{\lambda(F) \mid F \text{ は } \mathbb{R}^d \text{ の閉集合で } F \subset E\}$$

と定める. このとき, $m^*(E) < \infty$ なる $E (\subset \mathbb{R}^d)$ に対して (特に, 有界集合 E に対して),

$$E \in \mathscr{L}(\mathbb{R}^d) \iff \overline{\lambda}(E) = \underline{\lambda}(E) \tag{8.3}$$

が成り立つことを示そう. まず, 命題 8.1.9 より $\overline{\lambda}(E) = m^*(E)$ である. これと系 8.1.14 より $\Rightarrow$ の向きが従う (この向きについては $m^*(E) < \infty$ の仮定は不要である). $\Leftarrow$ の向きを示す. 仮定から, 各 $n \in \mathbb{N}$ に対して開集合 G_n と閉集合 F_n で, $F_n \subset E \subset G_n$ かつ $\lambda(G_n) \le \lambda(F_n) + 1/n$ となるものが選べる. $m^*(E) < \infty$ という仮定より $\lambda(G_n) < \infty$ に注意する. $\hat{G} = \bigcap_{n=1}^{\infty} G_n$, $\hat{F} = \bigcup_{n=1}^{\infty} F_n$ とすれば, $\hat{F}, \hat{G} \in \mathscr{B}(\mathbb{R}^d)$, $\hat{F} \subset E \subset \hat{G}$, $\lambda(\hat{G} \setminus \hat{F}) = 0$ である. 定理 7.5.3 より $E \in \mathscr{L}(\mathbb{R}^d)$ が従う.

したがって, 集合のルベーグ可測性をこの同値条件 (8.3) を使って定義することも可能である. $\overline{\lambda} = m^*$ だが, $\underline{\lambda}$ も m^* を用いて表すことができる. 簡単のため, 以下では E は有界集合とする. E を含む有界な d 次元閉区間 I を選

ぶと，

$$\underline{\lambda}(E) = \sup\{\lambda(F) \mid F \text{ は } \mathbb{R}^d \text{ の閉集合で } F \subset E\}$$
$$= \sup\{\lambda(I \setminus U) \mid U \text{ は } \mathbb{R}^d \text{ の開集合で } I \setminus U \subset E\}$$
$$= \lambda(I) - \inf\{\lambda(I \cap U) \mid U \text{ は } \mathbb{R}^d \text{ の開集合で } I \setminus E \subset U\}$$
$$= \lambda(I) - m^*(I \setminus E). \tag{8.4}$$

したがって，"d 次元区間の体積"という情報のみから出発して（ルベーグ外測度 m^* を経由して），$\overline{\lambda}(E)$ も $\underline{\lambda}(E)$ も定まることに注意しよう．$\underline{\lambda}$ をルベーグ内測度と呼ぶこともある．また，(8.3) と (8.4) をあわせると，E がルベーグ可測であるための必要十分条件は

$$\lambda(I) = m^*(E) + m^*(I \setminus E)$$

となる．すなわち，ルベーグ外測度においては，カラテオドリの意味での可測性の定義（定義7.3.5）において，「任意の部分集合 A で (7.6) が成り立つ」は「$A = I$ のときに (7.6) が成り立つ」に置き換えることができる．

8.2 $\mathbb{R}^d$ のいろいろな部分集合

本節では，幾つかの注意と例を挙げる．

8.2.1 基本的な注意

$\mathbb{R}^d$ の部分集合 A が高々可算集合であれば，$\lambda(A) = 0$ である．実際，1点集合はルベーグ零集合なので，測度の σ-加法性より A もルベーグ零集合である．

▶**問 8.2.1.** 有理数の全体 $\mathbb{Q}$ は可算集合なので1次元ルベーグ零集合である．$\varepsilon > 0$ に対し，$\mathbb{Q}$ を含む開集合 G で $\lambda(G) \leq \varepsilon$ となるものを一つ構成せよ（特に，これは $\mathbb{R}$ において稠密な開集合で，ルベーグ測度が ε 以下であるような例となっている）．

$\mathbb{R}^d$ の部分集合 A に対して，A の境界 ∂A がルベーグ零集合ならば，A はルベーグ可測である．実際，$A^\circ \subset A \subset \overline{A}$, $\lambda(\overline{A} \setminus A^\circ) = \lambda(\partial A) = 0$ であるからである．一般に，ルベーグ可測集合 A に対して，∂A はルベーグ零集合とは限

らない. $\mathbb{Q}^d$ がその一例である.

8.2.2 連続体濃度を持つルベーグ零集合の例（カントール集合）

$\mathbb{R}$ の閉部分集合 C を以下の手順で定める. まず,

$$J = [0,1], \quad I_{1,1} = \left(\frac{1}{3}, \frac{2}{3}\right)$$

とする. 一般に閉区間 $I_{k,l}$ $(k = 1, 2, \ldots, n,\ l = 1, 2, 3, \ldots, 2^{k-1})$ が定まったとき, $I_{n+1,l}$ $(l = 1, 2, 3, \ldots, 2^n)$ を次のように構成しよう. J から $\bigcup_{k=1}^{n} \bigcup_{l=1}^{2^{k-1}} I_{k,l}$ を取り除いてできる, 長さが 3^{-n} の 2^n 個の閉区間を $K_{n+1,1}, K_{n+1,2}, \ldots, K_{n+1,2^n}$ とする. 各 $l = 1, 2, 3, \ldots, 2^n$ に対して, 長さが 3^{-n-1} の開区間 $I_{n+1,l}$ を, $I_{n+1,l}$ の中点が $K_{n+1,l}$ の中点に一致するように定める（図 8.1 を参照）. 具体的には, $n = 2, 3$ のとき以下のようになる.

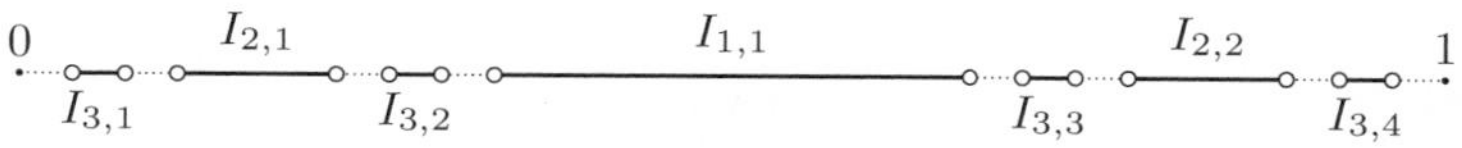

図 8.1 $I_{k,l}$ の図示

$$I_{2,1} = \left(\frac{1}{9}, \frac{2}{9}\right),\ I_{2,2} = \left(\frac{7}{9}, \frac{8}{9}\right),$$
$$I_{3,1} = \left(\frac{1}{27}, \frac{2}{27}\right),\ I_{3,2} = \left(\frac{7}{27}, \frac{8}{27}\right),$$
$$I_{3,3} = \left(\frac{19}{27}, \frac{20}{27}\right),\ I_{3,4} = \left(\frac{25}{27}, \frac{26}{27}\right).$$

このとき,

$$C = J \setminus \bigcup_{k=1}^{\infty} \bigcup_{l=1}^{2^{k-1}} I_{k,l}$$

をカントール集合 (Cantor set), あるいはカントールの三進集合と呼ぶ. 構成方法から, C は閉集合である. また, C は以下の性質を持つ.

- C はルベーグ零集合. 実際,

$$\lambda(C) = \lambda(J) - \sum_{k=1}^{\infty} \sum_{l=1}^{2^{k-1}} \lambda(I_{k,l})$$

$$= 1 - \sum_{k=1}^{\infty} 2^{k-1} \times 3^{-k}$$

$$= 1 - \frac{1/3}{1 - 2/3} = 0.$$

- $C = \left\{ \sum_{j=1}^{\infty} \varepsilon_j / 3^j \mid 任意の j \in \mathbb{N} に対して \varepsilon_j は 0 または 2 \right\}$ と表せ，C は $2^{\mathbb{N}}$ と濃度が等しい．命題 2.3.3 より，C は連続体濃度 $\mathfrak{c}$ を持つ．

- C の内部は空集合．

また，C の任意の部分集合はルベーグ零集合であるから，特にルベーグ可測集合である．C の部分集合全体からなる集合（すなわち C のべき集合 2^C）の濃度は $2^{\mathfrak{c}}$ で，これは $\mathbb{R}$ のべき集合 $2^{\mathbb{R}}$ と濃度が等しい．したがって 1 次元ルベーグ可測集合全体 $\mathcal{L}(\mathbb{R})$ の濃度は $2^{\mathfrak{c}}$ であることが，包含関係 $2^C \subset \mathcal{L}(\mathbb{R}) \subset 2^{\mathbb{R}}$ と命題 2.3.6 より結論づけられる．一方，1 次元ボレル集合全体 $\mathcal{B}(\mathbb{R})$ の濃度は $\mathfrak{c}$ である（系 A.2.4）．特に命題 2.3.4 より，C の部分集合のうちで，ボレル集合でないものが存在する．

▶**問 8.2.2.** カントール集合の構成方法に倣って，実数 $\alpha \in (0,1)$ に対して次の性質を満たす，区間 $[0,1]$ の部分集合 C_α を一つ構成せよ．

- C_α は閉集合．
- $\lambda(C_\alpha) = \alpha$.
- C_α は連続体濃度を持つ．
- C_α の内部は空集合．

（ヒント：取り除く区間の長さを適切に調節すればよい．）

注意 8.2.3. 集合 C_α を，太ったカントール集合 (fat Cantor set) と呼ぶこともある．C と C_α は互いに同相である．特にこのことから，同相写像は「ルベーグ零集合」という性質を一般には保たないことが分かる．これらの集合は，特殊な性質を持つ例や反例を作るときにしばしば役立つ．例えば C_α の定義関数 1_{C_α} は，閉集合の定義関数でリーマン可積分ではない例となっている（後に示す定理 8.3.2 より従う）．

注意 8.2.4. 上で述べたように，集合族の濃度を比較することでルベーグ可測集合だがボレル集合でないものが存在することは分かるが，そのような集合を具体的に例示するのはなかなか難しい．ここでは，ルージン (Lusin) [15] による以下の例を紹介しておく．まず，連分数について思い出しておこう．任意の無理数 x は次のように一意的に連分数展開される．

$$x = a_0 + \cfrac{1}{a_1 + \cfrac{1}{a_2 + \cfrac{1}{a_3 + \cfrac{1}{\ddots}}}}$$

ただしここで a_0 は整数，他の a_k は自然数である．この x と $\{a_k\}_{k=0}^{\infty}$ の対応を用いて，集合

$$\left\{ x \in \mathbb{R} \setminus \mathbb{Q} \;\middle|\; \begin{array}{l} \text{無限部分列 } \{a_{k_j}\}_{j \in \mathbb{N}} \text{ が存在して，すべての } j \text{ に対して} \\ a_{k_{j+1}} \text{ は } a_{k_j} \text{ で割り切れる} \end{array} \right\}$$

を定めると，これはルベーグ可測集合だがボレル集合ではない．

8.2.3 ルベーグ可測でない集合の例

選択公理を用いて，ルベーグ可測でない集合を以下のように構成することができる．$I = [0, 1)$ とし，$x, y \in I$ に対して $x - y \in \mathbb{Q}$ のとき $x \sim y$ と定めると，$\sim$ は I 上の同値関係となる．$\sim$ による同値類の集合 $I/\sim$ を考え，各同値類から代表元を一つずつ選び（ここで選択公理を使う），それら代表元の全体からなる集合を B とする．B は I の部分集合で次の性質を満たす．

(1) x, y を B の相異なる元とするとき，$x \not\sim y$.

(2) $\bigcup_{q \in \mathbb{Q}} (q + B) \left(= \bigcup_{q \in \mathbb{Q}} \{q + x \mid x \in B\} \right) = \mathbb{R}$.

B がルベーグ可測集合であると仮定して矛盾を導こう．もし $\lambda(B) = 0$ ならば，ルベーグ測度の平行移動不変性（命題 8.1.3）より任意の $q \in \mathbb{Q}$ に対して $\lambda(q + B) = 0$ だから $\lambda\left(\bigcup_{q \in \mathbb{Q}} (q + B) \right) = 0$ となり，これは (2) に反する．したがって $\lambda(B) > 0$ となるが，

$$J = \bigsqcup_{q \in \mathbb{Q} \cap [0,1)} (q + B)$$

とすると $\lambda(q+B) = \lambda(B) > 0$ ゆえ $\lambda(J) = \infty$ であり，一方で $J \subset [0,2)$ で あるから矛盾を生じる．したがって，B はルベーグ可測集合でない．

8.3　リーマン積分との関連（一般の場合）

第5.4節で，1次元有界閉区間上の連続関数についてはリーマン積分とル ベーグ測度に関するルベーグ積分が一致することをみた．本節では，多次元の 場合も含め，一般のリーマン可積分関数についてルベーグ積分との関連を論じ る．以下では，関数は実数値とする．

8.3.1　1次元の場合

f を区間 $I = [0,1]$ 上の有界関数とする[7]．実数 a, b を，任意の $x \in I$ に対し て $a \leq f(x) \leq b$ となるように選ぶ．自然数 n に対して，I の 2^n 等分割を Δ_n とする．すなわち，

$$\Delta_n = \left\{ 0 < \frac{1}{2^n} < \frac{2}{2^n} < \cdots < \frac{2^n-1}{2^n} < 1 \right\}.$$

$I_{n,1} = [0, 1/2^n]$ とし，$k = 2, 3, \ldots, 2^n$ に対しては $I_{n,k} = ((k-1)/2^n, k/2^n]$ と定める．$k = 1, 2, 3, \ldots, 2^n$ に対して

$$m_{n,k} = \inf\{f(x) \mid x \in \overline{I_{n,k}}\}, \quad M_{n,k} = \sup\{f(x) \mid x \in \overline{I_{n,k}}\}$$

とし，

$$\varphi_n = \sum_{k=1}^{2^n} m_{n,k}\mathbf{1}_{I_{n,k}}, \quad \psi_n = \sum_{k=1}^{2^n} M_{n,k}\mathbf{1}_{I_{n,k}}$$

と定める．これらは単関数で，$\{\varphi_n\}_{n\in\mathbb{N}}$，$\{\psi_n\}_{n\in\mathbb{N}}$ は n に関してそれぞれ単 調非減少，単調非増加である．極限関数をそれぞれ φ, ψ とすると，これらは ボレル可測関数で，

$$a \leq \varphi_n(x) \leq \varphi(x) \leq f(x) \leq \psi(x) \leq \psi_n(x) \leq b, \quad n \in \mathbb{N}, \ x \in I$$

が成り立つ．$n \in \mathbb{N}$ に対して

---

[7] 表記を簡単にするため区間 $[0,1]$ で論じるが，一般の有界閉区間でも同様に議論できる．

$$s_n = \sum_{k=1}^{2^n} m_{n,k} |I_{n,k}|, \quad S_n = \sum_{k=1}^{2^n} M_{n,k} |I_{n,k}|$$

とおく[8]) と, $s_n = \int_I \varphi_n(x)\,\lambda(dx)$ および $S_n = \int_I \psi_n(x)\,\lambda(dx)$ が成り立つ. すると,

f がリーマン可積分

$\iff \displaystyle\lim_{n\to\infty} s_n = \lim_{n\to\infty} S_n$

（ダルブー (Darboux) の定理[9]) より. このとき, この極限値が f のリーマン積分になる）

$\iff \displaystyle\int_I \varphi(x)\,\lambda(dx) = \int_I \psi(x)\,\lambda(dx)$　　（単調収束定理より）

$\iff I$ 上で $\varphi = \psi$ λ-a.e.

（$\varphi \le \psi$ と系 5.2.7(2) より. このとき命題 7.5.7(1) より,

f はルベーグ可積分関数で $\displaystyle\int_I f\,d\lambda = \int_I \varphi\,d\lambda.$） 　　(8.5)

I 内の 2 進有限小数の全体を D とする. すなわち, $D = \{k/2^n \mid n \in \mathbb{N}, k \in \mathbb{Z}, 0 \le k \le 2^n\}$.

▶ **問 8.3.1.** $x \in I \setminus D$ のとき,

$$\varphi(x) = \psi(x) \iff f \text{ は } x \text{ で連続}$$

を示せ.

（ヒント：例えば, $x \in I \setminus D$ のとき

$$\varphi(x) = \min\left\{ f(x), \underline{\lim_{y\to x}} f(y) \right\}, \quad \psi(x) = \max\left\{ f(x), \overline{\lim_{y\to x}} f(y) \right\} \quad (8.6)$$

であることを示す[10].)

---

[8]) $|I_{n,k}|$ は区間 $I_{n,k}$ の長さを表す. すべて 2^{-n} に等しい.

[9]) ダルブーの定理の主張を記しておく. Δ を区間 I の有限分割とするとき, 1 章の (1.1) のように s_Δ, S_Δ を定める. また, (1.2) のように下積分 s と上積分 S を定める. このとき, 分割の最大幅が 0 に収束するような任意の有限分割列 $\Delta_1, \Delta_2, \dots, \Delta_l, \dots$ に対して, $\lim_{l\to\infty} s_{\Delta_l} = s$ および $\lim_{l\to\infty} S_{\Delta_l} = S$ が成り立つ.

[10]) $\underline{\lim_{y\to x}} f(y) := \lim_{\varepsilon\to 0} \inf_{y;\,0<|x-y|<\varepsilon} f(y)$, $\overline{\lim_{y\to x}} f(y) := \lim_{\varepsilon\to 0} \sup_{y;\,0<|x-y|<\varepsilon} f(y)$ である.

可算集合 D がルベーグ零集合であることと，(8.5)，問 8.3.1 をあわせると，以下の定理を得る．

定理 8.3.2. I 上の有界関数 f がリーマン可積分であるための必要十分条件は，f の不連続点全体からなる集合がルベーグ零集合であることである．f がリーマン可積分であるとき，f は（λ に関して）ルベーグ可積分であり，f のリーマン積分と λ に関するルベーグ積分の値は一致する．

特に，単調な関数の不連続点は高々可算個だから[11]，リーマン可積分である．リーマン可積分な関数はボレル可測とは限らないことに注意する．実際，I の部分集合 A として，カントール集合 C の部分集合でボレル可測ではないものを取ると，関数 $\mathbf{1}_A$ はリーマン可積分[12]だがボレル可測ではない．

定理 8.3.2 をふまえ，I 上のルベーグ可積分関数に関して，ルベーグ積分 $\int_I f\,d\lambda$ を $\int_0^1 f(x)\,dx$ のように表すこともよく行われる．

広義リーマン積分については，以下の例から分かるように，広義リーマン可積分な関数がルベーグ可積分とは限らないことに注意する．

例 8.3.3. 区間 $I = [0, \infty)$ 上の関数 f を

$$f(x) = \begin{cases} \dfrac{1}{n} & (x \in [2n-2, 2n-1),\ n \in \mathbb{N} \text{のとき}), \\[2mm] -\dfrac{1}{n} & (x \in [2n-1, 2n),\ n \in \mathbb{N} \text{のとき}) \end{cases}$$

と定める．$\lim_{R \to +\infty} \int_0^R f(x)\,dx = 0$ なので f は I 上で広義リーマン可積分であるが，$\int_I |f|\,d\lambda = +\infty$ であるから f は I 上ルベーグ可積分ではない．

この例を見て，「リーマン積分でないと扱えないような例もあるのか……」などと即断してはいけない．$\lim_{R \to +\infty} \int_0^R f(x)\,dx$ をルベーグ積分の極限と解釈しても意味付けられるが，広義ルベーグ積分とは呼ばないだけのことである．次の事実にも注意しておこう．$k \in \mathbb{N}$ に対して

---

[11] 跳びが $1/n$ 以上である点全体の集合を J_n とすると，関数の単調性より J_n は有限集合．不連続点全体の集合は $\bigcup_{n=1}^{\infty} J_n$ と表されるから高々可算集合である．
[12] $\mathbf{1}_A$ の不連続点全体の集合は C に含まれるためルベーグ零集合だから．

$$J_k = \bigcup_{n=1}^{k^2} [2n-2, 2n-1) \cup \bigcup_{n=1}^{k} [2n-1, 2n)$$

とすると，$J_1 \subset J_2 \subset \cdots \subset J_k \subset \cdots$，$\bigcup_{k=1}^{\infty} J_k = [0, \infty)$ だが

$$
\begin{aligned}
\int_{J_k} f \, d\lambda &= \sum_{n=1}^{k^2} \frac{1}{n} - \sum_{n=1}^{k} \frac{1}{n} = \sum_{n=k+1}^{k^2} \frac{1}{n} \\
&\geq \underbrace{\frac{1}{2k} + \cdots + \frac{1}{2k}}_{k \text{ 個}} + \underbrace{\frac{1}{3k} + \cdots + \frac{1}{3k}}_{k \text{ 個}} + \cdots + \underbrace{\frac{1}{k^2} + \cdots + \frac{1}{k^2}}_{k \text{ 個}} \\
&= \frac{1}{2} + \frac{1}{3} + \cdots + \frac{1}{k} \\
&\to +\infty \quad (k \to \infty),
\end{aligned}
$$

よって $\lim_{k\to\infty} \int_{J_k} f \, d\lambda = +\infty$. すなわち，和集合が $[0, \infty)$ となるような増大集合族の選び方によって（$\{[0, R]\}_{R>0}$ とするか $\{J_k\}_{k\in\mathbb{N}}$ とするかで），極限が変わってしまう．これは絶対収束しないが条件収束はする無限級数と同様の事情である．

▶ **問 8.3.4** (問 6.2.12 の一般化). 区間 $(0, \infty)$ 上の関数 f が各区間 $[\varepsilon, R]$（ただし $0 < \varepsilon < R < \infty$）上でリーマン可積分であり，さらに広義リーマン積分 $\int_0^\infty |f(x)| \, dx$ が存在するとする．このとき，f は区間 $(0, \infty)$ 上でルベーグ可積分であり，積分値 $\int_0^\infty f(x) \, dx$ は広義リーマン積分と解釈しても，ルベーグ測度に関するルベーグ積分と解釈しても同じ値となることを示せ．

8.3.2 多次元の場合

多次元空間におけるリーマン積分（重積分）とルベーグ積分の関係についても，1 次元の場合と類似の主張が成り立つ．$d \geq 2$ とし，d 次元ルベーグ測度を λ で表す．まず，積分領域が d 次元有界閉区間 $I = [a_1, b_1] \times \cdots \times [a_d, b_d]$ である場合から始める．I 上の有界関数 f のリーマン積分は，1 次元の場合の「区間の有限分割」を一般化して，I の各辺 $[a_j, b_j]$ を N_j 個の小区間に分割し，小区間の直積からなる d 次元区間（全部で $\prod_{j=1}^{d} N_j$ 個）による I の分割を考えることによって，同様に定義する．以下のように，定理 8.3.2 と同様な主張が成り立つ．

定理 8.3.5. I 上の有界関数 f がリーマン可積分であるための必要十分条件は，f の不連続点全体からなる集合が d 次元ルベーグ零集合であることである．f がリーマン可積分であるとき，f はルベーグ測度に関してルベーグ可積分であり，f のリーマン積分とルベーグ積分の値は一致する．

　証明の方針も定理 8.3.2 と同様であるため，証明は割愛する．

　次に，積分領域が一般の場合を考える．$\mathbb{R}^d$ の有界部分集合 Ω が **ジョルダン** (Jordan) **可測**であるとは，$\overline{\Omega} \subset I^\circ$ となる d 次元閉区間 I を取ったとき，I 上の関数 $\mathbf{1}_\Omega$ がリーマン可積分であることをいう[13]．この定義は I の取り方によらない．このような Ω と，Ω 上の有界関数 f を考える．f がリーマン可積分であるとは，$\overline{\Omega} \subset I^\circ$ となる d 次元閉区間 I を取って

$$\tilde{f}(x) = \begin{cases} f(x) & (x \in \Omega \text{ のとき}), \\ 0 & (x \in I \setminus \Omega \text{ のとき}) \end{cases}$$

により I 上の関数 $\tilde{f}$ を定めたとき，$\tilde{f}$ がリーマン可積分であることをいう．このとき，f の積分 $\int_\Omega f(x)\,dx$ を $\int_I \tilde{f}(x)\,dx$ で定める．

定理 8.3.6. $\mathbb{R}^d$ の有界部分集合 Ω がジョルダン可測であるための必要十分条件は，境界 $\partial\Omega$ が d 次元ルベーグ零集合であることである．

証明.　上記のように I を取ったとき，$\mathbf{1}_\Omega$ の不連続点全体の集合は $\partial\Omega$ である．定理 8.3.5 より結論を得る．　　　　　　　　　　　　　　　□

定理 8.3.7. $\mathbb{R}^d$ のジョルダン可測な有界部分集合 Ω 上の有界関数 f がリーマン可積分であるための必要十分条件は，f の不連続点全体からなる集合が d 次元ルベーグ零集合であることである．f がリーマン可積分であるとき，f は Ω 上で（ルベーグ測度に関して）ルベーグ可積分であり，双方の積分値は一致する．

---

[13] 次の（結果的に同値な）定義を採用することも多い．d 次元有界閉区間 $[a_1, b_1] \times \cdots \times [a_d, b_d]$ の有限和で表される集合の全体を $\mathscr{C}$ とする．$\mathbb{R}^d$ の有界部分集合 Ω がジョルダン可測であるとは，$\inf\{\lambda(A) \mid A \in \mathscr{C},\ A \supset \Omega\} = \sup\{\lambda(A) \mid A \in \mathscr{C},\ A \subset \Omega\}$（ただし $\sup \varnothing = 0$ とする）が成り立つことをいう．(8.3) との相違に注意する．

証明. 定理 8.3.5 と定理 8.3.6 を組み合わせれば容易である. □

　広義リーマン積分については，多次元の場合は 1 次元の場合と定義が異なるのであった．これは積分領域の形状が多次元の場合は多種多様なので，集合の標準的な近似列というものが考えにくいからである.

定義 8.3.8. Ω を $\mathbb{R}^d$ の部分集合とする．$\mathbb{R}^d$ のコンパクト集合からなる列 $\{K_n\}_{n\in\mathbb{N}}$ が Ω の近似列であるとは，以下の 2 条件が成り立つことをいう.

(1)　各 K_n はジョルダン可測.
(2)　$\{K_n\}_{n\in\mathbb{N}}$ は単調非減少，すなわち $K_1 \subset K_2 \subset \cdots \subset K_n \subset \cdots$ であり，$\Omega = \bigcup_{n=1}^{\infty} K_n$.

　集合 Ω 上の実数値関数 f が次の条件を満たすことを仮定する.

　　Ω に含まれる任意のコンパクト集合上で f は有界である．さらに，Ω のある近似列 $\{K_n\}_{n\in\mathbb{N}}$ において，f は各 K_n 上でリーマン可積　(8.7)
　　分である.

注意 8.3.9. 定理 8.3.7 より，条件 (8.7) の下で，各 n に対して $\partial K_n \cup \{K_n^\circ$ における f の不連続点全体$\}$ はルベーグ零集合である．よって，Ω における f の不連続点の全体もルベーグ零集合である．特に，Ω の任意の近似列 $\{K_n'\}_{n\in\mathbb{N}}$ に対して，f は各 K_n' 上でリーマン可積分である．また，f は Ω 上のルベーグ可測関数となる.

　条件 (8.7) の下で，f が Ω 上で広義リーマン可積分であるとは，Ω の任意の近似列 $\{K_n\}_{n\in\mathbb{N}}$ に対して $\lim_{n\to\infty} \int_{K_n} f(x)\,dx$ が（$\mathbb{R}$ で）収束し，極限値が近似列の選び方によらないことをいう．このとき，この極限値を $\int_\Omega f(x)\,dx$ で表し，f の Ω 上の広義リーマン積分，または単に広義積分という.

命題 8.3.10. 条件 (8.7) の下で，さらに f が非負値関数であれば，Ω の任意の近似列 $\{K_n\}_{n\in\mathbb{N}}$ に対して $\lim_{n\to\infty} \int_{K_n} f(x)\,dx$ はルベーグ積分 $\int_\Omega f(x)\,\lambda(dx)$ $(\in [0,+\infty])$ に等しい.

証明. 定理 8.3.7 より，任意の $n \in \mathbb{N}$ に対して

$$\int_{K_n} f(x)\,dx = \int_{K_n} f(x)\,\lambda(dx) = \int_{\Omega} f(x)\mathbf{1}_{K_n}(x)\,\lambda(dx)$$

である．単調収束定理より，主張が従う． $\qquad\qquad\qquad\qquad\Box$

実は，次の主張が成り立つ．

定理 8.3.11. 条件 (8.7) の下で，f が Ω 上で広義リーマン可積分であるための必要十分条件は，$|f|$ が Ω 上で広義リーマン可積分であることである．

証明はやや技巧的であるので，後回しにして第 A.4 節で論じる．1 次元の場合の広義リーマン積分においては，定理 8.3.11 の同値性は成立しない．例 8.3.3 が反例となっている．定理 8.3.11 は，任意の近似列で同じ極限値を持つという要請が強い制約条件であることを表している．

定理 8.3.12. 条件 (8.7) の下で，f が Ω 上で広義リーマン可積分であるとき，f は Ω 上でルベーグ可積分であり，双方の積分値は等しい．

証明. 定理 8.3.11 より，$|f|$ は Ω 上で広義リーマン可積分である．$f_+ = (|f| + f)/2,\ f_- = (|f| - f)/2$ であるから，$f_\pm$ も Ω 上で広義リーマン可積分である．命題 8.3.10 より，$f_\pm$ はルベーグ可積分で積分値は広義リーマン積分に等しい．これより主張が従う． $\qquad\qquad\Box$

┃章末問題

1. 広義リーマン積分の意味で，等式

$$\int_0^\infty \frac{\sin x}{x}\,dx = \frac{\pi}{2}$$

が成り立つことを以下の手順で示そう．定数 $R > 0$ に対して $f(t,x) = \frac{\sin x}{x}e^{-tx}$, $\varphi_R(t) = \int_0^R f(t,x)\,dx$ と定める．

   (a) φ_R は区間 $[0,\infty)$ 上で連続であることを示せ．

   (b) 区間 $(0,\infty)$ 上で

$$\frac{d}{dt}\varphi_R(t) = \int_0^R \frac{\partial}{\partial t}f(t,x)\,dx = \frac{-1 + e^{-tR}(\cos R + t\sin R)}{t^2 + 1}$$

   であることを示せ．

(c) 上式を積分すると

$$\varphi_R(t) - \varphi_R(0) = \int_0^t \frac{-1 + e^{-sR}(\cos R + s \sin R)}{s^2 + 1}\, ds$$

となる．$R \to \infty$，次に $t \to \infty$ とすることにより，結論を得よ．

2. 区間 $I = (0,1]$ 上の関数 h で，$\lim_{\varepsilon \to +0} \int_\varepsilon^1 h(x)\, dx$ は存在するが，h は I 上でルベーグ可積分でないような例を一つ挙げよ．

3. f を $\mathbb{R}$ 上の実数値ルベーグ可測関数で有界なものとする．

$$F(t,x) := \int_{\mathbb{R}} \frac{1}{\sqrt{2\pi t}} \exp\left(-\frac{|x-y|^2}{2t}\right) f(y)\, dy, \qquad t \in (0, \infty),\ x \in \mathbb{R}$$

と定める[14]．F は $(0, \infty) \times \mathbb{R}$ 上で連続であることを示せ．さらに f が連続関数であるとき，任意の $x \in \mathbb{R}$ に対して $\lim_{t \to 0} F(t,x) = f(x)$ であることを示せ．

（ヒント：後半については，任意の $t > 0$ と $x \in \mathbb{R}$ に対して，

$$\int_{\mathbb{R}} \frac{1}{\sqrt{2\pi t}} \exp\left(-\frac{|x-y|^2}{2t}\right) dy = 1$$

であることに注意する．まず，任意の $x \in \mathbb{R}$ と $\delta > 0$ に対して

$$\lim_{t \to 0} \int_{\mathbb{R} \setminus [x-\delta, x+\delta]} \frac{1}{\sqrt{2\pi t}} \exp\left(-\frac{|x-y|^2}{2t}\right) dy = 0$$

を示す．）

4. 次の条件を満たす $\mathbb{R}$ 上のルベーグ可積分関数 φ は存在しないことを示せ．

条件：$\mathbb{R}$ 上の任意の有界連続関数 f に対して，$\int_{\mathbb{R}} f(x)\varphi(x)\, dx = f(0)$．

5. f を $\mathbb{R}$ 上の実数値ルベーグ可積分関数とする．

(a) $\lim_{r \to 0} \int_{\mathbb{R}} |f(x+r) - f(x)|\, dx = 0$ であることを示せ．

(b) $\lim_{r \to +\infty} \int_{\mathbb{R}} |f(x+r) - f(x)|\, dx = 2 \int_{\mathbb{R}} |f(x)|\, dx$ であることを示せ．

（ヒント：問 8.1.11(3) を利用せよ．）

---

[14] $\int_{\mathbb{R}} \cdots dy$ はルベーグ測度に関する積分を表す．

第 9 章

直積測度とフビニの定理

リーマン積分においては，適切な仮定の下で

$$\int_c^d \left(\int_a^b f(x,y)\,dx \right) dy = \int_a^b \left(\int_c^d f(x,y)\,dy \right) dx$$

$$= \iint_{[a,b]\times[c,d]} f(x,y)\,dx\,dy$$

のように，累次積分の積分順序が交換できたり重積分で表せたりするのであった．本章では，ルベーグ積分においても同様の主張がさらに一般的な状況で成り立つことを論じる．重積分の対応物は，直積空間上の直積測度に関するルベーグ積分として与えられる．

█ 9.1 直積測度空間

$(X, \mathcal{M}_X, \mu_X)$ と $(Y, \mathcal{M}_Y, \mu_Y)$ を二つの測度空間とする．X と Y の直積 $X \times Y$ 上の集合族 $\mathcal{J}$ を

$$\mathcal{J} = \{ E \times F \mid E \in \mathcal{M}_X,\ F \in \mathcal{M}_Y \}$$

と定める．$\mathcal{J}$ を $\mathcal{M}_X \times \mathcal{M}_Y$ とも表す[1]．

<u>補題 9.1.1.</u> $\mathcal{J}$ は $X \times Y$ 上の集合半代数（定義 7.2.1 参照）である．

---

[1] 後に現れる $\mathcal{M}_X \otimes \mathcal{M}_Y$ との違いに注意する．

証明. $E \times F, \hat{E} \times \hat{F} \in \mathcal{J}$ に対して,

$$(E \times F) \cap (\hat{E} \times \hat{F}) = (E \cap \hat{E}) \times (F \cap \hat{F}),$$
$$(E \times F)^c = \big((X \setminus E) \times Y\big) \sqcup \big(E \times (Y \setminus F)\big)$$

に注意すればよい. □

命題 7.2.2 より, $\mathcal{J}$ から生成される有限加法族を $\mathcal{F}$ とするとき

$$\mathcal{F} = \left\{ \bigcup_{j=1}^{N}(E_j \times F_j) \;\middle|\; N \in \mathbb{N},\; E_j \times F_j \in \mathcal{J}\; (j = 1, 2, \ldots, N) \right\}$$
$$= \left\{ \bigsqcup_{j=1}^{N}(E_j \times F_j) \;\middle|\; \begin{array}{l} N \in \mathbb{N},\; E_j \times F_j \in \mathcal{J}\; (j = 1, 2, \ldots, N), \\ \{E_j \times F_j\}_{j=1}^{N} は互いに素 \end{array} \right\}$$

が成り立つ. $E \times F \in \mathcal{J}$ に対して, $\lambda(E \times F) = \mu_X(E)\mu_Y(F)$ と定める[2].

補題 9.1.2. 写像 $\lambda \colon \mathcal{J} \to [0, +\infty]$ は有限加法性の条件 (7.1) を満たす.

証明. $A = E \times F \in \mathcal{J}$, $A_i = E_i \times F_i \in \mathcal{J}$ $(i = 1, 2, \ldots, M)$, $A = \bigsqcup_{i=1}^{M} A_i$ であるとする. E と F の有限分割 $E = \bigsqcup_{j \in \Lambda} \hat{E}_j$, $F = \bigsqcup_{k \in \Xi} \hat{F}_k$ をうまく選ぶと, 各 i に対して $E_i = \bigsqcup_{j \in \Lambda_i} \hat{E}_j$, $F_i = \bigsqcup_{k \in \Xi_i} \hat{F}_k$ と表すことができる[3]. さらに, $\Lambda \times \Xi = \bigsqcup_{i=1}^{M}(\Lambda_i \times \Xi_i)$ とできる. すると,

$$\sum_{i=1}^{M} \lambda(A_i) = \sum_{i=1}^{M} \mu_X(E_i)\mu_Y(F_i)$$
$$= \sum_{i=1}^{M}\left(\sum_{j \in \Lambda_i}\mu_X(\hat{E}_j)\right)\left(\sum_{k \in \Xi_i}\mu_Y(\hat{F}_k)\right)$$
$$= \sum_{(j,k) \in \bigsqcup_{i=1}^{M}(\Lambda_i \times \Xi_i)} \mu_X(\hat{E}_j)\mu_Y(\hat{F}_k)$$

---

[2] ここで, $0 \times \infty = 0$, $\infty \times 0 = 0$ という規約に注意する. $E \times F$ が空集合を表すとき (E または F が空集合のとき), $\lambda(E \times F) = 0$ であることにも注意する.

[3] E について, $\mathcal{A} = \{E_i\}_{i=1}^{M} \cup \{E_i^c\}_{i=1}^{M}$, $\mathcal{B} = \{\mathcal{A}$ の有限個の元の共通集合の全体$\} \setminus \{\varnothing\}$ としたとき, 包含関係に関する順序関係における, $\mathcal{B}$ の極小元の全体を $\{\hat{E}_j\}_{j \in \Lambda}$ とすればよい. $\{\hat{F}_k\}_{k \in \Xi}$ についても同様である.

$$= \left(\sum_{j \in \Lambda} \mu_X(\hat{E}_j) \right) \left(\sum_{k \in \Xi} \mu_Y(\hat{F}_k) \right)$$
$$= \mu_X(E)\mu_Y(F)$$
$$= \lambda(A).　　　　　□$$

　したがって，命題 7.2.3 より，λ は $(X \times Y, \mathscr{F})$ 上の有限加法的測度に一意的に拡張される．さらに λ が $(X \times Y, \sigma(\mathscr{F}))$ 上の測度に拡張できることを以下で示そう[4]．

補題 9.1.3. $A \in \mathscr{F}$ とする．$\mathbf{1}_A(x, y)$ $(x \in X,\ y \in Y)$ は，y を固定して x の関数と見なすと $\mathscr{M}_X$-可測である．また，

$$g(y) = \int_X \mathbf{1}_A(x, y)\, \mu_X(dx), \quad y \in Y$$

とすると g は Y 上の $\mathscr{M}_Y$-可測関数で，さらに

$$\int_Y g(y)\, \mu_Y(dy) = \lambda(A)$$

が成り立つ．

証明. $A = E \times F$ $(E \in \mathscr{M}_X,\ F \in \mathscr{M}_Y)$ のときに示せばよい．$\mathbf{1}_A(x, y) = \mathbf{1}_E(x)\mathbf{1}_F(y)$ であるから，y を固定したとき x について $\mathscr{M}_X$-可測である．

$$g(y) = \int_X \mathbf{1}_E(x)\mathbf{1}_F(y)\, \mu_X(dx) = \mu_X(E)\mathbf{1}_F(y)$$

となるので，これは $\mathscr{M}_Y$-可測．さらに

$$\int_Y g(y)\, \mu_Y(dy) = \mu_X(E)\mu_Y(F) = \lambda(A).　　　□$$

補題 9.1.4. λ は $\mathscr{F}$ 上で σ-加法的である．すなわち，$\{A_j\}_{j \in \mathbb{N}}$ が $\mathscr{F}$ の元からなる互いに素な列で，$A := \bigsqcup_{j=1}^{\infty} A_j \in \mathscr{F}$ ならば，$\lambda(A) = \sum_{j=1}^{\infty} \lambda(A_j)$ である．

証明. $B_n = \bigsqcup_{j=1}^{n} A_j$ $(n \in \mathbb{N})$ とすると，$\{B_n\}_{n \in \mathbb{N}}$ は単調非減少列で，$\bigcup_{n=1}^{\infty} B_n = A$ である．非負値関数列 $\{\mathbf{1}_{B_n}(x, y)\}_{n \in \mathbb{N}}$ は単調非減少列で

---

[4] 容易に分かるように，$\sigma(\mathscr{F}) = \sigma(\mathscr{J})$ である．

$\mathbf{1}_A(x, y)$ に各点で収束する.

$$g_n(y) = \int_X \mathbf{1}_{B_n}(x, y)\,\mu_X(dx) \quad (n \in \mathbb{N}), \quad g(y) = \int_X \mathbf{1}_A(x, y)\,\mu_X(dx)$$

とすると, 任意の $y \in F$ に対して $\{g_n(y)\}_{n \in \mathbb{N}}$ は単調非減少列で, 単調収束定理 (定理 6.2.1) より $n \to \infty$ のとき $g(y)$ に収束する. 再び単調収束定理より

$$\lim_{n \to \infty} \int_Y g_n(y)\,\mu_Y(dy) = \int_Y g(y)\,\mu_Y(dy).$$

補題 9.1.3 より,

$$\int_Y g_n(y)\,\mu_Y(dy) = \lambda(B_n) = \sum_{j=1}^n \lambda(A_j), \quad \int_Y g(y)\,\mu_Y(dy) = \lambda(A)$$

であるので結論を得る. $\square$

以下では, 常に次を仮定する.

$$(X, \mathscr{M}_X, \mu_X) \text{ と } (Y, \mathscr{M}_Y, \mu_Y) \text{ はともに } \sigma\text{-有限.} \tag{9.1}$$

このとき, $(X \times Y, \mathscr{F}, \lambda)$ も σ-有限である. 実際, $\mathscr{M}_X$ の元の列 $\{X_k\}_{k \in \mathbb{N}}$ と $\mathscr{M}_Y$ の元の列 $\{Y_k\}_{k \in \mathbb{N}}$ で, $\bigcup_{k=1}^\infty X_k = X$, $\bigcup_{k=1}^\infty Y_k = Y$, $\mu_X(X_k) < \infty$, $\mu_Y(Y_k) < \infty$ $(k \in \mathbb{N})$ となるものを選び, $X_n' = \bigcup_{k=1}^n X_k$, $Y_n' = \bigcup_{k=1}^n Y_k$ とすれば, $\bigcup_{n=1}^\infty (X_n' \times Y_n') = X \times Y$ かつ $\lambda(X_n' \times Y_n') < \infty$ $(n \in \mathbb{N})$ である. したがって, 補題 9.1.4 とホップの拡張定理 (定理 7.3.9) より, λ は可測空間 $(X \times Y, \sigma(\mathscr{F}))$ 上の測度に一意的に拡張される.

$\sigma(\mathscr{F})$ を $\mathscr{M}_X \otimes \mathscr{M}_Y$, λ を $\mu_X \otimes \mu_Y$ で表し[5], それぞれ $\mathscr{M}_X$ と $\mathscr{M}_Y$ の**直積 σ-加法族** (product σ-field), μ_X と μ_Y の**直積測度** (積測度, product measure) という. また, $(X \times Y, \mathscr{M}_X \otimes \mathscr{M}_Y, \mu_X \otimes \mu_Y)$ を $(X, \mathscr{M}_X, \mu_X)$ と $(Y, \mathscr{M}_Y, \mu_Y)$ の**直積測度空間** (product measure space) という. これを完備化した $(X \times Y, \overline{\mathscr{M}_X \otimes \mathscr{M}_Y}, \overline{\mu_X \otimes \mu_Y})$ を完備直積測度空間という. $\overline{\mu_X \otimes \mu_Y}$ を単に $\mu_X \otimes \mu_Y$ で表すことも多い. $X \times Y$ 上の関数 f の $\mu_X \otimes \mu_Y$ に関する積分を, $\int_{X \times Y} f(z)\,(\mu_X \otimes \mu_Y)(dz)$ の代わりに $\int_{X \times Y} f(x, y)\,(\mu_X \otimes \mu_Y)(dx\,dy)$ とも表す.

---

[5] $\mu_X \otimes \mu_Y$ の代わりに $\mu_X \times \mu_Y$ と表す文献もある.

また，構成の仕方から，測度空間 $(X \times Y, \mathcal{M}_X \otimes \mathcal{M}_Y, \mu_X \otimes \mu_Y)$ と $(Y \times X, \mathcal{M}_Y \otimes \mathcal{M}_X, \mu_Y \otimes \mu_X)$ は，写像 $X \times Y \ni (x, y) \mapsto (y, x) \in Y \times X$ を通じて同一視できる.

注意 9.1.5. 測度の構成方法をたどると，結局以下のように直積測度が作られることになる（σ-有限性の条件 (9.1) は最初から仮定しておく）.

(1)　$A = E \times F \in \mathcal{J}$ に対して，$\lambda(A) = \mu_X(E)\mu_Y(F)$ と定める.

(2)　λ から外測度 λ^* を定める．すなわち，$X \times Y$ の部分集合 B に対して

$$\lambda^*(B) = \inf\left\{ \sum_{j=1}^{\infty} \lambda(A_j) \,\middle|\, A_j \in \mathcal{J} \ (j = 1, 2, \dots), \ B \subset \bigcup_{j=1}^{\infty} A_j \right\}.$$

(3)　カラテオドリの意味で λ^*-可測な集合の全体を $\mathcal{M}_{\lambda^*}$ とするとき，$(X \times Y, \sigma(\mathcal{J}), \lambda^*)$ と $(X \times Y, \mathcal{M}_{\lambda^*}, \lambda^*)$ が，それぞれ上述の $(X \times Y, \mathcal{M}_X \otimes \mathcal{M}_Y, \mu_X \otimes \mu_Y)$ と $(X \times Y, \overline{\mathcal{M}_X \otimes \mathcal{M}_Y}, \overline{\mu_X \otimes \mu_Y})$ に一致する.

命題 9.1.6. $\overline{\overline{\mathcal{M}_X} \otimes \overline{\mathcal{M}_Y}} = \overline{\mathcal{M}_X \otimes \mathcal{M}_Y}$ である[6].

証明.　包含関係 $\supset$ は容易に分かる．包含関係 $\subset$ を示そう．$E \in \overline{\mathcal{M}_X}$，$F \in \overline{\mathcal{M}_Y}$ とする．$E_1 \subset E \subset E_2$，$F_1 \subset F \subset F_2$，$\mu_X(E_2 \setminus E_1) = 0$，$\mu_Y(F_2 \setminus F_1) = 0$ であるような $E_1, E_2 \in \mathcal{M}_X$ と $F_1, F_2 \in \mathcal{M}_Y$ を選ぶ．$E_1 \times F_1 \subset E \times F \subset E_2 \times F_2$ であり，

$$(\mu_X \otimes \mu_Y)\big((E_2 \times F_2) \setminus (E_1 \times F_1)\big)$$
$$= (\mu_X \otimes \mu_Y)\big(((E_2 \setminus E_1) \times F_2) \sqcup (E_1 \times (F_2 \setminus F_1))\big)$$
$$= \mu_X(E_2 \setminus E_1)\mu_Y(F_2) + \mu_X(E_1)\mu_Y(F_2 \setminus F_1)$$
$$= 0.$$

よって，$E \times F \in \overline{\mathcal{M}_X \otimes \mathcal{M}_Y}$. これより，$\overline{\mathcal{M}_X} \otimes \overline{\mathcal{M}_Y} \subset \overline{\mathcal{M}_X \otimes \mathcal{M}_Y}$ が従う．両辺の完備化を考えると結論を得る. □

---

[6] どの測度についての完備化を明示すると，

$$\overline{\overline{\mathcal{M}_X}^{\mu_X} \otimes \overline{\mathcal{M}_Y}^{\mu_Y}}^{\overline{\mu_X \otimes \mu_Y}} = \overline{\mathcal{M}_X \otimes \mathcal{M}_Y}^{\mu_X \otimes \mu_Y}$$

である.

命題 9.1.7. m, n を自然数とするとき, $\mathscr{B}(\mathbb{R}^m) \otimes \mathscr{B}(\mathbb{R}^n)$ は $\mathbb{R}^m \times \mathbb{R}^n \cong \mathbb{R}^{m+n}$ という同一視により $\mathscr{B}(\mathbb{R}^{m+n})$ に等しい.

証明. $\mathbb{R}^{m+n}$ の $m+n$ 次元開区間は $\mathscr{B}(\mathbb{R}^m) \otimes \mathscr{B}(\mathbb{R}^n)$ の元であり, 命題 3.1.10 より $\mathscr{B}(\mathbb{R}^{m+n})$ はそれらの全体から生成される σ-加法族だから, $\mathscr{B}(\mathbb{R}^{m+n}) \subset \mathscr{B}(\mathbb{R}^m) \otimes \mathscr{B}(\mathbb{R}^n)$ が成り立つ. 逆向きの包含関係を示す. $\mathscr{A} = \{A \in \mathscr{B}(\mathbb{R}^m) \mid A \times \mathbb{R}^n \in \mathscr{B}(\mathbb{R}^{m+n})\}$ とすると, $\mathbb{R}^m$ の m 次元開区間は $\mathscr{A}$ の元で, $\mathscr{A}$ は σ-加法族であるから, $\mathscr{A} = \mathscr{B}(\mathbb{R}^m)$ が従う. 同様にして, 任意の $B \in \mathscr{B}(\mathbb{R}^n)$ に対して $\mathbb{R}^m \times B \in \mathscr{B}(\mathbb{R}^{m+n})$ であることも示されるので, $A \in \mathscr{B}(\mathbb{R}^m)$ と $B \in \mathscr{B}(\mathbb{R}^n)$ に対して $A \times B = (A \times \mathbb{R}^n) \cap (\mathbb{R}^m \times B) \in \mathscr{B}(\mathbb{R}^{m+n})$ となる. すなわち, $\mathscr{B}(\mathbb{R}^m) \times \mathscr{B}(\mathbb{R}^n) \subset \mathscr{B}(\mathbb{R}^{m+n})$ が成り立つ. $\mathscr{B}(\mathbb{R}^m) \otimes \mathscr{B}(\mathbb{R}^n) = \sigma(\mathscr{B}(\mathbb{R}^m) \times \mathscr{B}(\mathbb{R}^n))$ であるので, $\mathscr{B}(\mathbb{R}^m) \otimes \mathscr{B}(\mathbb{R}^n) \subset \mathscr{B}(\mathbb{R}^{m+n})$. $\qquad \square$

命題 9.1.8. d 次元ルベーグ測度を λ_d で表すとき, 自然数 m, n に対して

$$(\mathbb{R}^{m+n}, \mathscr{B}(\mathbb{R}^{m+n}), \lambda_{m+n}) = (\mathbb{R}^m \times \mathbb{R}^n, \mathscr{B}(\mathbb{R}^m) \otimes \mathscr{B}(\mathbb{R}^n), \lambda_m \otimes \lambda_n) \quad (9.2)$$

が成り立つ. また,

$$
\begin{aligned}
&(\mathbb{R}^{m+n}, \mathscr{L}(\mathbb{R}^{m+n}), \lambda_{m+n}) \\
&= (\mathbb{R}^m \times \mathbb{R}^n, \overline{\mathscr{B}(\mathbb{R}^m) \otimes \mathscr{B}(\mathbb{R}^n)}, \overline{\lambda_m \otimes \lambda_n}) \quad (9.3) \\
&= (\mathbb{R}^m \times \mathbb{R}^n, \overline{\mathscr{L}(\mathbb{R}^m) \otimes \mathscr{L}(\mathbb{R}^n)}, \overline{\lambda_m \otimes \lambda_n}) \quad (9.4)
\end{aligned}
$$

が成り立つ.

証明. $(a_1, b_1] \times \cdots \times (a_{m+n}, b_{m+n}] (\subset \mathbb{R}^{m+n})$ と表される集合の有限和の全体を $\mathscr{F}$ とする. ルベーグ測度の定め方から, $I \in \mathscr{F}$ に対して $\lambda_{m+n}(I)$ と $(\lambda_m \otimes \lambda_n)(I)$ の値は一致する. したがって, (9.2) の両辺の測度空間はいずれも有限加法的測度空間 $(\mathbb{R}^{m+n}, \mathscr{F}, \lambda_{m+n})$ の拡張になっている. ホップの拡張定理 (定理 7.3.9) より $(\mathbb{R}^{m+n}, \mathscr{F}, \lambda_{m+n})$ の $(\mathbb{R}^{m+n}, \mathscr{B}(\mathbb{R}^{m+n}))$ 上への拡張は一意的であることと, 命題 9.1.7 より, 等式 (9.2) が成り立つ. (9.3) は (9.2) の両辺を完備化したものに他ならない. (9.4) は命題 9.1.6 より従う. $\qquad \square$

注意 9.1.9. $(X, \mathscr{M}_X, \mu_X)$ と $(Y, \mathscr{M}_Y, \mu_Y)$ がともに完備であっても, $(X \times Y, \mathscr{M}_X \otimes \mathscr{M}_Y, \mu_X \otimes \mu_Y)$ は一般に完備ではない. 実際,

$$\text{自然数 } m, n \text{ に対して } \mathscr{L}(\mathbb{R}^m) \otimes \mathscr{L}(\mathbb{R}^n) \subsetneq \mathscr{L}(\mathbb{R}^{m+n}) \tag{9.5}$$

であるため，命題 7.5.4(2) より $(\mathbb{R}^m \times \mathbb{R}^n, \mathscr{L}(\mathbb{R}^m) \otimes \mathscr{L}(\mathbb{R}^n), \lambda_m \otimes \lambda_n)$ は完備でない．以下，(9.5) を $m = n = 1$ のときに確認しておこう[7]．A として $\mathbb{R}$ のルベーグ非可測集合を取り[8]，$B = A \times \{0\} \, (\subset \mathbb{R} \times \mathbb{R})$ とする．後に示す命題 9.2.4 より，任意の $G \in \mathscr{L}(\mathbb{R}) \otimes \mathscr{L}(\mathbb{R})$ に対して $\{x \in \mathbb{R} \mid (x, 0) \in G\} \in \mathscr{L}(\mathbb{R})$ であるので，B は $\mathscr{L}(\mathbb{R}) \otimes \mathscr{L}(\mathbb{R})$ の元ではない．一方，$B \subset \mathbb{R} \times \{0\}$ で $\lambda_2(\mathbb{R} \times \{0\}) = 0$ であるから，B は 2 次元ルベーグ零集合，特に $\mathscr{L}(\mathbb{R}^2)$ の元である．したがって，$\mathscr{L}(\mathbb{R}) \otimes \mathscr{L}(\mathbb{R}) \neq \mathscr{L}(\mathbb{R}^2)$．包含関係が成り立つことは命題 9.1.8 で考察済みである．

9.2 フビニの定理

直積空間上の積分が累次積分で表せるというフビニ (Fubini) の定理を論じる．本節では，測度空間 $(X, \mathscr{M}_X, \mu_X)$ と $(Y, \mathscr{M}_Y, \mu_Y)$ について，特に断りのない限り σ-有限性の条件 (9.1) を仮定する．

定理 9.2.1（**フビニの定理** I）．f を $X \times Y$ 上の $[0, +\infty]$-値 $\mathscr{M}_X \otimes \mathscr{M}_Y$-可測関数とするとき，以下の主張が成立する．

(1) 任意の $y \in Y$ に対して，X 上の関数 $x \mapsto f(x, y)$ は $\mathscr{M}_X$-可測関数．
(2) Y 上の関数 $y \mapsto \int_X f(x, y) \, \mu_X(dx)$ は $[0, +\infty]$-値 $\mathscr{M}_Y$-可測関数．
(3) 次の等式が成立する．

$$\int_{X \times Y} f(x, y) \, (\mu_X \otimes \mu_Y)(dx\,dy) = \int_Y \left(\int_X f(x, y) \, \mu_X(dx) \right) \mu_Y(dy). \tag{9.6}$$

定理 9.2.2（**フビニの定理** II）．f を $X \times Y$ 上の $\mathbb{C}$-値 $\mathscr{M}_X \otimes \mathscr{M}_Y$-可測関数とするとき，以下の主張が成立する．

(1) 任意の $y \in Y$ に対して，X 上の関数 $x \mapsto f(x, y)$ は $\mathscr{M}_X$-可測関数．

---

[7] 一般の m, n の場合も同様の議論により示せる．
[8] 8.2.3 項で一例を与えた．

(2) f が $\mu_X \otimes \mu_Y$-可積分ならば, μ_Y-a.e. y に対して $\int_X f(x,y)\,\mu_X(dx)$ が有限値で定まり, y の関数として $\mathscr{M}_Y$-可測[9)] で μ_Y-可積分である. さらに

$$\int_{X \times Y} f(x,y)\,(\mu_X \otimes \mu_Y)(dx\,dy) = \int_Y \left(\int_X f(x,y)\,\mu_X(dx) \right) \mu_Y(dy).$$

系 9.2.3 (定理 9.2.1 の系). $X \times Y$ 上の $\mathbb{C}$-値 $\mathscr{M}_X \otimes \mathscr{M}_Y$-可測関数 f に対して,

$$\int_{X \times Y} |f|\,d(\mu_X \otimes \mu_Y), \quad \int_Y \left(\int_X |f|\,d\mu_X \right) d\mu_Y, \quad \int_X \left(\int_Y |f|\,d\mu_Y \right) d\mu_X$$

のいずれかの積分が有限値ならば, 他の積分も有限値で値は等しく, 特に定理 9.2.2(2) の仮定が成立する.

定理 9.2.1 において X と Y の役割を入れ替えれば, (9.6) の代わりに等式

$$\int_{X \times Y} f(x,y)\,(\mu_X \otimes \mu_Y)(dx\,dy) = \int_X \left(\int_Y f(x,y)\,\mu_Y(dy) \right) \mu_X(dx)$$

も成立する. 以降の命題でも同様である.

定理 9.2.1 を証明しよう. ある $G \in \mathscr{M}_X \otimes \mathscr{M}_Y$ に対して $f = \mathbf{1}_G$ と表される場合に示すことができれば, 線型性より f が非負値単関数の場合も成り立ち, 一般の $[0, +\infty]$-値可測関数 f については単関数近似を行い単調収束定理を用いればよい. したがって, 次の命題を示せば十分である.

命題 9.2.4. $G \in \mathscr{M}_X \otimes \mathscr{M}_Y$ とする. $y \in Y$ に対して

$$G_y = \{x \in X \mid (x,y) \in G\} \tag{9.7}$$

と定めると, $G_y \in \mathscr{M}_X$ であり, $\mu_X(G_y)$ は y の関数として $\mathscr{M}_Y$-可測. さらに

$$(\mu_X \otimes \mu_Y)(G) = \int_Y \mu_X(G_y)\,\mu_Y(dy).$$

証明のため, 命題が主張する性質を満たす $G \in \mathscr{M}_X \otimes \mathscr{M}_Y$ の全体を $\mathscr{C}$ とする. $X \times Y$ 上の有限加法族

[9)] $\int_X f(x,y)\,\mu_X(dx)$ が定義されない y の集合 (この集合は定理 9.2.1(2) を f_+, f_- に適用することで $\mathscr{M}_Y$-可測であることが分かる) の上では値を 0 と解釈する. 零集合上での値は積分には影響しない.

$$\mathscr{F} = \left\{ \bigsqcup_{j=1}^{N} (E_j \times F_j) \;\middle|\; \begin{array}{l} N \in \mathbb{N},\; E_j \in \mathscr{M}_X,\; F_j \in \mathscr{M}_Y\;(j=1,2,\ldots,N), \\ \{E_j \times F_j\}_{j=1}^{N} \text{は互いに素} \end{array} \right\}$$

に対して，補題 9.1.3 より $\mathscr{F} \subset \mathscr{C}$．もし $\mathscr{C}$ が σ-加法族であることがすぐ分かれば $\mathscr{M}_X \otimes \mathscr{M}_Y = \sigma(\mathscr{F}) \subset \mathscr{C}$ となり証明が終わるが，$\mathscr{C}$ が和を取る操作で閉じているかどうかは定義からは直ちには分からない．そこで，以下で説明する単調族定理を用いることにする．

　一般に，集合 Z の部分集合族 $\mathscr{A}$ が Z 上の**単調族** (monotone class) であるとは，次の2条件が成り立つことをいう．

(1) $A_n \in \mathscr{A}\;(n \in \mathbb{N}),\; A_1 \subset A_2 \subset \cdots \subset A_n \subset \cdots$ ならば，$\bigcup_{n=1}^{\infty} A_n \in \mathscr{A}$.

(2) $A_n \in \mathscr{A}\;(n \in \mathbb{N}),\; A_1 \supset A_2 \supset \cdots \supset A_n \supset \cdots$ ならば，$\bigcap_{n=1}^{\infty} A_n \in \mathscr{A}$.

定理 9.2.5 (**単調族定理**)．$\mathscr{F}$ が Z 上の有限加法族，$\mathscr{A}$ が Z 上の単調族で，$\mathscr{F} \subset \mathscr{A}$ ならば，$\sigma(\mathscr{F}) \subset \mathscr{A}$.

証明．一般に，集合族 $\mathscr{C}$ に対して

$$\bigcap_{\mathscr{B}\,:\,\mathscr{C}\,\text{を含む単調族}} \mathscr{B}$$

は $\mathscr{C}$ を含む単調族のうちで最小のものである[10]．これを $\tau(\mathscr{C})$ で表す．$\mathscr{F} \subset \mathscr{A}$ のとき $\tau(\mathscr{F}) \subset \tau(\mathscr{A}) = \mathscr{A}$ だから，$\tau(\mathscr{F}) = \sigma(\mathscr{F})$ を示せば定理の主張が従う．σ-加法族は単調族なので，$\tau(\mathscr{F}) \subset \sigma(\mathscr{F})$ が従う．そこで，$\tau(\mathscr{F})$ が σ-加法族であることを示せばよい．そのためには，次の二つの性質を示せばよい．

(1) $A \in \tau(\mathscr{F})$ ならば $A^c \in \tau(\mathscr{F})$

(2) $A_1, A_2 \in \tau(\mathscr{F})$ ならば $A_1 \cap A_2 \in \tau(\mathscr{F})$.

実際，このとき $\tau(\mathscr{F})$ は有限加法族である[11]．さらに，任意の $E_1, E_2, \ldots, E_n, \ldots \in \tau(\mathscr{F})$ に対して $A_n = \bigcup_{j=1}^{n} E_j\;(n=1,2,\ldots)$ とすれば，$A_n \in \tau(\mathscr{F})$ かつ $A_1 \subset A_2 \subset \cdots \subset A_n \subset \cdots$ であるから単調族の性質 (1) より $\bigcup_{n=1}^{\infty} E_n = \bigcup_{n=1}^{\infty} A_n \in \tau(\mathscr{F})$．すなわち，$\tau(\mathscr{F})$ は可算和を取る操作で閉じている．

---

[10] 証明は σ-加法族の場合の類似の主張 (p. 25) と同様．
[11] $A_1 \cup A_2 = (A_1^c \cap A_2^c)^c$ に注意する．

(1) を示すために,

$$\mathscr{F}' = \{E \subset Z \mid E \in \tau(\mathscr{F}),\ E^c \in \tau(\mathscr{F})\}$$

とする. $\mathscr{F} \subset \mathscr{F}'$ であり, 定義から直ちに $\mathscr{F}'$ は単調族であることが分かる[12]. したがって, $\tau(\mathscr{F}) \subset \tau(\mathscr{F}') = \mathscr{F}'$. このことから (1) が従う.

(2) については, まず,

$$\mathscr{F}_1 = \{E \subset Z \mid 任意の\ A \in \mathscr{F}\ に対して\ E \cap A \in \tau(\mathscr{F})\}$$

とする. $\mathscr{F} \subset \mathscr{F}_1$ であり, 定義から直ちに $\mathscr{F}_1$ は単調族であることが分かる. したがって, $\tau(\mathscr{F}) \subset \tau(\mathscr{F}_1) = \mathscr{F}_1$. すなわち, 任意の $E \in \tau(\mathscr{F})$ と $A \in \mathscr{F}$ に対して $E \cap A \in \tau(\mathscr{F})$ である. 次に,

$$\mathscr{F}_2 = \{A \subset Z \mid 任意の\ E \in \tau(\mathscr{F})\ に対して\ E \cap A \in \tau(\mathscr{F})\}$$

とする. 前段の結論から $\mathscr{F} \subset \mathscr{F}_2$. また, 定義から直ちに $\mathscr{F}_2$ は単調族であることが分かる. したがって, $\tau(\mathscr{F}) \subset \tau(\mathscr{F}_2) = \mathscr{F}_2$. このことから (2) が従う. $\quad\square$

命題 9.2.4 の証明において, もし $\mathscr{C}$ が単調族であることが示されれば, 単調族定理を用いれば証明が完了する. μ_X と μ_Y がともに有限測度ならばこの方針でよいのだが, 一般の場合はもう一工夫必要となる.

命題 9.2.4 の証明の続き. まず, 以下の主張を示そう.

(1) $G^j \in \mathscr{C}\ (j \in \mathbb{N})$, $G^1 \subset G^2 \subset \cdots \subset G^j \subset \cdots$ ならば, $\bigcup_{j=1}^{\infty} G^j \in \mathscr{C}$.

(2) $G^j \in \mathscr{C}\ (j \in \mathbb{N})$, $G^1 \supset G^2 \supset \cdots \supset G^j \supset \cdots$ で, さらに $\hat{X} \in \mathscr{M}_X$, $\hat{Y} \in \mathscr{M}_Y$ で $\mu_X(\hat{X}) < \infty$, $\mu_Y(\hat{Y}) < \infty$, $G^1 \subset \hat{X} \times \hat{Y}$ となるものが存在すれば, $\bigcap_{j=1}^{\infty} G^j \in \mathscr{C}$.

(1) について, $G = \bigcup_{j=1}^{\infty} G^j$ とおく. $y \in Y$ と $j \in \mathbb{N}$ に対して, (9.7) と同様に $G_y^j = \{x \in X \mid (x,y) \in G^j\}$ と定めると, $G_y = \bigcup_{j=1}^{\infty} G_y^j \in \mathscr{M}_X$

---

[12] $\{A_n\}_{n\in\mathbb{N}}$ を $\mathscr{F}'$ の元からなる単調非減少列とするとき, $A_n \in \tau(\mathscr{F})$ より $\bigcup_{n=1}^{\infty} A_n \in \tau(\mathscr{F})$, $A_n^c \in \tau(\mathscr{F})$ より $\left(\bigcup_{n=1}^{\infty} A_n\right)^c = \bigcap_{n=1}^{\infty} A_n^c \in \tau(\mathscr{F})$ となるので, $\bigcup_{n=1}^{\infty} A_n \in \mathscr{F}'$. 同様にして, $\{A_n\}_{n\in\mathbb{N}}$ を $\mathscr{F}'$ の元からなる単調非増加列とするとき, $\bigcap_{n=1}^{\infty} A_n \in \mathscr{F}'$ であることも示される. したがって, $\mathscr{F}'$ は単調族である. 以下の $\mathscr{F}_1$, $\mathscr{F}_2$ についても同様である.

である．測度の連続性（命題 3.3.2(1)）より $\lim_{j\to\infty} \mu_X(G_y^j) = \mu_X(G_y)$,
特に $\mu_X(G_y)$ は y の関数として $\mathscr{M}_Y$-可測である．等式 $(\mu_X \otimes \mu_Y)(G^j) = \int_Y \mu_X(G_y^j)\,\mu_Y(dy)$ において $j \to \infty$ とすると，単調収束定理（定理 6.2.1）より $(\mu_X \otimes \mu_Y)(G) = \int_Y \mu_X(G_y)\,\mu_Y(dy)$．したがって $G \in \mathscr{C}$．同様の議論で
(2) も示される[13]．

さて，(9.1) より，$X_k \in \mathscr{M}_X$, $Y_k \in \mathscr{M}_Y$ $(k \in \mathbb{N})$ で，$\bigcup_{k=1}^{\infty} X_k = X$,
$\bigcup_{k=1}^{\infty} Y_k = Y$, $\mu_X(X_k) < \infty$, $\mu_Y(Y_k) < \infty$ $(k \in \mathbb{N})$ となるものが選べる．
$\bigcup_{j=1}^{k} X_j$ を改めて X_k とするなどして，$\{X_k\}_{k\in\mathbb{N}}$ と $\{Y_k\}_{k\in\mathbb{N}}$ はさらに単調非
減少であるとしてよい．自然数 k に対して，

$$\mathscr{C}_k = \{G \in \mathscr{M}_X \otimes \mathscr{M}_Y \mid G \cap (X_k \times Y_k) \in \mathscr{C}\}$$

とする．$\mathscr{F} \subset \mathscr{C}_k$ であり，(1), (2) から $\mathscr{C}_k$ は単調族であることが分かる[14]．
したがって，単調族定理より，$\mathscr{C}_k \supset \sigma(\mathscr{F}) = \mathscr{M}_X \otimes \mathscr{M}_Y$．

任意に $G \in \mathscr{M}_X \otimes \mathscr{M}_Y$ を取る．前段の結果から，自然数 k に対して $G \in \mathscr{C}_k$
であるから $G^k := G \cap (X_k \times Y_k) \in \mathscr{C}$ である．単調非減少列 $\{G^k\}_{k\in\mathbb{N}}$ に対
して (1) を適用すると，$G = \bigcup_{k=1}^{\infty} G^k \in \mathscr{C}$．以上で $\mathscr{M}_X \otimes \mathscr{M}_Y \subset \mathscr{C}$ が示され
た．　　　　　　　　　　　　　　　　　　　　　　　　　　　　　　　　　□

定理 9.2.2 の証明．$f = f_1 - f_2 + \sqrt{-1}(f_3 - f_4)$ であるような非負実数値可
測関数 f_j $(j = 1, 2, 3, 4)$ を選んで各 f_j に定理 9.2.1 を適用し，系 5.2.7(1) に注
意すればよい．　　　　　　　　　　　　　　　　　　　　　　　　　　　　□

系 9.2.3 の証明．$|f|$ について定理 9.2.1 を適用すればよい．　　　　　□

以上の定理の完備化版は次のようになる．

---

[13] 単調非増加列の場合は，(2) にあるように追加の仮定が必要である．これは命題 3.3.2 の
(1) と (2) の仮定の違いに由来する．μ_X と μ_Y がともに有限測度の場合は，(2) におい
て $\hat{X} = X$, $\hat{Y} = Y$ とすればよいので $\mathscr{C}$ は単調族であることになり，単調族定理より命
題の証明が完了する．有限測度でない場合を扱うため以降の議論を行っている．

[14] もう少し詳しく説明すると，$H^j \in \mathscr{C}_k$ $(j \in \mathbb{N})$, $H^1 \subset H^2 \subset \cdots \subset H^j \subset \cdots$,
$H = \bigcup_{j=1}^{\infty} H^j$ とするとき，$G^j = H^j \cap (X_k \times Y_k) \in \mathscr{C}$ とおいて (1) を適用すると
$H \cap (X_k \times Y_k) \in \mathscr{C}$ を得る．したがって $H \in \mathscr{C}_k$．単調非増加列についても同様であ
る．

定理 9.2.6 (**フビニの定理** III). f を $X \times Y$ 上の $[0, +\infty]$-値 $\overline{\mathscr{M}_X \otimes \mathscr{M}_Y}$-可測関数とするとき，以下の主張が成立する.

(1)　μ_Y-a.e. $y \in Y$ に対して，X 上の関数 $x \mapsto f(x, y)$ は $\overline{\mathscr{M}_X}$-可測関数.

(2)　Y 上の関数 $y \mapsto \int_X f(x, y) \, \overline{\mu_X}(dx)$ は $[0, +\infty]$-値 $\overline{\mathscr{M}_Y}$-可測関数[15].

(3)　次の等式が成立する.

$$\int_{X \times Y} f(x, y) \, \overline{\mu_X \otimes \mu_Y}(dx\,dy) = \int_Y \left(\int_X f(x, y) \, \overline{\mu_X}(dx) \right) \overline{\mu_Y}(dy). \tag{9.8}$$

定理 9.2.7 (**フビニの定理** IV). f を $X \times Y$ 上の $\mathbb{C}$-値 $\overline{\mathscr{M}_X \otimes \mathscr{M}_Y}$-可測関数とするとき，以下の主張が成立する.

(1)　μ_Y-a.e. $y \in Y$ に対して，X 上の関数 $x \mapsto f(x, y)$ は $\overline{\mathscr{M}_X}$-可測関数.

(2)　f が $\overline{\mu_X \otimes \mu_Y}$-可積分ならば，$\mu_Y$-a.e. y に対して $\int_X f(x, y) \, \overline{\mu_X}(dx)$ が有限値で定まり，y の関数として $\overline{\mathscr{M}_Y}$-可測で $\overline{\mu_Y}$-可積分である. さらに

$$\int_{X \times Y} f(x, y) \, \overline{\mu_X \otimes \mu_Y}(dx\,dy) = \int_Y \left(\int_X f(x, y) \, \overline{\mu_X}(dx) \right) \overline{\mu_Y}(dy).$$

系 9.2.8. $X \times Y$ 上の $\mathbb{C}$-値 $\overline{\mathscr{M}_X \otimes \mathscr{M}_Y}$-可測関数 f に対して，

$$\int_{X \times Y} |f| \, d(\overline{\mu_X \otimes \mu_Y}), \quad \int_Y \left(\int_X |f| \, d\overline{\mu_X} \right) d\overline{\mu_Y}, \quad \int_X \left(\int_Y |f| \, d\overline{\mu_Y} \right) d\overline{\mu_X}$$

のいずれかの積分が有限値ならば，他の積分も有限値で値は等しく，特に定理 9.2.7(2) の仮定が成立する.

注意 9.2.9. 上記の命題の主張では丁寧に書いたが，(9.8) を (9.6) のように表記し，測度とその完備化の表記を区別しないことが多い.

　定理 9.2.6 の証明のため，補題を一つ準備する.

補題 9.2.10. $\mu_X \otimes \mu_Y$-零集合 $N \,(\subset X \times Y)$ に対して，次が成り立つ.

---

[15] 積分は一般に μ_Y-a.e. y でしか定まらないが，定義されないときは値を 0 と解釈する. (3) や定理 9.2.7 でも同様である.

(1)　$x \in X$ に対して $N_x = \{y \in Y \mid (x, y) \in N\}$ とするとき，μ_X-a.e. x に対し N_x は μ_Y-零集合.

(2)　$y \in Y$ に対して $N_y = \{x \in X \mid (x, y) \in N\}$ とするとき，μ_Y-a.e. y に対し N_y は μ_X-零集合.

証明.　(2) を示す．$G \in \mathcal{M}_X \otimes \mathcal{M}_Y$ で，$N \subset G$ かつ $(\mu_X \otimes \mu_Y)(G) = 0$ となるものを選ぶ．$y \in Y$ に対して $G_y = \{x \in X \mid (x, y) \in G\}$ とすると，$N_y \subset G_y$．定理 9.2.1（あるいはその特別な場合の命題 9.2.4）より，$\int_Y \mu_X(G_y) \, \mu_Y(dy) = (\mu_X \otimes \mu_Y)(G) = 0$．系 5.2.7(2) より，$\mu_Y$-a.e. y に対して $\mu_X(G_y) = 0$，特に N_y は μ_X-零集合である．(1) についても同様．　□

定理 9.2.6 の証明.　命題 7.5.7(2) より，$[0, +\infty]$-値 $\mathcal{M}_X \otimes \mathcal{M}_Y$-可測関数 g と $N \in \mathcal{M}_X \otimes \mathcal{M}_Y$ で，$(\mu_X \otimes \mu_Y)(N) = 0$ かつ $(X \times Y) \setminus N$ 上で $f = g$ となるものが選べる．補題 9.2.10(2) より，μ_Y-a.e. $y \in Y$ に対して

$$f(x, y) = g(x, y), \quad \mu_X\text{-a.e. } x \in X$$

が成り立つ．したがって，命題 7.5.7(1) より，μ_Y-a.e. $y \in Y$ に対して X 上の関数 $x \mapsto f(x, y)$ は $\overline{\mathcal{M}_X}$-可測関数であり，さらに

$$\int_X f(x, y) \, \overline{\mu_X}(dx) = \int_X g(x, y) \, \mu_X(dx), \quad \mu_Y\text{-a.e. } y$$

が成り立つ．右辺は y の関数として $\mathcal{M}_Y$-可測であるから，左辺は $\overline{\mathcal{M}_Y}$-可測．両辺を Y 上で積分すると

$$
\begin{aligned}
\int_Y \left(\int_X f(x, y) \, \overline{\mu_X}(dx) \right) \overline{\mu_Y}(dy) &= \int_Y \left(\int_X g(x, y) \, \mu_X(dx) \right) \mu_Y(dy) \\
&= \int_{X \times Y} g(x, y) \, (\mu_X \otimes \mu_Y)(dx \, dy) \\
&\qquad (\text{定理 9.2.1 より}) \\
&= \int_{X \times Y} f(x, y) \, \overline{\mu_X \otimes \mu_Y}(dx \, dy). \quad □
\end{aligned}
$$

定理 9.2.7 の証明.　$f = f_1 - f_2 + \sqrt{-1}(f_3 - f_4)$ であるような非負実数値可測関数 f_j $(j = 1, 2, 3, 4)$ を選んで各 f_j に定理 9.2.6 を適用し，系 5.2.7(1) に注意すればよい．　□

系 9.2.8 の証明. $|f|$ について定理 9.2.6 を適用すればよい. □

フビニの定理は,次の例のように一見積分とは無関係な対象にも利用される.

例 9.2.11. $X \times Y$ の点 (x, y) に関係した命題 $P(x, y)$ について

$$E = \{(x, y) \in X \times Y \mid P(x, y) \text{ が成立しない}\}$$

と定め,$E \in \overline{\mathscr{M}_X \otimes \mathscr{M}_Y}$ であるとする.定理 9.2.6 と系 5.2.7(2)(または補題 9.2.10)より,

$$\overline{\mu_X \otimes \mu_Y}(E) = 0$$

$\qquad \Longleftrightarrow \mu_X\text{-a.e.}\, x$ に対して,「μ_Y-a.e. y に対して $P(x, y)$ が成立」

$\qquad \Longleftrightarrow \mu_Y\text{-a.e.}\, y$ に対して,「μ_X-a.e. x に対して $P(x, y)$ が成立」

である.

▶ **問 9.2.12.** f を区間 $[a, b]$ 上の非負実数値ルベーグ可測関数とし,

$$A = \{(x, y) \in \mathbb{R}^2 \mid x \in [a, b],\ 0 \leq y \leq f(x)\}$$

と定める.A は 2 次元ルベーグ可測集合であり,さらに

$$\int_{[a,b]} f(x)\, \lambda_1(dx) = \lambda_2(A)$$

であることを示せ.ここで,$\lambda_d\ (d = 1, 2)$ は d 次元ルベーグ測度を表す(関数の積分はその関数のグラフと x 軸が囲む面積を表すという直感的説明の正当化と,ルベーグ可測関数への拡張).

▶ **問 9.2.13.** $(X, \mathscr{M}, \mu)$ を σ-有限測度空間,f を X 上の非負実数値可測関数とする.$t \geq 0$ に対して $g(t) = \mu(\{f \geq t\})$ と定める.このとき,等式

$$\int_X f\, d\mu = \int_{[0,\infty)} g(t)\, dt$$

を示せ.ただし,右辺はルベーグ測度に関するルベーグ積分を表す.

二つの測度空間の直積について論じてきたが,有限個の直積にまで自然に拡張することができる.$(X_j, \mathscr{M}_j, \mu_j)\ (j = 1, 2, \ldots, n)$ を σ-有限測度空間とす

る．直積集合 $\prod_{j=1}^{n} X_j = X_1 \times \cdots \times X_n$ において，集合族 $\{E_1 \times \cdots \times E_n \mid E_j \in \mathscr{M}_j \ (j = 1, 2, \ldots, n)\}$ から生成される σ-加法族を $\bigotimes_{j=1}^{n} \mathscr{M}_j$ や $\mathscr{M}_1 \otimes \cdots \otimes \mathscr{M}_n$ で表す．

補題 9.2.14. $1 \leq k \leq n-1$ とする．$\left(\prod_{j=1}^{k} X_j\right) \times \left(\prod_{j=k+1}^{n} X_j\right)$ と $\prod_{j=1}^{n} X_j$ を同一視するとき，

$$\left(\bigotimes_{j=1}^{k} \mathscr{M}_j\right) \otimes \left(\bigotimes_{j=k+1}^{n} \mathscr{M}_j\right) = \bigotimes_{j=1}^{n} \mathscr{M}_j \tag{9.9}$$

が成り立つ．

証明. $E_1 \times \cdots \times E_n \ (E_j \in \mathscr{M}_j, \ j = 1, 2, \ldots, n)$ と表される集合は，(9.9) の両辺の元であり，右辺はこのような集合の全体から生成されるから，$\supset$ の向きの包含関係が成り立つ．逆向きの包含関係を示す．

$$\mathscr{A}_0 = \{E_1 \times \cdots \times E_k \mid E_j \in \mathscr{M}_j \ (j = 1, 2, \ldots, k)\},$$
$$\mathscr{B}_0 = \{E_{k+1} \times \cdots \times E_n \mid E_j \in \mathscr{M}_j \ (j = k+1, k+2, \ldots, n)\}$$

とする．$A \in \mathscr{A}_0$ を選んで固定し，

$$\mathscr{B} = \left\{ B \in \bigotimes_{j=k+1}^{n} \mathscr{M}_j \ \middle| \ A \times B \in \bigotimes_{j=1}^{n} \mathscr{M}_j \right\}$$

とする．$\mathscr{B}_0 \subset \mathscr{B}$ で，$\mathscr{B}$ は σ-加法族である．よって，$\bigotimes_{j=k+1}^{n} \mathscr{M}_j = \sigma(\mathscr{B}_0) \subset \mathscr{B}$．次に，$B \in \bigotimes_{j=k+1}^{n} \mathscr{M}_j$ を選んで固定し，

$$\mathscr{A} = \left\{ A \in \bigotimes_{j=1}^{k} \mathscr{M}_j \ \middle| \ A \times B \in \bigotimes_{j=1}^{n} \mathscr{M}_j \right\}$$

とする．上の議論より $\mathscr{A}_0 \subset \mathscr{A}$．また，$\mathscr{A}$ は σ-加法族である．よって，$\bigotimes_{j=1}^{k} \mathscr{M}_j = \sigma(\mathscr{A}_0) \subset \mathscr{A}$．これは，任意の $A \in \bigotimes_{j=1}^{k} \mathscr{M}_j$ と $B \in \bigotimes_{j=k+1}^{n} \mathscr{M}_j$ に対して $A \times B \in \bigotimes_{j=1}^{n} \mathscr{M}_j$ を表している．よって，

$$\sigma\left(\left\{ A \times B \ \middle| \ A \in \bigotimes_{j=1}^{k} \mathscr{M}_j, \ B \in \bigotimes_{j=k+1}^{n} \mathscr{M}_j \right\} \right) \subset \bigotimes_{j=1}^{n} \mathscr{M}_j$$

となり，(9.9) において $\subset$ の向きの包含関係が成り立つ． $\square$

補題 9.2.14 を繰り返し適用することで, $(\cdots((\mathcal{M}_1 \otimes \mathcal{M}_2) \otimes \mathcal{M}_3) \otimes \cdots \otimes \mathcal{M}_{n-1}) \otimes \mathcal{M}_n$ は $\bigotimes_{j=1}^{n} \mathcal{M}_j$ と同一視される. $\mu = (\cdots((\mu_1 \otimes \mu_2) \otimes \mu_3) \otimes \cdots \otimes \mu_{n-1}) \otimes \mu_n$ とすると, μ は可測空間 $\left(\prod_{j=1}^{n} X_j, \bigotimes_{j=1}^{n} \mathcal{M}_j\right)$ 上の測度と見なされる. また,

$$E_j \in \mathcal{M}_j \ (j = 1, 2, \ldots, n) \text{ に対して } \mu(E_1 \times \cdots \times E_n) = \prod_{j=1}^{n} \mu_j(E_j) \quad (9.10)$$

が成り立つ. 命題7.2.3と定理7.3.9より, このような性質を持つ測度 μ はただ一つである[16]. μ を $\bigotimes_{j=1}^{n} \mu_j$ や $\mu_1 \otimes \cdots \otimes \mu_n$ と表し, $\mu_1, \mu_2, \ldots, \mu_n$ の直積測度という. (9.10) の特徴付けと補題 9.2.14 から, 任意の $k = 1, 2, \ldots, n-1$ に対して $\left(\prod_{j=1}^{k} X_j, \bigotimes_{j=1}^{k} \mathcal{M}_j, \bigotimes_{j=1}^{k} \mu_j\right)$ と $\left(\prod_{j=k+1}^{n} X_j, \bigotimes_{j=k+1}^{n} \mathcal{M}_j, \bigotimes_{j=k+1}^{n} \mu_j\right)$ の直積測度空間が $\left(\prod_{j=1}^{n} X_j, \bigotimes_{j=1}^{n} \mathcal{M}_j, \bigotimes_{j=1}^{n} \mu_j\right)$ であることも従う.

以上のようにして定まる直積測度空間 $\left(\prod_{j=1}^{n} X_j, \bigotimes_{j=1}^{n} \mathcal{M}_j, \bigotimes_{j=1}^{n} \mu_j\right)$ においてフビニの定理を繰り返し適用することで, 例えば

$$\int_{X_1 \times X_2 \times X_3} f(x, y, z) \, (\mu_1 \otimes \mu_2 \otimes \mu_3)(dx \, dy \, dz),$$

$$\int_{X_1} \left(\int_{X_2 \times X_3} f(x, y, z) \, (\mu_2 \otimes \mu_3)(dy \, dz) \right) \mu_1(dx),$$

$$\int_{X_1} \left(\int_{X_2} \left(\int_{X_3} f(x, y, z) \, \mu_3(dz) \right) \mu_2(dy) \right) \mu_1(dx)$$

が f についての適切な仮定[17] の下ですべて等しいことがいえる.

注意 9.2.15. σ-有限性の条件 (9.1) が成り立っていないとき, 一般に累次積分の順序交換は成立しない. 一例として, $X = Y = [0,1]$, $\mathcal{M}_X = \mathcal{M}_Y = \mathcal{B}([0,1])$ とし, μ_X を1次元ルベーグ測度 (を $(X, \mathcal{M}_X)$ 上に制限したもの), μ_Y を $(Y, \mathcal{M}_Y)$ 上の計数測度 (3.2.1 項参照) とする. 測度空間 $(Y, \mathcal{M}_Y, \mu_Y)$ は σ-有限でないことに注意する. このとき

---

[16] 後述する命題9.3.2からも分かる.

[17] f が $\left(\prod_{i=1}^{3} X_i, \bigotimes_{i=1}^{3} \mathcal{M}_i, \bigotimes_{i=1}^{3} \mu_i\right)$ または $\left(\prod_{i=1}^{3} X_i, \overline{\bigotimes_{i=1}^{3} \mathcal{M}_i}, \overline{\bigotimes_{i=1}^{3} \mu_i}\right)$ 上の, $[0, +\infty]$-値可測関数や可積分関数ならばよい.

$$f(x,y) = \begin{cases} 1 & (x = y \text{ のとき}), \\ 0 & (x \neq y \text{ のとき}) \end{cases} \qquad (x \in X,\ y \in Y)$$

として定めた $X \times Y$ 上の関数 f は $\mathscr{M}_X \otimes \mathscr{M}_Y$-可測だが,

$$\int_X \left(\int_Y f(x,y)\, \mu_Y(dy) \right) \mu_X(dx) = \int_X 1\, \mu_X(dx) = 1,$$

$$\int_Y \left(\int_X f(x,y)\, \mu_X(dx) \right) \mu_Y(dy) = \int_Y 0\, \mu_Y(dy) = 0$$

となる. σ-有限でない測度空間というのはやや"病的"であり, 応用上意味の
ある測度空間は大抵が σ-有限である[18].

注意 9.2.16. フビニの定理において, 関数 f が直積空間 $X \times Y$ 上の関数とし
て可測であるという仮定は, 他の仮定からは従わない. 実際, 次のような例が
知られている. $(X, \mathscr{M}_X, \mu_X)$ と $(Y, \mathscr{M}_Y, \mu_Y)$ をともに 1 次元ルベーグ測度空
間とするとき, $X \times Y$ のある部分集合 E の定義関数 f で, 定理 9.2.1(1)(2) の
主張, および (1), (2) で x と y を入れ替えた主張がすべて成立しているにもか
かわらず, E は 2 次元ルベーグ可測でない (特に, f は $\overline{\mathscr{M}_X \otimes \mathscr{M}_Y}$-可測でな
い). 一例が文献 [3, pp. 109–111][19] で説明されている.

　f の可測性をどう示すかは状況によるが, 以下のいずれかの場合に帰着させ
て確認することが多い.

- X, Y が位相空間, $\mathscr{M}_X \otimes \mathscr{M}_Y$ が $X \times Y$ 上のボレル σ-加法族を含むとい
  う設定の下で, f が $X \times Y$ 上の連続関数ならば, f は $\mathscr{M}_X \otimes \mathscr{M}_Y$-可測.
  (系 4.1.3 より)

- $\mathscr{M}_X \otimes \mathscr{M}_Y$-可測関数列の各点収束極限は $\mathscr{M}_X \otimes \mathscr{M}_Y$-可測. (系 4.1.6 よ
  り) また, $\overline{\mathscr{M}_X \otimes \mathscr{M}_Y}$-可測関数列がほとんどすべての点で収束するとき,

---

[18] σ-有限でない場合でも, 空間を適当に制限することにより σ-有限測度空間の場合に議論
が帰着できることが多い. 例えば, f が σ-有限とは限らない測度空間 $(X, \mathscr{M}, \mu)$ 上の可
積分関数であるとき, $\hat{X} = \{x \in X \mid f(x) \neq 0\}$, $\hat{\mathscr{M}} = \{A \subset \hat{X} \mid A \in \mathscr{M}\}$ と定め
ると, 測度空間 $(\hat{X}, \hat{\mathscr{M}}, \mu)$ は σ-有限測度空間となる. 実際, 自然数 n に対して $X_n =
\{x \in X \mid |f(x)| \geq 1/n\}$ とすると $\mu(X_n) \leq n \int_X |f|\, d\mu < \infty$ かつ $\hat{X} = \bigcup_{n=1}^{\infty} X_n$ だ
からである. 関数 f を扱う限り, $\hat{X}$ 上で議論すればよい.

[19] 新装版では pp. 112–113.

極限関数は $\overline{\mathcal{M}_X \otimes \mathcal{M}_Y}$-可測.

- $(Z, \mathcal{M}_Z, \mu_Z)$ を第3の測度空間とするとき,$\mathcal{M}_X \otimes \mathcal{M}_Y \otimes \mathcal{M}_Z$-可測(または $\overline{\mathcal{M}_X \otimes \mathcal{M}_Y \otimes \mathcal{M}_Z}$-可測)であるような $X \times Y \times Z$ 上の関数 g について,すべての(または μ_Z-a.e. の)$z \in Z$ に対して,$g(\cdot, \cdot, z)$ は $\mathcal{M}_X \otimes \mathcal{M}_Y$-可測(または $\overline{\mathcal{M}_X \otimes \mathcal{M}_Y}$-可測).(定理 9.2.2 または定理 9.2.7 より)

　関数の可測性を示すことが深刻な問題になる状況はあまり生じない.表 9.1 にまとめた,確認すべき三つの仮定のうちで,実践上で最も重要なのは 3 番目である.

表 9.1　　フビニの定理を適用する際の確認事項.

> - 測度空間は σ-有限か.
> - 関数は直積空間上の可測関数になっているか.
> - 関数は $[0, +\infty]$-値または可積分か.

▶**問 9.2.17.** 定理 9.2.2(2) において,f の可積分性の条件が重要であることを以下の例で確認しよう.$(X, \mathcal{M}_X, \mu_X)$ と $(Y, \mathcal{M}_Y, \mu_Y)$ をともに 1 次元ルベーグ測度空間とし,

$$f(x, y) = \begin{cases} \dfrac{x^2 - y^2}{(x^2 + y^2)^2} & ((x, y) \in [0, 1] \times [0, 1] \setminus \{(0, 0)\} \text{ のとき}), \\ 0 & (\text{その他}) \end{cases}$$

と定める.このとき

$$\int_{\mathbb{R}} \left(\int_{\mathbb{R}} f(x, y)\, dx \right) dy, \quad \int_{\mathbb{R}} \left(\int_{\mathbb{R}} f(x, y)\, dy \right) dx$$

の値を計算し,異なる値になることを確認せよ($\int_{X \times Y} |f|\, d(\mu_X \otimes \mu_Y) = \infty$ であるので,フビニの定理とは矛盾しない).
(ヒント:等式 $\frac{\partial}{\partial x}\left(\frac{-x}{x^2 + y^2} \right) = f(x, y)$ を利用せよ.)

　フビニの定理の応用として,部分積分公式を紹介する.$I = (a, b]$ $(-\infty < a < b < \infty)$,$\bar{I} = [a, b]$ とし,

$$M(\bar{I}) = \{ F \mid F \text{ は } \bar{I} \text{ 上の実数値非減少関数で,さらに右連続} \}$$

とする. $F \in M(\bar{I})$ に対して, 第 7.4 節で議論したように

$$\mu_F\big((\alpha, \beta]\big) = F(\beta) - F(\alpha), \quad a \leq \alpha < \beta \leq b$$

を満たすような $(I, \mathscr{B}(I))$ 上の（有限）測度 μ_F がただ一つ定まる. 必要に応じて完備化した測度空間 $(I, \overline{\mathscr{B}(I)}^{\mu_F}, \mu_F)$ を考えてもよい. μ_F を F に付随するルベーグ–スティルチェス測度という. μ_F に関する積分 $\int_I \varphi(x)\,\mu_F(dx)$ を $\int_a^b \varphi(x)\,dF(x)$ とも表し, ルベーグ–スティルチェス積分と呼ぶのであった.

命題 9.2.18 (部分積分公式). $f, g \in M(\bar{I})$ に対して,

$$f(b)g(b) - f(a)g(a) = \int_a^b g(x)\,df(x) + \int_a^b f(x-)\,dg(x). \tag{9.11}$$

ただしここで, $f(x-) := \lim_{y \to x-0} f(y)$（左極限）.

証明. $A = \{(x, y) \in I \times I \mid x \geq y\}$, $B = \{(x, y) \in I \times I \mid x < y\}$ とすると,

$$(\mu_f \otimes \mu_g)(I \times I) = (\mu_f \otimes \mu_g)(A) + (\mu_f \otimes \mu_g)(B).$$

ここで

$$(\mu_f \otimes \mu_g)(I \times I) = \mu_f(I)\mu_g(I) = \big(f(b) - f(a)\big)\big(g(b) - g(a)\big)$$

であり, フビニの定理より

$$\begin{aligned}
(\mu_f \otimes \mu_g)(A) &= \int_I \left(\int_I \mathbf{1}_{(a,x]}(y)\,\mu_g(dy) \right) \mu_f(dx) \\
&= \int_I \big(g(x) - g(a)\big)\mu_f(dx) \\
&= \int_I g(x)\mu_f(dx) - g(a)\big(f(b) - f(a)\big), \\
(\mu_f \otimes \mu_g)(B) &= \int_I \left(\int_I \mathbf{1}_{(a,y)}(x)\,\mu_f(dx) \right) \mu_g(dy) \\
&= \int_I \big(f(y-) - f(a)\big)\mu_g(dy) \\
&= \int_I f(y-)\mu_g(dy) - f(a)\big(g(b) - g(a)\big).
\end{aligned}$$

これらを整理すると (9.11) を得る. □

9.3 ディンキン族定理

単調族定理（定理 9.2.5）に類似した定理として，ディンキン (Dynkin) 族定理がある．これも有用な定理であるので，ここで解説しておく．

集合 Z の部分集合族 $\mathscr{D}$ が Z 上の**ディンキン族**（ディンキン系，λ-系，Dynkin class, λ-system）であるとは，次の条件を満たすことをいう．

(1) $Z \in \mathscr{D}$.

(2) $A, B \in \mathscr{D}$, $A \subset B$ ならば $B \setminus A \in \mathscr{D}$.

(3) $A_n \in \mathscr{D}$ $(n \in \mathbb{N})$, $A_1 \subset A_2 \subset \cdots \subset A_n \subset \cdots$ ならば $\bigcup_{n=1}^{\infty} A_n \in \mathscr{D}$.

(1) と (2) より，ディンキン族は補集合を取る操作で閉じていることに注意する．

集合 Z の部分集合族 $\mathscr{C}$ が Z 上の**乗法族**（π-系，multiplicative class, π-system）であるとは，「$A, B \in \mathscr{C}$ ならば $A \cap B \in \mathscr{C}$」が成り立つことをいう．

定理 9.3.1 (**ディンキン族定理，π-λ 定理**). $\mathscr{C}$ と $\mathscr{D}$ を集合 Z の部分集合族とする．もし $\mathscr{C} \subset \mathscr{D}$ で，$\mathscr{C}$ が乗法族，$\mathscr{D}$ がディンキン族ならば，$\sigma(\mathscr{C}) \subset \mathscr{D}$ が成り立つ．

証明. まず，一般に，集合族 $\mathscr{A}$ に対して

$$\bigcap_{\mathscr{B}:\,\mathscr{A}\text{ を含むディンキン族}} \mathscr{B}$$

は $\mathscr{A}$ を含む最小のディンキン族となる[20]．これを $\delta(\mathscr{A})$ で表す．$\mathscr{C} \subset \mathscr{D}$ のとき $\delta(\mathscr{C}) \subset \delta(\mathscr{D}) = \mathscr{D}$ だから，$\delta(\mathscr{C}) = \sigma(\mathscr{C})$ を示せば定理の主張が従う．σ-加法族はディンキン族なので，$\delta(\mathscr{C}) \subset \sigma(\mathscr{C})$ が従う．そこで，$\delta(\mathscr{C})$ が σ-加法族であることを示せばよい．そのためには，

$$A_1, A_2 \in \delta(\mathscr{C}) \text{ ならば } A_1 \cap A_2 \in \delta(\mathscr{C}) \tag{9.12}$$

を示せばよい．実際，このときディンキン族 $\delta(\mathscr{C})$ は補集合を取る操作で閉じて

---

[20] 証明は，σ-加法族に関する類似の主張 (p. 25) と同様.

いることから有限加法族である. さらに, 任意の $E_1, E_2, \ldots, E_n, \ldots \in \delta(\mathscr{C})$ に対して $A_n = \bigcup_{j=1}^n E_j$ $(n = 1, 2, \ldots)$ とすれば, $A_n \in \delta(\mathscr{C})$ かつ $A_1 \subset A_2 \subset \cdots \subset A_n \subset \cdots$ であるからディンキン族の条件 (3) より $\bigcup_{n=1}^\infty E_n = \bigcup_{n=1}^\infty A_n \in \delta(\mathscr{C})$. すなわち $\delta(\mathscr{C})$ は可算和を取る操作で閉じている.

(9.12) を示すために, まず

$$\mathscr{C}_1 = \{E \subset Z \mid 任意の A \in \mathscr{C} に対して E \cap A \in \delta(\mathscr{C})\}$$

とする. $\mathscr{C} \subset \mathscr{C}_1$ であり, 定義から直ちに $\mathscr{C}_1$ はディンキン族であることが分かる[21]. したがって, $\delta(\mathscr{C}) \subset \delta(\mathscr{C}_1) = \mathscr{C}_1$. 特に, 任意の $E \in \delta(\mathscr{C})$ と $A \in \mathscr{C}$ に対して $E \cap A \in \delta(\mathscr{C})$. 次に,

$$\mathscr{C}_2 = \{A \subset Z \mid 任意の E \in \delta(\mathscr{C}) に対して E \cap A \in \delta(\mathscr{C})\}$$

とする. 前段の結論から $\mathscr{C} \subset \mathscr{C}_2$. また, 定義から直ちに $\mathscr{C}_2$ はディンキン族であることが分かる. したがって, $\delta(\mathscr{C}) \subset \delta(\mathscr{C}_2) = \mathscr{C}_2$. このことから (9.12) が従う. □

集合族 $\mathscr{A}, \mathscr{B}$ に対して, $\mathscr{A} \subset \mathscr{B}$ から $\sigma(\mathscr{A}) \subset \mathscr{B}$ を導くための十分条件について表 9.2 にまとめておく. フビニの定理を, 単調族定理の代わりにディンキン族定理を用いて証明することもできる.

表 9.2 $\mathscr{A} \subset \mathscr{B}$ から $\sigma(\mathscr{A}) \subset \mathscr{B}$ を導くための十分条件いろいろ.

$\mathscr{A} \subset \mathscr{B}$ で, さらに
- $\mathscr{B}$ が σ-加法族ならば,
- (単調族定理) $\mathscr{A}$ が有限加法族で $\mathscr{B}$ が単調族ならば,
- (ディンキン族定理) $\mathscr{A}$ が乗法族で $\mathscr{B}$ がディンキン族ならば,

$\sigma(\mathscr{A}) \subset \mathscr{B}$.

次の命題は, ディンキン族定理の典型的な応用例である.

---

[21] 確認せよ. p. 141 の脚注 12 も参照のこと.

命題 9.3.2. $(X, \mathcal{M})$ は可測空間で，X 上の乗法族 $\mathcal{C}$ が $\sigma(\mathcal{C}) = \mathcal{M}$ を満たすとする．$(X, \mathcal{M})$ 上の二つの測度 μ, ν に対して，次が成り立つとする．

(1)　任意の $A \in \mathcal{C}$ に対して $\mu(A) = \nu(A)$.

(2)　$\mathcal{C}$ の元からなる単調非減少列 $\{E_n\}_{n \in \mathbb{N}}$ で，$\bigcup_{n=1}^{\infty} E_n = X$ かつ，任意の n に対して $\mu(E_n) < \infty$ が成り立つものが存在する．

このとき，$\mu = \nu$ である[22]．

証明.　まず，(2) の代わりに「$\mu(X) = \nu(X) < \infty$」を仮定した場合に主張を示す．$\mathcal{D} = \{A \in \mathcal{M} \mid \mu(A) = \nu(A)\}$ とすると，$\mathcal{D}$ がディンキン族であることが容易に確認される．仮定より $\mathcal{C} \subset \mathcal{D}$ であるから，ディンキン族定理（定理 9.3.1）より $\sigma(\mathcal{C}) \subset \mathcal{D}$. すなわち $\mathcal{M} \subset \mathcal{D}$ となり，結論を得る．

　次に，一般の場合を示す．(2) における $\{E_n\}_{n \in \mathbb{N}}$ を取り，$n \in \mathbb{N}$ に対して $\mu_n = \mathbf{1}_{E_n} \cdot \mu,\ \nu_n = \mathbf{1}_{E_n} \cdot \nu$ と定める．このとき，すべての $A \in \mathcal{C}$ に対して $\mu_n(A) = \mu(A \cap E_n) = \nu(A \cap E_n) = \nu_n(A)$ であり，$\mu_n(X) = \nu_n(X) < \infty$ が成り立つ．前段の結果から，$\mu_n = \nu_n$ が従う．すなわち，任意の $A \in \mathcal{M}$ に対して $\mu(A \cap E_n) = \nu(A \cap E_n)$. $n \to \infty$ として，$\mu(A) = \nu(A)$ を得る．　　□

▶**問 9.3.3.** μ, ν は $(\mathbb{R}^d, \mathcal{B}(\mathbb{R}^d))$ 上の測度で，任意のコンパクト集合の測度が有限であるものとする．もし，$\mathbb{R}^d$ 上の非負実数値連続関数で，有界な台を持つような任意の f に対して $\int_{\mathbb{R}^d} f(x)\, \mu(dx) = \int_{\mathbb{R}^d} f(x)\, \nu(dx)$ が成り立つならば，$\mu = \nu$ であることを示せ．

▌章末問題

1.　$a > 0$ とする．等式 $e^{-ax} = \int_a^{\infty} x e^{-tx}\, dt$ と $\int_0^{\infty} e^{-tx} \sin x\, dx = \dfrac{1}{1 + t^2}$ を用いて，次の等式を示せ．

$$\int_0^{\infty} e^{-ax} \frac{\sin x}{x}\, dx = \frac{\pi}{2} - \operatorname{Arctan} a.$$

---

[22] すなわち，任意の $A \in \mathcal{M}$ に対して $\mu(A) = \nu(A)$.

2. $(X, \mathcal{M}, \mu)$ を σ-有限測度空間とし，$p > 0$ とする．X 上の非負実数値可測関数 f に対して，次の等式を示せ．

$$\int_X f(x)^p \, \mu(dx) = \int_0^\infty pt^{p-1}\mu(\{f \geq t\}) \, dt.$$

3. $\mathbb{R}^2$ 上の実数値関数 Φ を，$\Phi(x,y) = x - y \ (x, y \in \mathbb{R})$ で定める．Φ は連続関数なのでボレル可測 ($\mathcal{B}(\mathbb{R}^2)/\mathcal{B}(\mathbb{R})$-可測) であるが，さらに $\mathcal{L}(\mathbb{R}^2)/\mathcal{L}(\mathbb{R})$-可測であることを示せ．

(ヒント：まず，1次元ルベーグ測度が 0 の $N \in \mathcal{B}(\mathbb{R})$ に対して，$\Phi^{-1}(N) \, (\in \mathcal{B}(\mathbb{R}^2))$ の 2 次元ルベーグ測度が 0 であることを示す.)

4. f と g を $\mathbb{R}$ 上の複素数値ルベーグ可積分関数とする．前問より，関数 $\mathbb{R}^2 \ni (x,y) \mapsto f(x-y) \in \mathbb{C}$ はルベーグ可測 (すなわち，$\mathcal{L}(\mathbb{R}^2)/\mathcal{B}(\mathbb{C})$-可測) である[23]．ルベーグ測度に関してほとんどすべての $x \in \mathbb{R}$ に対して，$\varphi(x) := \int_{\mathbb{R}} f(x-y)g(y) \, dy$ は有限値であり，φ は $\mathbb{R}$ 上のルベーグ可積分関数で[24]，等式

$$\int_{\mathbb{R}} \varphi(x) \, dx = \left(\int_{\mathbb{R}} f(x) \, dx \right) \left(\int_{\mathbb{R}} g(x) \, dx \right)$$

が成り立つことを示せ (φ を，f と g の**合成積** (畳み込み，convolution) といい，$f * g$ で表す).

5. $(X, \mathcal{M}, \mu)$ を，$\mu(X) = 1$ を満たす測度空間とする．$\mathscr{C}_1$ と $\mathscr{C}_2$ は X 上の乗法族で，$\mathscr{C}_1 \subset \mathcal{M}$，$\mathscr{C}_2 \subset \mathcal{M}$ であるとする．任意の $A_1 \in \mathscr{C}_1$ と $A_2 \in \mathscr{C}_2$ に対して

$$\mu(A_1 \cap A_2) = \mu(A_1)\mu(A_2) \tag{9.13}$$

が成り立つと仮定する．このとき，任意の $A_1 \in \sigma(\mathscr{C}_1)$ と $A_2 \in \sigma(\mathscr{C}_2)$ に対しても (9.13) が成り立つことを示せ．

---

[23] $\mathcal{L}(\mathbb{R})/\mathcal{B}(\mathbb{C})$-可測関数 f と $\mathcal{L}(\mathbb{R}^2)/\mathcal{L}(\mathbb{R})$-可測関数 Φ の合成 $f \circ \Phi$ だから．

[24] 積分が定義されないときは，$\varphi(x)$ の値は例えば 0 としておく．

第**10**章

発展的な話題

　本章では，発展的な事項として，符号付き測度とその分解定理などについて論じる．また，第8章で議論した，ルベーグ測度に関して開集合や閉集合で一般の集合が近似できるという性質を，測度の正則性という枠組でより一般的に論じる．さらに，事実の列挙に留めるが，さまざまな測度の例と正値線型汎関数の積分表現について解説する．

▌ 10.1　符号付き測度

　測度の概念を一般化して，負の値を取ることも許容してみよう．以下では，$(X, \mathcal{M})$ を可測空間とする．

定義 10.1.1. 写像 $\mu \colon \mathcal{M} \to \mathbb{R}$ が $(X, \mathcal{M})$ 上の**符号付き測度** (signed measure) であるとは，次の2条件が成り立つことをいう．

(1)　$\mu(\varnothing) = 0$.

(2)　$\mathcal{M}$ の元からなる列 $\{E_n\}_{n \in \mathbb{N}}$ が互いに素であるとき，

$$\mu\left(\bigsqcup_{n=1}^{\infty} E_n\right) = \sum_{n=1}^{\infty} \mu(E_n). \tag{10.1}$$

　通常の測度と異なる点は，値として実数を取るということのみである．(10.1) の右辺について，$\{E_j\}_{j \in \mathbb{N}}$ の添字の順序は任意に入れ換えられるから，この無限和は絶対収束している．この定義では μ が $\pm\infty$ の値を取ることを許

していない.

μ_1 と μ_2 を $(X, \mathcal{M})$ 上の有限測度とするとき，$\mu(E) = \mu_1(E) - \mu_2(E)$ $(E \in \mathcal{M})$ により定まる μ は符号付き測度である．これを $\mu = \mu_1 - \mu_2$ と表す．逆に，任意の符号付き測度はこのように表される（さらにより強い主張が成り立つ）ことを主張するのが次の定理である．主張を述べるために一つ用語を準備する．$\mathcal{M}$ の元 A が μ の**正集合**（**負集合**）であるとは，$B \subset A$ であるような任意の $B \in \mathcal{M}$ に対して $\mu(B) \geq 0$ ($\mu(B) \leq 0$) であることと定義する.

定理 10.1.2 (**ハーン (Hahn) の分解定理**). $(X, \mathcal{M})$ 上の符号付き測度 μ に対して，X の可測集合 P, N で次の性質を満たすものが存在する.

(1) $P \cap N = \varnothing$, $P \cup N = X$.
(2) P は正集合.
(3) N は負集合.

また，P と N の一意性は次の意味で成り立つ．P' と N' を同様の性質を満たすものとするとき，対称差 $P \triangle P' (= N \triangle N')$ に含まれる任意の可測集合は μ-測度が 0.

$\mu_+(E) = \mu(E \cap P)$, $\mu_-(E) = -\mu(E \cap N)$, $|\mu|(E) = \mu_+(E) + \mu_-(E)$ $(E \in \mathcal{M})$ と定めると，$\mu_\pm$, $|\mu|$ は $(X, \mathcal{M})$ 上の有限測度で，$\mu = \mu_+ - \mu_-$ を満たす．μ_+ を μ の**正の部分** (positive part) または**正変動** (positive variation)，μ_- を μ の**負の部分** (negative part) または**負変動** (negative variation)，$|\mu|$ を μ の**全変動測度** (total variation measure) という.

定理 10.1.2 における組 (P, N) を μ の**ハーン分解** (Hahn decomposition)，$\mu = \mu_+ - \mu_-$ という表示を μ の**ジョルダン分解** (Jordan decomposition) という[1]．ジョルダン分解は一意的である.

定理 10.1.2 の証明のため，補題を一つ準備する.

---

[1] あくまで上記の μ_+ と μ_- を用いた $\mu_+ - \mu_-$ のことであり，単に二つの測度 μ_1, μ_2 を用いて $\mu = \mu_1 - \mu_2$ と表しても，それは一般にはジョルダン分解と呼ばない．有限測度 ν を任意に選んで $\mu = (\mu_+ + \nu) - (\mu_- + \nu)$ と表すことができるので，そのような表示は無数にある.

補題 10.1.3. $A \in \mathcal{M}$ とする. このとき, $D \subset A$ かつ $\mu(D) \leq \mu(A)$ となる負集合 D が存在する[2].

証明. $a_1 = \sup\{\mu(B) \mid B \in \mathcal{M}, \ B \subset A\}$ とすると, $\mu(\varnothing) = 0$ に注意して $a_1 \in [0, +\infty]$ である. $B_1 \in \mathcal{M}$ で, $B_1 \subset A$ かつ $\mu(B_1) \geq \min\{1, a_1/2\}$ となるものが選べる. 以下順に, $B_1, B_2, \ldots, B_{n-1}$ を定めたとき,

$$a_n = \sup\left\{ \mu(B) \ \middle|\ B \in \mathcal{M}, \ B \subset A \setminus \bigcup_{k=1}^{n-1} B_k \right\} (\in [0, a_{n-1}])$$

として, $B_n \subset A \setminus \bigcup_{k=1}^{n-1} B_k$ かつ $\mu(B_n) \geq \min\{1, a_n/2\}$ となる $B_n \in \mathcal{M}$ を選ぶ. $D = A \setminus \bigcup_{n=1}^{\infty} B_n$ としたとき, D が求める集合であることを示そう. まず, $A = D \sqcup \bigcup_{n=1}^{\infty} B_n$ なので

$$\mu(A) = \mu(D) + \sum_{n=1}^{\infty} \mu(B_n) \geq \mu(D)$$

である. また, もし D が負集合でないとすると, $C \subset D$ で $\mu(C) =: \alpha > 0$ となる $C \in \mathcal{M}$ が存在することになるが, これはすべての $n \in \mathbb{N}$ に対して $a_n \geq \alpha$ を意味するので

$$\mu\left(\bigcup_{n=1}^{\infty} B_n \right) = \sum_{n=1}^{\infty} \mu(B_n) \geq \sum_{n=1}^{\infty} \min\{1, \alpha/2\} = +\infty$$

となり, 最左辺が実数であることに矛盾する. $\qquad \square$

定理 10.1.2 の証明. $b_1 = \inf\{\mu(B) \mid B \in \mathcal{M}\}$ とすると, $b_1 \in [-\infty, 0]$ である. $A_1 \in \mathcal{M}$ で, $\mu(A_1) \leq \max\{-1, b_1/2\}$ となるものが存在する. 補題 10.1.3 より, $D_1 \subset A_1$ で $\mu(D_1) \leq \mu(A_1)$ となる負集合 D_1 が選べる. 以下順に, $D_1, D_2, \ldots, D_{n-1}$ を定めたとき,

$$b_n = \inf\left\{ \mu(B) \ \middle|\ B \in \mathcal{M}, \ B \subset X \setminus \bigcup_{k=1}^{n-1} D_k \right\} (\in [b_{n-1}, 0])$$

---

[2] $\mu(A) \geq 0$ のときは $D = \varnothing$ とすればよいので, $\mu(A) < 0$ のときのみ非自明な主張となる.

として，$A_n \subset X \setminus \bigcup_{k=1}^{n-1} D_k$ かつ $\mu(A_n) \le \max\{-1, b_n/2\}$ となる $A_n \in \mathcal{M}$
が存在する．補題 10.1.3 より，$D_n \subset A_n$ で $\mu(D_n) \le \mu(A_n)$ となる負集合 D_n
が選べる．$N = \bigcup_{n=1}^{\infty} D_n, P = X \setminus N$ とするとき，これらが求める集合であ
ることを示そう．

- N が負集合であることの証明．N の部分集合であるような任意の $A \in \mathcal{M}$
  に対して，$A = \bigsqcup_{n=1}^{\infty}(A \cap D_n)$ であり，D_n が負集合なので $\mu(A \cap D_n) \le 0$
  であるから，$\mu(A) = \sum_{n=1}^{\infty} \mu(A \cap D_n) \le 0$.

- P が正集合であることの証明．P が正集合でないと仮定する．$C \subset P$ で
  $\mu(C) =: \beta < 0$ となる $C \in \mathcal{M}$ が存在する．これはすべての $n \in \mathbb{N}$ に対
  して $b_n \le \beta$ を意味するので，

$$\mu(N) = \sum_{n=1}^{\infty} \mu(D_n) \le \sum_{n=1}^{\infty} \max\{-1, \beta/2\} = -\infty$$

となり，$\mu(N)$ が実数であることに矛盾する．

一意性については，まず $P \triangle P' = (P \setminus P') \cup (P' \setminus P) = (P \cap N') \cup (P' \cap N)$
に注意する．$P \cap N'$ は正集合かつ負集合なので，$P \cap N'$ に含まれる任意の可
測集合は μ-測度が 0 である．同様に，$P' \cap N$ に含まれる任意の可測集合も μ-
測度が 0 である．　　　　　　　　　　　　　　　　　　　　　　　　　　　□

ハーンの分解定理の応用として，ラドン–ニコディムの定理を論じる．まず，
測度の絶対連続性の概念を導入する．

定義 10.1.4. μ を $(X, \mathcal{M})$ 上の測度，ν を $(X, \mathcal{M})$ 上の測度または符号付き測度
とする．$\mu(A) = 0$ を満たす任意の $A \in \mathcal{M}$ に対して $\nu(A) = 0$ であるとき，ν
は μ に関して**絶対連続** (absolutely continuous) であるといい，$\nu \ll \mu$ と表す．

▶ **問 10.1.5.** ν が $(X, \mathcal{M})$ 上の符号付き測度のとき，「$\nu \ll \mu$」，「$\nu_+ \ll \mu$ かつ
$\nu_- \ll \mu$」，「$|\nu| \ll \mu$」の 3 条件は同値であることを示せ．

μ を $(X, \mathcal{M})$ 上の測度，f を X 上の $[0, +\infty]$-値可測関数とする．

$$\nu(E) = \int_E f \, d\mu, \quad E \in \mathcal{M} \tag{10.2}$$

と定めると，ν は $(X, \mathcal{M})$ 上の測度である．ν を $f \cdot \mu$ とも表すのであった（系 6.2.9 およびその直後の記述を参照）．構成方法から，$\nu \ll \mu$ である．それでは 逆に，$\nu \ll \mu$ であるような $(X, \mathcal{M})$ 上の測度 ν は，(10.2) のように表されるだ ろうか．まず，簡単な例で考察してみよう．

例 10.1.6. $(\mathbb{N}, 2^{\mathbb{N}})$ 上の測度 μ, ν が $\nu \ll \mu$ を満たしているとする．問 3.2.2 よ り，μ, ν はそれぞれ，ある $[0, +\infty]$-値数列 $\{a_n\}_{n \in \mathbb{N}}$，$\{b_n\}_{n \in \mathbb{N}}$ を用いて

$$\mu(E) = \sum_{n \in E} a_n, \quad \nu(E) = \sum_{n \in E} b_n \qquad (E \subset \mathbb{N})$$

と表される．$\nu \ll \mu$ という条件は，「$n \in \mathbb{N}, a_n = 0$ ならば $b_n = 0$」と同値で ある．ここで，任意の n に対して $a_n \neq \infty$，$b_n \neq \infty$ を仮定しよう．これは μ, ν が σ-有限であることと同値である．このとき，

$$f(n) = \begin{cases} b_n/a_n & (a_n \neq 0 \text{のとき}), \\ 0 & (a_n = 0 \text{のとき}) \end{cases} \quad n \in \mathbb{N}$$

と定めると，$\nu = f \cdot \mu$ が成り立つ．

μ が σ-有限でない場合は，このように表されるとは限らない．例えば，$a_1 = \infty, a_n = 0, b_1 = 1, b_n = 0 \ (n \geq 2)$ に対応する μ, ν について，$\nu \ll \mu$ であるが，$\nu = f \cdot \mu$ となる関数 f は存在しない．

実は，一般に次の主張が成り立つ．

定理 10.1.7 (ラドン–ニコディム (Radon–Nikodym) の定理). μ, ν は $(X, \mathcal{M})$ 上の σ-有限測度で，$\nu \ll \mu$ を満たすとする．このとき，X 上の非負実数値可 測関数 f で $\nu = f \cdot \mu$ となるものが存在する．一意性については，f_1, f_2 をそ のような二つの関数とするとき，$f_1 = f_2 \ \mu$-a.e. となるという意味で一意性が 成り立つ．

定理中の関数 f を，μ に関する ν の**ラドン–ニコディム微分** (Radon–Nikodym derivative) といい，$\dfrac{d\nu}{d\mu}$ で表す．

証明. まず，μ と ν がともに有限測度の場合に f の存在を示す．実数 α に対

して，X 上の符号付き測度 $\nu - \alpha\mu^{3)}$ のハーン分解を (P_α, N_α) とする．$\alpha \leq 0$ のときは $N_\alpha = \varnothing$ とできるのでそのように取っておく．n を自然数とし，$Q_n = \{k/2^n \mid k \in \mathbb{Z},\ k \geq 0\}$ とする．また，X 上の関数 f_n を

$$f_n(x) = \inf\{\alpha \in Q_n \mid x \in N_\alpha\}, \quad x \in X$$

と定める．ただし，ここで $\inf \varnothing = \infty$ とする．$A_n = \{f_n = \infty\}$ と定めると，

$$\mu(A_n) = 0,\ \nu(A_n) = 0 \tag{10.3}$$

である．実際，任意の $\alpha \in Q_n$ に対して，$A_n \subset X \setminus N_\alpha = P_\alpha$ であるから $(\nu - \alpha\mu)(A_n) \geq 0$, すなわち $\alpha\mu(A_n) \leq \nu(A_n)$．$\alpha \to \infty$ として $\mu(A_n) = 0$ となる．$\nu \ll \mu$ より $\nu(A_n) = 0$ も従う．

定義から $f_1 \geq f_2 \geq \cdots \geq f_n \geq \cdots$ であるので，各点で単調減少極限が存在する．これを $\hat{f}$ とする．集合 $\{\hat{f} = \infty\}$ の μ-測度は 0 である．

さて，$E \in \mathcal{M}$ を任意に選ぶ．$n \in \mathbb{N}$, $\alpha \in Q_n$ に対して，$E_\alpha = E \cap \{f_n = \alpha\}$ とすると，

$$E_\alpha \subset N_\alpha \setminus N_{\alpha - 2^{-n}} = N_\alpha \cap P_{\alpha - 2^{-n}}.$$

よって，

$$(\nu - \alpha\mu)(E_\alpha) \leq 0 \leq \big(\nu - (\alpha - 2^{-n})\mu\big)(E_\alpha),$$

すなわち，

$$\nu(E_\alpha) \leq \alpha\mu(E_\alpha) \leq (\nu + 2^{-n}\mu)(E_\alpha).$$

E_α 上で $f_n = \alpha$ だから，

$$\nu(E_\alpha) \leq (f_n \cdot \mu)(E_\alpha) \leq (\nu + 2^{-n}\mu)(E_\alpha).$$

$\alpha \in Q_n$ について和を取ると，

$$\nu(E) \leq (f_n \cdot \mu)(E) \leq (\nu + 2^{-n}\mu)(E).$$

ここで，$E \setminus \bigcup_{\alpha \in Q_n} E_\alpha \subset A_n$ であることと (10.3) を用いた．$n \to \infty$ として $\nu(E) = (\hat{f} \cdot \mu)(E)$ を得る．$\mu(\{\hat{f} = \infty\}) = 0$ であるので，$f = \hat{f}\mathbf{1}_{\{\hat{f} < \infty\}}$ とす

---

3) $(\nu - \alpha\mu)(E) = \nu(E) - \alpha\mu(E)$ $(E \in \mathcal{M})$ により与えられる符号付き測度のこと．

ると f は非負実数値で $\nu = f \cdot \mu$ である．これで条件を満たす関数 f の存在が示せた．

次に，μ と ν が σ-有限測度の場合を扱う．可測集合の列 $\{X_l\}_{l \in \mathbb{N}}$ で，任意の $l \in \mathbb{N}$ に対して $\mu(X_l) < \infty$, $\nu(X_l) < \infty$, かつ $X = \bigcup_{l=1}^{\infty} X_l$ となるものが存在する[4]．$\hat{X}_1 = X_1$, $\hat{X}_l = X_l \setminus \bigcup_{k=1}^{l-1} X_k$ $(l \geq 2)$ とすると，$X = \bigsqcup_{l=1}^{\infty} \hat{X}_l$ であり，$\{\hat{X}_l\}_{l \in \mathbb{N}}$ は互いに素で，各 $\hat{X}_l$ は $(\mu + \nu)$-測度有限である．$\hat{X}_l$ 上に制限した測度空間において前段の結論を適用すると，$\hat{X}_l$ 上の非負実数値可測関数 f_l で $\nu = f_l \cdot \mu$ が $\hat{X}_l$ 上で成り立つものが存在する．$f(x) = f_l(x)$ $(x \in \hat{X}_l$ のとき）と定めれば，$\nu = f \cdot \mu$ を満たす．

最後に，一意性について示す．前段の $\{X_l\}_{l \in \mathbb{N}}$ を取る．関数 f_1, f_2 が $f_1 \cdot \mu = f_2 \cdot \mu = \nu$ を満たすとする．$l \in \mathbb{N}$, $A = \{f_1 > f_2\} \cap X_l$ とすると，$(f_1 \cdot \mu)(A) = (f_2 \cdot \mu)(A) = \nu(A) < \infty$ より $\int_A (f_1 - f_2)\, d\mu = 0$ となり，系 5.2.7(2) から $\mu(A) = 0$ が従う．同様にして，$\mu(\{f_1 < f_2\} \cap X_l) = 0$ も従う．以上より，$\mu(\{f_1 \neq f_2\}) \leq \sum_{l=1}^{\infty} \mu(\{f_1 \neq f_2\} \cap X_l) = 0$ であるので $f_1 = f_2$ μ-a.e. が成り立つ． $\square$

▶ **問 10.1.8.** μ を $(X, \mathcal{M})$ 上の σ-有限測度，ν を $(X, \mathcal{M})$ 上の符号付き測度とし，$\nu \ll \mu$ とする．このとき，X 上の μ-可積分関数 f で，

$$\nu(E) = \int_E f(x)\, \mu(dx), \quad E \in \mathcal{M}$$

となるものが μ-a.e. の意味で一意的に存在することを示せ．この主張もラドン–ニコディムの定理という．

絶対連続性と対になる概念もこの機会に導入しておく．

定義 10.1.9. μ, ν を $(X, \mathcal{M})$ 上の二つの測度とする．ある $E \in \mathcal{M}$ が存在して $\mu(E) = 0$ かつ $\nu(E^c) = 0$ が成り立つとき，ν は μ に関して**特異** (singular)，または μ と ν は互いに特異であるといい，$\nu \perp \mu$ と表す．μ, ν の一方または双方が符号付き測度の場合についても，μ, ν を $|\mu|, |\nu|$ に取り換えたもので同様に

---

[4] 実際，可測集合からなる単調非減少列 $\{X_l'\}_{l \in \mathbb{N}}$, $\{X_l''\}_{l \in \mathbb{N}}$ で，任意の $l \in \mathbb{N}$ に対して $\mu(X_l') < \infty$, $\nu(X_l'') < \infty$, かつ $X = \bigcup_{l=1}^{\infty} X_l' = \bigcup_{l=1}^{\infty} X_l''$ となるものを選び，$X_l = X_l' \cap X_l''$ $(l \in \mathbb{N})$ とすればよい．

定義する.

命題 10.1.10. $\nu \ll \mu$ かつ $\nu \perp \mu$ ならば, ν は零測度, すなわちすべての $A \in \mathcal{M}$ に対して $\nu(A) = 0$ である.

証明. μ と ν が測度の場合に示せば十分である. $\nu \perp \mu$ より, $\mu(E) = 0$, $\nu(E^c) = 0$ となる $E \in \mathcal{M}$ が存在する. $\nu \ll \mu$ なので $\nu(E) = 0$. したがって, $\nu(X) = \nu(E) + \nu(E^c) = 0$. □

定理 10.1.11 (**ルベーグの分解定理**). μ を $(X, \mathcal{M})$ 上の測度, ν を $(X, \mathcal{M})$ 上の σ-有限測度 (または符号付き測度) とする. このとき, $\nu = \nu_{\mathrm{a}} + \nu_{\mathrm{s}}$, $\nu_{\mathrm{a}} \ll \mu$, $\nu_{\mathrm{s}} \perp \mu$ を満たす σ-有限測度 (または符号付き測度) ν_{a}, ν_{s} が一意的に存在する.

　$\nu_{\mathrm{a}} + \nu_{\mathrm{s}}$ を, μ に関する ν の**ルベーグ分解** (Lebesgue decomposition) という.

証明. まず, ν が σ-有限測度のとき ν_{a} と ν_{s} の一意性を示す. $\nu_{\mathrm{a}}, \nu_{\mathrm{s}}$ および $\nu'_{\mathrm{a}}, \nu'_{\mathrm{s}}$ がそれぞれ条件を満たすとする. 可測集合の列 $\{X_n\}_{n \in \mathbb{N}}$ で, $X = \bigcup_{n=1}^{\infty} X_n$ かつ, 各 n に対して $\nu(X_n) < \infty$ であるものを選ぶ. $\nu = \nu_{\mathrm{a}} + \nu_{\mathrm{s}} = \nu'_{\mathrm{a}} + \nu'_{\mathrm{s}}$ より, X_n 上に制限した符号付き測度として $\nu_{\mathrm{a}} - \nu'_{\mathrm{a}} = \nu'_{\mathrm{s}} - \nu_{\mathrm{s}}$ が成り立つ. $(\nu_{\mathrm{a}} - \nu'_{\mathrm{a}}) \ll \mu$, $(\nu'_{\mathrm{s}} - \nu_{\mathrm{s}}) \perp \mu$ であるので[5], 命題 10.1.10 より, X_n 上に制限した測度として $\nu_{\mathrm{a}} - \nu'_{\mathrm{a}} = \nu'_{\mathrm{s}} - \nu_{\mathrm{s}}$ は零測度. n は任意だから, $\nu_{\mathrm{a}} = \nu'_{\mathrm{a}}$, $\nu_{\mathrm{s}} = \nu'_{\mathrm{s}}$ が成り立つ. ν が符号付き測度の場合も同様にして一意性が示される[6].

　次に, ν_{a} と ν_{s} の存在を示そう. ν が符号付き測度の場合は, 正変動と負変動に分けて考えればよいので, ν が σ-有限測度のときに示せばよい. まず, ν が有限測度の場合を扱う. $\mathcal{N} = \{N \in \mathcal{M} \mid \mu(N) = 0\}$ とし,

---

[5] $\mu(E) = 0$, $\nu_{\mathrm{s}}(E^c) = 0$, $\mu(E') = 0$, $\nu'_{\mathrm{s}}((E')^c) = 0$ となる $E, E' \in \mathcal{M}$ を選ぶと $\mu(E \cup E') = 0$, また

$$|\nu'_{\mathrm{s}} - \nu_{\mathrm{s}}|((E \cup E')^c) = (\nu'_{\mathrm{s}} - \nu_{\mathrm{s}})_{+}((E \cup E')^c) + (\nu'_{\mathrm{s}} - \nu_{\mathrm{s}})_{-}((E \cup E')^c)$$
$$\leq \nu'_{\mathrm{s}}((E')^c) + \nu_{\mathrm{s}}(E^c) = 0$$

となるので, $(\nu'_{\mathrm{s}} - \nu_{\mathrm{s}}) \perp \mu$.

[6] この場合は集合列 $\{X_n\}_{n \in \mathbb{N}}$ を取る必要はなく, X 上で議論すればよい.

$\alpha = \sup\{\nu(N) \mid N \in \mathcal{N}\} (< \infty)$ と定める．$\mathcal{N}$ の元からなる列 $\{N_n\}_{n \in \mathbb{N}}$ で $\lim_{n \to \infty} \nu(N_n) = \alpha$ となるものを選び，$N = \bigcup_{n=1}^{\infty} N_n$ とおく．このとき $N \in \mathcal{N}$ かつ $\nu(N) = \alpha$ である．$\nu_{\mathrm{a}} = \mathbf{1}_{N^c} \cdot \nu$, $\nu_{\mathrm{s}} = \mathbf{1}_N \cdot \nu^{7)}$ とすると条件を満たすことを示そう．$\nu = \nu_{\mathrm{a}} + \nu_{\mathrm{s}}$ は明らか．$\mu(N) = 0$, $\nu_{\mathrm{s}}(N^c) = 0$ であるから $\nu_{\mathrm{s}} \perp \mu$．もし $\nu_{\mathrm{a}} \ll \mu$ でないとすると，$\mu(A) = 0$ かつ $\nu_{\mathrm{a}}(A) > 0$ を満たす $A \in \mathcal{M}$ が存在することになるが，このとき $N \cup A \in \mathcal{N}$,

$$\nu(N \cup A) = \nu(N) + \nu(A \cap N^c) = \nu(N) + \nu_{\mathrm{a}}(A) > \alpha$$

となり，α の定義に矛盾する．したがって，$\nu_{\mathrm{a}} \ll \mu$．

ν が σ-有限測度の場合を議論しよう．μ-測度有限の $\mathcal{M}$ の元からなり，互いに素な列 $\{X_n\}_{n \in \mathbb{N}}$ で，$X = \bigsqcup_{n=1}^{\infty} X_n$ となるものを選ぶ．各 n に対して，μ と $\nu_n := \mathbf{1}_{X_n} \cdot \nu$ について前段の結果を適用すると，$\nu_n = \nu_{n,\mathrm{a}} + \nu_{n,\mathrm{s}}$ なる分解を得る．

$$\nu_{\mathrm{a}}(E) = \sum_{n=1}^{\infty} \nu_{n,\mathrm{a}}(E), \quad \nu_{\mathrm{s}}(E) = \sum_{n=1}^{\infty} \nu_{n,\mathrm{s}}(E) \qquad (E \in \mathcal{M})$$

として ν_{a} と ν_{s} を定めると，これらは条件を満たす． $\qquad\square$

10.2 測度の正則性

命題 8.1.9, 8.1.10，系 8.1.14 では，ルベーグ測度空間において，（ルベーグ可測）集合がある意味で外側から開集合で，内側から閉集合またはコンパクト集合で近似されることをみた．本節では，このような性質がより一般の測度空間でも成り立つことを論じる．以下では，(S, ρ) を距離空間とし，$\mathcal{B}(S)$ で S 上のボレル σ-加法族を表す．$(S, \mathcal{B}(S))$ 上の測度のことを S 上の**ボレル測度** (Borel measure) という．

命題 10.2.1. μ を S 上の有限ボレル測度とする．このとき，任意の $A \in \mathcal{B}(S)$ は以下の性質を持つ．

> 任意の $\varepsilon > 0$ に対して，S の開集合 G と閉集合 F が存在して $F \subset A \subset G$ かつ $\mu(G \setminus F) < \varepsilon$ を満たす． $\qquad(10.4)$

---

7) すなわち，$\nu_{\mathrm{a}}(E) = \nu(E \cap N^c)$, $\nu_{\mathrm{s}}(E) = \nu(E \cap N)$ $(E \in \mathcal{M})$.

特に,

$$\mu(A) = \inf\{\mu(G) \mid G \text{ は } S \text{ の開集合で } A \subset G\}, \tag{10.5}$$

$$\mu(A) = \sup\{\mu(F) \mid F \text{ は } S \text{ の閉集合で } F \subset A\} \tag{10.6}$$

が成り立つ.

証明.　(10.4) が成り立つような $A \in \mathscr{B}(S)$ の全体を $\mathscr{C}$ とする. $\mathscr{C} = \mathscr{B}(S)$ を示そう.

まず, A が閉集合ならば, $A \in \mathscr{C}$ である. 実際, $F = A$, $G_n = \{x \in S \mid \inf_{y \in A} \rho(x, y) < 1/n\}$ $(n \in \mathbb{N})$ とすると, G_n は開集合で A を含み, $\bigcap_{n=1}^{\infty}(G_n \setminus F) = \varnothing$ である. 測度の連続性（命題 3.3.2(2)）より, $\lim_{n \to \infty} \mu(G_n \setminus F) = 0$ である[8]. したがって, $\varepsilon > 0$ に対して十分大きな n を選ぶと, $\mu(G_n \setminus F) < \varepsilon$ となる.

次に, $\mathscr{C}$ が σ-加法族であることを示す. $\varnothing \in \mathscr{C}$ は明らかで, $\mathscr{C}$ が補集合を取る操作で閉じていることは, $F \subset A \subset G$ ならば, $G^c \subset A^c \subset F^c$ かつ $G \setminus F = F^c \setminus G^c$ であることから分かる. $\mathscr{C}$ が可算和で閉じていることを示そう. $A_n \in \mathscr{C}$ $(n \in \mathbb{N})$ とし, $A = \bigcup_{n=1}^{\infty} A_n$ とおく. $\varepsilon > 0$ を任意に取る. 各 $n \in \mathbb{N}$ に対して, 開集合 G_n と閉集合 F_n で, $F_n \subset A_n \subset G_n$ かつ $\mu(G_n \setminus F_n) < \varepsilon/2^{n+1}$ を満たすものを選ぶ. $G = \bigcup_{n=1}^{\infty} G_n$, $\hat{F} = \bigcup_{n=1}^{\infty} F_n$ とする. すると, $\hat{F} \subset A \subset G$ で

$$\mu(G \setminus \hat{F}) \leq \mu\left(\bigcup_{n=1}^{\infty}(G_n \setminus F_n)\right) \leq \sum_{n=1}^{\infty} \mu(G_n \setminus F_n) \leq \frac{\varepsilon}{2}$$

となる[9]. $F_N = \bigcup_{n=1}^{N} F_n$ $(N \in \mathbb{N})$ と定めると, これは閉集合で A に含まれ, 測度の連続性（命題 3.3.2(1)）から $\lim_{N \to \infty} \mu(F_N) = \mu(\hat{F})$. したがって, 十分大きな N に対して $\mu(\hat{F} \setminus F_N) < \varepsilon/2$ となり,

$$\mu(G \setminus F_N) = \mu(G \setminus \hat{F}) + \mu(\hat{F} \setminus F_N) < \frac{\varepsilon}{2} + \frac{\varepsilon}{2} = \varepsilon.$$

これで $A \in \mathscr{C}$ が示された.

---

[8] ここで, μ が有限測度であることを用いた.

[9] $\hat{F}$ が閉集合ならばこれで証明が終わるが, 閉集合とは限らないので以下のようにもう一工夫が必要である.

以上より，$\mathscr{C}$ はすべての閉集合を含む σ-加法族なので，$\mathscr{B}(S)$ を含む．   □

命題 10.2.2. (S, ρ) を完備可分距離空間とし，μ を S 上の有限ボレル測度とする．任意の $\varepsilon > 0$ に対して，あるコンパクト集合 K が存在して，$\mu(K^c) \leq \varepsilon$ となる．

一般に，$\{\mu_\lambda\}_{\lambda \in \Lambda}$ を位相空間 S 上のボレル測度（通常は有限測度を考える）の族とするとき，この族が**緊密** (tight) であるとは，任意の $\varepsilon > 0$ に対してあるコンパクト集合 K が存在して，$\sup_{\lambda \in \Lambda} \mu_\lambda(K^c) \leq \varepsilon$ が成り立つことをいう．命題 10.2.2 は，一つの測度からなる族についての緊密性の主張であると見なせる．

証明. 中心が $x \in S$ で，半径が $r > 0$ の S における開球 $\{y \in S \mid \rho(x, y) < r\}$ を $B(x, r)$ で表す．S は可分なので，S の可算部分集合 $\{x_k \mid k \in \mathbb{N}\}$ で閉包が S となるものが選べる．$\varepsilon > 0$ とする．自然数 n に対して，$\bigcup_{k=1}^{\infty} B(x_k, 1/n) = S$ であるから，十分大きな自然数 l_n を選ぶと $A_n := \bigcup_{k=1}^{l_n} B(x_k, 1/n)$ に対して $\mu(A_n^c) < 2^{-n}\varepsilon$ となる．$A = \bigcap_{n=1}^{\infty} A_n$ とすると，

$$\mu(A^c) = \mu\left(\bigcup_{n=1}^{\infty} A_n^c\right) \leq \sum_{n=1}^{\infty} \mu(A_n^c) \leq \varepsilon.$$

構成方法から，A は全有界[10]である．S は完備距離空間なので，A の閉包はコンパクト集合[11]．したがって，K として A の閉包を取ればよい．   □

命題 10.2.3. (S, ρ) を完備可分距離空間とし，μ を S 上の有限ボレル測度とする．任意の $A \in \mathscr{B}(S)$ に対して，

$$\mu(A) = \sup\{\mu(K) \mid K \text{ は } S \text{ のコンパクト集合で } K \subset A\} \tag{10.7}$$

が成り立つ．

証明. 左辺 $\geq$ 右辺は明らかなので，逆向きの不等号を示す．$\varepsilon > 0$ として，命題 10.2.1 と命題 10.2.2 を用いると，閉集合 F とコンパクト集合 K で

---

[10] A が全有界とは，任意の $\varepsilon > 0$ に対して S の有限個の点 $a_1, a_2, \ldots, a_l$ を選んで $A \subset \bigcup_{k=1}^{l} B(a_k, \varepsilon)$ とできることをいう．

[11] 証明は，例えば文献 [4, 定理 27.1]，[9, 第 6 章定理 12] を参照のこと．

$$F \subset A,\ \mu(F) > \mu(A) - \varepsilon,\ \mu(K^c) \leq \varepsilon$$

となるものが選べる．$F \cap K$ はコンパクト集合で A に含まれ，

$$\mu(F \cap K) = \mu(F \setminus K^c) \geq \mu(F) - \mu(K^c) > \mu(A) - 2\varepsilon.$$

$\varepsilon > 0$ は任意なので，主張が示された．　　　　　　　　　□

次の定理は，系 8.1.14 を一般化したものである．

定理 10.2.4. μ を距離空間 S 上のボレル測度とする．$(S, \mathscr{B}(S), \mu)$ を完備化した測度空間を $(S, \overline{\mathscr{B}(S)}, \mu)$ で表す．

(1)　次の条件を仮定する．

> S の開集合の列 $\{U_n\}_{n \in \mathbb{N}}$ で，任意の n に対して $\mu(U_n) < \infty$ かつ，$S = \bigcup_{n=1}^{\infty} U_n$ となるものが存在する． 　(10.8)

このとき，$A \in \overline{\mathscr{B}(S)}$ に対して (10.5) が成り立つ．

(2)　μ が σ-有限であるとする．このとき，$A \in \overline{\mathscr{B}(S)}$ に対して (10.6) が成り立つ．もしさらに (S, ρ) が完備可分距離空間ならば，$A \in \overline{\mathscr{B}(S)}$ に対して (10.7) が成り立つ．

証明.　定理 7.5.3 に注意すると，$A \in \mathscr{B}(S)$ に対して主張を示せば十分である．

(1)　$\varepsilon > 0$ を任意に選ぶ．各 $n \in \mathbb{N}$ に対して，μ を $(U_n, \mathscr{B}(U_n))$ に制限したものに命題 10.2.1 を適用する．開集合 U_n の上の相対位相における開集合は S の開集合であるから，$A_n = A \cap U_n$ として

$$\mu(A_n) = \inf\{\mu(G) \mid G \text{ は } S \text{ の開集合で } A_n \subset G\}$$

が成り立つ．特に，$A_n \subset G_n$ なる開集合 G_n で $\mu(G_n \setminus A_n) < 2^{-n}\varepsilon$ を満たすものが選べる．$G = \bigcup_{n=1}^{\infty} G_n$ とすれば，G は A を含む開集合で，

$$\mu(G \setminus A) \leq \mu\left(\bigcup_{n=1}^{\infty}(G_n \setminus A_n)\right) \leq \sum_{n=1}^{\infty} \mu(G_n \setminus A_n) \leq \varepsilon.$$

よって，$\mu(G) = \mu(A) + \mu(G \setminus A) \leq \mu(A) + \varepsilon$．$\varepsilon > 0$ は任意だから，(10.5) で $=$ を $\geq$ に変えた式が成り立つ．逆向きの不等式は明らかなので，(10.5) が成り立つ．

(2) S のボレル集合からなる単調非減少列 $\{E_n\}_{n \in \mathbb{N}}$ で，任意の $n \in \mathbb{N}$ に対して $\mu(E_n) < \infty$ かつ，$S = \bigcup_{n=1}^{\infty} E_n$ となるものを選ぶ．$n \in \mathbb{N}$ に対して，S 上の有限ボレル測度 $\mathbf{1}_{E_n} \cdot \mu^{12)}$ に命題 10.2.1 を適用すると，

$$
\begin{aligned}
\mu(A \cap E_n) &= (\mathbf{1}_{E_n} \cdot \mu)(A) \\
&= \sup\{(\mathbf{1}_{E_n} \cdot \mu)(F) \mid F \text{ は } S \text{ の閉集合で } F \subset A\} \\
&\leq \sup\{\mu(F) \mid F \text{ は } S \text{ の閉集合で } F \subset A\}
\end{aligned}
$$

が成り立つ．上式で $n \to \infty$ として

$$
\mu(A) \leq \sup\{\mu(F) \mid F \text{ は } S \text{ の閉集合で } F \subset A\}
$$

が成り立つ．逆向きの不等式は明らかなので，(10.6) が成り立つ．

(S, ρ) が完備可分距離空間のときは，上の議論において命題 10.2.1 の代わりに命題 10.2.3 を適用すれば，(10.7) の成立が示される． $\qquad \square$

注意 10.2.5. 定理 10.2.4(1) の仮定を「μ が σ-有限」に代えた命題には反例がある．例えば，$S = \mathbb{R}$ とし，$f(x) = |x|^{-1}$ ($x \in \mathbb{R} \setminus \{0\}$，$f(0)$ は適当に定める)，λ を 1 次元ルベーグ測度として $\mu = f \cdot \lambda$ と定めると，$E_n = [-n, -1/n] \cup \{0\} \cup [1/n, n]$ ($n \in \mathbb{N}$) は μ-測度有限で $\mathbb{R} = \bigcup_{n=1}^{\infty} E_n$ なので μ は σ-有限だが，$\mu(\{0\}) = 0$ であり，$\{0\}$ を含む任意の開集合 G に対して $\mu(G) = \infty$．

注意 10.2.6. 命題 10.2.1, 10.2.2, 10.2.3, 定理 10.2.4 の主張は，位相にのみ依存し，距離関数には直接依存しない．そこで，「(S, ρ) は距離空間」，「(S, ρ) は完備可分距離空間」という仮定は，それぞれ「S は距離付け可能な位相空間」，「S はポーランド空間（完備可分距離空間と同相な位相空間）」に弱めることができる[13]．

---

[12] すなわち，$(\mathbf{1}_{E_n} \cdot \mu)(A) = \mu(A \cap E_n)$ $(A \in \mathscr{B}(S))$ で定まる測度．

[13] このように仮定を弱めておくと便利なことがある．例えば，開区間 $(0, 1)$ にユークリッド距離を与えた距離空間は可分だが完備でない．しかし，同じ位相を与える別の距離関数 $\rho \colon (0, 1) \times (0, 1) \ni (x, y) \mapsto |\tan(x - 1/2)\pi - \tan(y - 1/2)\pi| \in \mathbb{R}$ については完備となるので，$(0, 1)$ はこの位相に関してポーランド空間である．

より一般に，S がハウスドルフ (Hausdorff) 空間[14)] である場合を考えよう．S 上の σ-加法族 $\mathcal{M}$ がすべてのボレル集合を元に持つとする．

定義 10.2.7. μ を可測空間 $(S, \mathcal{M})$ 上の測度とする．

- μ が**外部正則**（外正則，outer regular）であるとは，すべての $A \in \mathcal{M}$ に対して (10.5) が成り立つことをいう．
- μ が**内部正則**（内正則，inner regular）であるとは，すべての開集合 A に対して (10.7) が成り立つことをいう．
- μ が**正則** (regular) な測度であるとは，外部正則かつ内部正則で，さらに任意のコンパクト集合の μ-測度が有限であることをいう．

例えば，系 8.1.14 より，d 次元ルベーグ測度は正則である（定理 10.2.4 にも注意する）．

内部正則の定義を，「すべての $A \in \mathcal{M}$ に対して (10.7) が成り立つ」という，より強い主張にする文献もある[15)]．次の命題から分かる通り，σ-有限測度を扱う限りあまり差異はない．

命題 10.2.8. 上の状況で，$(S, \mathcal{M})$ 上の外部正則かつ内部正則な測度 μ がさらに σ-有限であるとする．このとき，任意の $A \in \mathcal{M}$ に対して (10.7) が成り立つ．

証明. まず，$\mu(A) < \infty$ の場合を扱う．$\varepsilon > 0$ とする．外部正則性より，A を含む開集合 G で $\mu(G) < \mu(A) + \varepsilon$ を満たすものが選べる．内部正則性より，$K \subset G$ であるコンパクト集合 K で $\mu(K) > \mu(G) - \varepsilon$ を満たすものが選べる．$\mu(G \setminus A) < \varepsilon$ であるから，外部正則性より $G \setminus A$ を含む開集合 U で $\mu(U) < \varepsilon$ を満たすものが選べる．$K \setminus U$ はコンパクト集合で A に含まれ，

$$\mu(K \setminus U) = \mu(K) - \mu(K \cap U) > \mu(G) - \varepsilon - \varepsilon \geq \mu(A) - 2\varepsilon.$$

したがって，(10.7) が成り立つ．

---

14) 位相空間 S の任意の相異なる 2 点 x, y に対して，開集合 U, V が存在して $x \in U, y \in V$，$U \cap V = \varnothing$ を満たすとき，S をハウスドルフ空間という．このとき，任意のコンパクト集合は閉集合である．

15) 文献によって，この辺りの用語の定義が微妙に異なることがあるので注意が必要である．

次に $\mu(A) = \infty$ とする.$\mathscr{M}$ の元からなる単調非減少列 $\{E_n\}_{n \in \mathbb{N}}$ で,任意の $n \in \mathbb{N}$ に対して $\mu(E_n) < \infty$ かつ,$S = \bigcup_{n=1}^{\infty} E_n$ であるものを選ぶ.$n \in \mathbb{N}$ とし,集合 $A \cap E_n$ に前段の結果を適用すると,$K \subset A \cap E_n \,(\subset A)$,$\mu(K) \geq \mu(A \cap E_n) - 1$ となるコンパクト集合 K が選べる.$\lim_{n \to \infty} \mu(A \cap E_n) = \mu(A) = \infty$ だから,n を大きく取ることで,A に含まれるコンパクト集合で測度がいくらでも大きなものが選べる.したがって,この場合も (10.7) が成り立つ. $\square$

σ-有限測度でない場合は,一般には差異が出てくる.やや細かい話になるが,一例を挙げる.

例 10.2.9. $\mathbb{R}$ を通常の位相を備えた実数全体の集合,$\check{\mathbb{R}}$ を離散位相[16)] を備えた実数全体の集合とし,$X = \mathbb{R} \times \check{\mathbb{R}}$ とする.X 上の位相は直積位相[17)] とし,$\mathscr{B}(X)$ で X 上のボレル σ-加法族を表す.X の部分集合 A に対して

$$A_y = \{x \in \mathbb{R} \mid (x, y) \in A\}, \quad y \in \check{\mathbb{R}} \tag{10.9}$$

と定めると,

$$A \text{ が開集合} \iff \text{任意の } y \in \check{\mathbb{R}} \text{ に対して } A_y \text{ が } \mathbb{R} \text{ の開集合}$$

$A \text{ がコンパクト集合} \iff$ 任意の $y \in \check{\mathbb{R}}$ に対して A_y が $\mathbb{R}$ のコンパクト集合,
かつ $A_y \neq \varnothing$ となる y は有限個

$$A \in \mathscr{B}(X) \implies \text{任意の } y \in \check{\mathbb{R}} \text{ に対して } A_y \in \mathscr{B}(\mathbb{R})^{[18)]}$$

となる.λ を $\mathbb{R}$ 上のルベーグ測度とするとき,$(X, \mathscr{B}(X))$ 上の測度 μ を

$$\mu(A) = \begin{cases} \sum_{y \in \check{\mathbb{R}}} \lambda(A_y) & (A_y \neq \varnothing \text{ となる } y \in \check{\mathbb{R}} \text{ が高々可算個のとき}), \\ \infty & (A_y \neq \varnothing \text{ となる } y \in \check{\mathbb{R}} \text{ が非可算個のとき}) \end{cases}$$

と定める(和は (2.5) の意味で取る).μ が正則な測度であることが定義に従って確認できる.しかし,任意の $A \in \mathscr{B}(X)$ に対して (10.7) が成り立つわけではない.実際,$A = \{0\} \times \check{\mathbb{R}}$ とすると,A は閉集合(特にボレル集合)で

[16)] 任意の部分集合が開集合であるような位相のこと.

[17)] $\{A \times B \mid A \text{ は } \mathbb{R} \text{ の開集合,} B \text{ は } \check{\mathbb{R}} \text{ の開集合}\}$ から生成される位相のこと.

[18)] 実際,条件「任意の $y \in \check{\mathbb{R}}$ に対して $A_y \in \mathscr{B}(\mathbb{R})$」を満たす集合 A の全体は σ-加法族をなし,すべての開集合はこの条件を満たすから.

$\mu(A) = \infty$ であるが，A に含まれる任意のコンパクト集合は有限集合のため μ-測度は 0．したがって (10.7) は成り立たない．

以下で，関連する定理について論じる．

定理 10.2.10（**ルージン (Lusin) の定理**）．S をハウスドルフ空間とし，μ を S 上の正則な有限ボレル測度とする．f を S 上の複素数値ボレル可測関数，ε を正の実数とする．このとき，S の閉部分集合 F で，$\mu(S \setminus F) < \varepsilon$ かつ，f が F 上で（相対位相に関して）連続になるものが存在する．

証明のために，次の一般的な定理を準備する．

定理 10.2.11（**エゴロフ (Egorov) の定理**）．有限測度空間 $(X, \mathcal{M}, \mu)$ 上の複素数値可測関数列 $\{f_n\}_{n \in \mathbb{N}}$ が，ある可測関数 f に概収束しているとする．このとき，任意の $\varepsilon > 0$ に対して，$B \in \mathcal{M}$ を選んで，$\mu(X \setminus B) < \varepsilon$ かつ $\{f_n\}_{n \in \mathbb{N}}$ が B 上で f に一様収束するようにできる．

証明．$\varepsilon > 0$ とする．$k \in \mathbb{N}$ を固定し，$n \in \mathbb{N}$ に対して

$$A_{n,k} = \{x \in X \mid \text{ある } m \geq n \text{ に対して } |f_m(x) - f(x)| > 1/k\}$$
$$\left(= \bigcup_{m=n}^{\infty} \{x \in X \mid |f_m(x) - f(x)| > 1/k\} \right)$$

と定める．$\{f_n\}_{n \in \mathbb{N}}$ は f に概収束するので，$\mu\left(\bigcap_{n=1}^{\infty} A_{n,k}\right) = 0$ である．$\{A_{n,k}\}_{n \in \mathbb{N}}$ は単調非増加列で，$\mu(A_{1,k}) \leq \mu(X) < \infty$ なので，単調非増加列に関する測度の連続性（命題 3.3.2(2)）より，$\lim_{n \to \infty} \mu(A_{n,k}) = 0$．特に，ある $n_k \in \mathbb{N}$ に対して $\mu(A_{n_k,k}) < \varepsilon/2^k$ である．

そこで，$A = \bigcup_{k=1}^{\infty} A_{n_k,k}$ と定めると，$\mu(A) \leq \sum_{k=1}^{\infty} \mu(A_{n_k,k}) < \varepsilon$．$B = X \setminus A$ とすれば，$\mu(X \setminus B) = \mu(A) < \varepsilon$ である．B の構成方法から，$k \in \mathbb{N}$ に対して，$m \geq n_k$ ならば任意の $x \in B$ に対して $|f_m(x) - f(x)| \leq 1/k$ である．すなわち，$\{f_n\}_{n \in \mathbb{N}}$ は B 上で f に一様収束する．　　□

定理 10.2.10 の証明．命題 10.2.8 より，任意の $A \in \mathscr{B}(S)$ に対して (10.5) および (10.7) が成り立つことに注意する．

まず，$f = \mathbf{1}_E$（$E \in \mathscr{B}(S)$）の場合を考える．$\varepsilon > 0$ に対して，$C \subset E \subset G$,

$\mu(G) - \varepsilon/2 < \mu(E) < \mu(C) + \varepsilon/2$ を満たす閉集合 C と開集合 G を選べる. $F = C \cup G^c$ とすると F は閉集合で $\mu(F^c) = \mu(G \setminus C) < \varepsilon$ であり, f は閉集合 F 上で連続である[19].

次に, $f = \sum_{j=1}^{k} \alpha_j \mathbf{1}_{E_j}$ ($\alpha_j \in \mathbb{C}$, $E_j \in \mathscr{B}(S)$) と表される場合を考える. $\varepsilon > 0$ とする. 前段の結果から, 各 $j = 1, 2, \ldots, k$ に対して, 閉集合 F_j で $\mu(F_j^c) < \varepsilon/k$ かつ $\mathbf{1}_{E_j}$ が F_j 上で連続であるものが存在する. $F = \bigcap_{j=1}^{k} F_j$ とすると, F は閉集合で $\mu(F^c) < \varepsilon$ を満たし, f は F 上で連続となる.

最後に, 一般のボレル可測関数 f の場合を扱う. 前段で扱った形の関数の列 $\{f_n\}_{n \in \mathbb{N}}$ で, f に各点収束するものを選ぶ. 各 $n \in \mathbb{N}$ に対して, 閉集合 F_n で $\mu(F_n^c) < \varepsilon/2^{n+1}$ かつ f_n が F_n 上で連続であるものが選べる. また, エゴロフの定理 (定理 10.2.11) より, $\mathscr{B}(S)$ の元 B で, $\mu(B^c) < \varepsilon/2$ かつ $\{f_n\}_{n \in \mathbb{N}}$ が B 上で f に一様収束するものが選べる. B^c を含む開集合 U で $\mu(U) < \varepsilon/2$ となるものを選ぶ. $F = \left(\bigcap_{n=1}^{\infty} F_n \right) \setminus U$ と定めると, F は閉集合で $\mu(F^c) \leq \sum_{n=1}^{\infty} \mu(F_n^c) + \mu(U) < \varepsilon$ である. 各 f_n は F 上で連続で, $\{f_n\}_{n \in \mathbb{N}}$ は F 上で f に一様収束するから, f も F 上で連続である. $\square$

系 10.2.12. 定理 10.2.10 と同じ設定で, さらに S は正規空間[20] とする. このとき, S 上の連続関数 φ で $\mu(\{x \in S \mid f(x) \neq \varphi(x)\}) < \varepsilon$ となるものが存在する.

証明. 定理 10.2.10 の結論部の閉集合 F を取る. ティーツェ (Tietze) の拡張定理[21] より, S 上の連続関数 φ で, F 上で値が f に一致するものが存在する. これが条件を満たす関数である. $\square$

---

[19] 実際, f の定義域を F に制限したとき, f の逆像として現れるのは $\varnothing$, G^c, C, F のみである.

[20] 正規空間とは, $E \cap F = \varnothing$ であるような任意の二つの閉集合 E, F に対して, $E \subset U$, $F \subset V$, $U \cap V = \varnothing$ となる開集合 U, V が存在するような位相空間のことである. 距離空間は正規空間である.

[21] ティーツェの拡張定理とは, 「正規空間 S の閉集合 F 上で連続な実数値関数は S 上の連続関数に拡張できる」という定理である. 複素数値関数についても実部と虚部に分けることにより同様の主張が成り立つ.

▎10.3　いろいろな測度

第 7 章ではルベーグ測度を，第 9 章では直積測度を構成したが，構成が非自明なその他の具体的な測度はあまり扱ってこなかった．本節では，証明抜きで 3 種類のよく知られた測度について紹介する．

10.3.1　ハウスドルフ測度

(S, ρ) を距離空間とする．A を S の部分集合とする．A の**直径** $\operatorname{diam}(A)$ を，

$$\operatorname{diam}(A) = \sup_{x,y \in A} \rho(x,y) \quad (\text{ただし} \sup \varnothing = 0 \text{とする})$$

で定める．$s \geq 0$ に対して，

$$V_s(A) = \operatorname{diam}(A)^s \quad (s > 0), \qquad V_0(A) = \begin{cases} 1 & (A \neq \varnothing), \\ 0 & (A = \varnothing) \end{cases}$$

とする．また，$\delta > 0$ に対して，

$$\mathcal{H}_\delta^s(A) = \inf\left\{ \sum_{j=1}^{\infty} V_s(B_j) \,\middle|\, B_j \subset S, \ \operatorname{diam}(B_j) \leq \delta \ (j \in \mathbb{N}), \ A \subset \bigcup_{j=1}^{\infty} B_j \right\}$$
$$\in [0, +\infty]$$

と定める．さらに

$$\mathcal{H}^s(A) = \lim_{\delta \to +0} \mathcal{H}_\delta^s(A) \in [0, +\infty]$$

と定義する．ここで，$\mathcal{H}_\delta^s(A)$ は $\delta \to +0$ のとき単調に増大することに注意する．$\mathcal{H}^s$ は S 上の外測度となり，これを s 次元**ハウスドルフ外測度** (s-dimensional Hausdorff outer measure) という．この外測度に関し，カラテオドリの意味で可測な集合の全体を $\mathcal{M}_s$ とするとき，$(S, \mathcal{M}_s)$ 上の測度 $\mathcal{H}^s$ を s 次元**ハウスドルフ測度** (s-dimensional Hausdorff measure) という．$\mathcal{M}_s$ は S 上のボレル σ-加法族を含む．さらに，S の任意の部分集合 A に対して

$$\sup\{s \geq 0 \mid \mathcal{H}^s(A) = \infty\} = \inf\{s \geq 0 \mid \mathcal{H}^s(A) = 0\}$$

（ただし $\sup \varnothing = 0$, $\inf \varnothing = \infty$ とする）が成り立つ．この値を A の**ハウスドルフ次元** (Hausdorff dimension) という．

$(S, \rho) = (\mathbb{R}^d, \text{ユークリッド距離})$ としよう. このとき, d 次元ハウスドルフ外測度は d 次元ルベーグ外測度の定数倍に一致する[22]. また, $s < d$ のとき, $\mathbb{R}^d$ 上の s 次元ハウスドルフ測度は σ-有限でない. $\mathbb{R}^d$ に埋め込まれた k 次元リーマン多様体 M の体積要素は, k 次元ハウスドルフ測度を M に制限したものの定数倍に一致する.

▶ **問 10.3.1.** $\mathcal{M}_0 = 2^S$ で, $\mathcal{H}^0$ は計数測度, すなわち S の部分集合 A に対して

$$\mathcal{H}^0(A) = \begin{cases} \#A & (A \text{ が有限集合のとき}), \\ \infty & (A \text{ が無限集合のとき}) \end{cases} \tag{10.10}$$

であることを示せ.

10.3.2 ハール測度

G を局所コンパクト群[23]とし, $\mathcal{B}(G)$ を G 上のボレル σ-加法族とする. G 上のボレル測度 μ で, 以下の条件を満たすものを**左ハール測度** (left Haar measure) という.

- μ は零測度 (すべての $E \in \mathcal{B}(G)$ に対して $\mu(E) = 0$) ではない.
- μ は正則な測度[24].
- μ は左不変, すなわち任意の $g \in G$ と $A \in \mathcal{B}(G)$ に対して $\mu(gA) = \mu(A)$ が成り立つ. ここで, $gA = \{gx \mid x \in A\}$.

このような測度は, 定数倍の違いを除いて一意的に存在することが知られている[25]. 左不変性を右不変性 $\mu(Ag) = \mu(A)$ に変えて, 同様に**右ハール測度** (right Haar measure) も考えられる. 左ハール測度が右ハール測度でもある

---

[22] 定数は, 直径 1 の d 次元球の体積の逆数. 証明については, 例えば文献 [14] を参照のこと. この定数が 1 となるように, ハウスドルフ外測度を定数倍して定義する流儀もある.
[23] 位相空間 S が局所コンパクトであるとは, 任意の $x \in S$ がコンパクトな近傍を持つことをいう. 群 G が局所コンパクト群であるとは, 位相空間として G が局所コンパクトハウスドルフ空間であり, さらに G が位相群, すなわち演算 $G \times G \ni (g, h) \mapsto gh \in G$ と $G \ni g \mapsto g^{-1} \in G$ がともに連続写像であることをいう.
[24] 定義 10.2.7 を参照のこと.
[25] 証明については, 例えば文献 [7, 第 4 章] を参照のこと.

 とき**ハール測度** (Haar measure) といい，そのような場合の G をユニモジュ
ラー群という．いくつか例を見ておこう．

(1)　局所コンパクト群 G が高々可算集合ならば，そのハール測度は計数測度
　　　（の正定数倍）である．

(2)　$\mathbb{R}^d$ を和演算に関する局所コンパクト群と見なしたとき，そのハール測度
　　　は d 次元ルベーグ測度（の正定数倍）である．計数測度はハール測度でな
　　　い（正則性の条件のうち，「任意のコンパクト集合の測度が有限」という
　　　条件を満たさない）．

(3)　d 次元トーラス $\mathbb{T}^d = (\mathbb{R}/\mathbb{Z})^d$ を和演算に関する局所コンパクト群と見な
　　　したとき，そのハール測度は，$\mathbb{T}^d$ を自然に集合 $[0,1)^d$ と同一視したとき
　　　の d 次元ルベーグ測度（の正定数倍）である．

(4)　$\mathbb{R}$ の部分位相空間 $I = (0, +\infty)$ に乗法演算を備えた局所コンパクト群の
　　　ハール測度の一つは，

$$\mu(A) = \int_A \frac{1}{x}\, dx, \quad A \in \mathscr{B}(I)$$

　　　で与えられる．

(5)　G を $GL(n, \mathbb{R})$，すなわち n 次実正則行列の全体とする．n 次実行列の全体
　　　を $M(n, \mathbb{R})$ とするとき，全単射写像

$$M(n, \mathbb{R}) \ni (a_{ij})_{i,j=1}^n$$
$$\mapsto {}^t(a_{11}, \ldots, a_{n1}, a_{12}, \ldots, a_{n2}, \ldots\ldots, a_{1n}, \ldots, a_{nn}) \in \mathbb{R}^{n^2}$$

　　　によって $G\,(\subset M(n, \mathbb{R}))$ は $\mathbb{R}^{n^2}$ の開部分集合と見なせ，この位相と行列の
　　　積演算により，G は局所コンパクト群となる．$\varphi(g) = |\det g|^{-n}\ (g \in G)$
　　　とし，λ を $\mathbb{R}^{n^2}$ 上のルベーグ測度として，$\mu = \varphi \cdot \lambda$ と定めると，これは
　　　G のハール測度となる．正則性を示すのは易しい．左不変性を示そう．
　　　$g \in G$ に対して，$G \ni x \mapsto gx \in G$ は $M(n, \mathbb{R}) \cong \mathbb{R}^{n^2}$ からそれ自身への
　　　線型写像に連続拡張され，$\mathbb{R}^{n^2}$ 上の線型写像と見なしたときの表現行列 T
　　　は

$$T = \begin{pmatrix} \boxed{g} & & & 0 \\ & \boxed{g} & & \\ & & \ddots & \\ 0 & & & \boxed{g} \end{pmatrix}$$

という形の n^2 次正方行列になる. $A \in \mathscr{B}(G)$ に対して, 変数変換の公式 (命題 8.1.7) を適用すると,

$$\begin{aligned} \mu(gA) &= \int_{\mathbb{R}^{n^2}} \mathbf{1}_{gA}(x)\varphi(x)\,\lambda(dx) \\ &= |\det T| \int_{\mathbb{R}^{n^2}} \mathbf{1}_{gA}(Tx)\varphi(Tx)\,\lambda(dx) \\ &= |\det g|^n \int_{\mathbb{R}^{n^2}} \mathbf{1}_A(x)\,|\det g|^{-n}\,\varphi(x)\,\lambda(dx) \\ &= \mu(A). \end{aligned}$$

右不変性も同様に示される.

(6) $\check{\mathbb{R}}$ を離散位相を備えた実数全体の集合とすると, 通常の和演算に関して局所コンパクト群となる. $\check{\mathbb{R}}$ のハール測度は計数測度 (の正定数倍) である. ルベーグ測度は内部正則性 (10.7) を満たさないのでハール測度ではない.

(7) (2) の $\mathbb{R}$ と (6) の $\check{\mathbb{R}}$ の直積で定まる局所コンパクト群 $X = \mathbb{R} \times \check{\mathbb{R}}$ のハール測度 μ は, 例 10.2.9 で与えたもの (の正定数倍) である. 文献によっては, ハール測度の定義として, 正則性の代わりに「任意のコンパクト集合の測度が有限, かつ任意の $A \in \mathscr{B}(G)$ に対して (10.7) が成り立つ」という条件を課す場合もある. この場合のハール測度は以下で与えられるものになる.

$$\nu(A) = \sum_{y \in \check{\mathbb{R}}} \lambda(A_y) \left(:= \sup\left\{ \sum_{y \in \Lambda} \lambda(A_y) \,\middle|\, \Lambda \text{ は } \check{\mathbb{R}} \text{ の有限部分集合} \right\} \right),$$
$$A \in \mathscr{B}(X).$$

ここで, λ は 1 次元ルベーグ測度, A_y は例 10.2.9 の (10.9) で定義されるものである. $\nu(\{0\} \times \check{\mathbb{R}}) = 0$ だが $\mu(\{0\} \times \check{\mathbb{R}}) = \infty$ であることに注意する.

10.3.3 無限直積測度

$(X, \mathscr{M}, \mu)$ を測度空間で $\mu(X) = 1$ であるものとする. $X^{\mathbb{N}} = \{\mathbb{N} \text{ から } X \text{ へ}$

の写像の全体} 上に μ の**無限直積測度** (infinite product measure) を定めることを考えよう.

まず, $n \in \mathbb{N}$ に対して, 写像 $\pi_n \colon X^{\mathbb{N}} \to X^n$ を, $f = \{f(m)\}_{m \in \mathbb{N}} \mapsto \pi_n(f) = (f(1), f(2), \ldots, f(n))$ により定める. $X^{\mathbb{N}}$ の部分集合 A が**筒集合** (cylinder set) であるとは, ある $n \in \mathbb{N}$ と $B \in \mathscr{M}^{\otimes n} = \underbrace{\mathscr{M} \otimes \cdots \otimes \mathscr{M}}_{n}$ を用いて

$$A = \pi_n^{-1}(B) \, (= \{x \in X^{\mathbb{N}} \mid \pi_n(x) \in B\}) \tag{10.11}$$

と表されることをいう. 筒集合の全体を $\mathscr{C}$ で表す. $\mathscr{C}$ は $X^{\mathbb{N}}$ 上の有限加法族である. $\mathscr{C}$ から生成される σ-加法族 $\sigma(\mathscr{C})$ を $\mathscr{G}$ で表す. $\mathscr{G}$ は, 任意の $n \in \mathbb{N}$ に対して π_n が $\mathscr{H}/\mathscr{M}^{\otimes n}$-可測であるような σ-加法族 $\mathscr{H}$ のうちで最小のものである. (10.11) で表される A に対して, $\nu(A) = \mu^{\otimes n}(B) \, (= (\underbrace{\mu \otimes \cdots \otimes \mu}_{n})(B))$ とする. これは A の表現の仕方によらず定まり[26], $(X^{\mathbb{N}}, \mathscr{C}, \nu)$ は有限加法的測度空間となる. ν は $(X^{\mathbb{N}}, \mathscr{G})$ 上の測度に一意的に拡張される[27]. この測度を μ の無限直積測度といい, $\mu^{\otimes \mathbb{N}}$, μ^{∞} などと表す.

例 10.3.2. $(X, \mathscr{M}, \mu)$ として, $X = [0,1]$, $\mathscr{M} = \mathscr{B}([0,1])$, μ をルベーグ測度とする. 無限直積空間 $(X^{\mathbb{N}}, \mathscr{G}, \mu^{\otimes \mathbb{N}})$ を改めて $(\Omega, \mathscr{F}, P)$ と表すことにする. $n \in \mathbb{N}$ に対して, $Z_n \colon \Omega \to \mathbb{R}$ を, $Z_n(\omega) = \omega_n$ $(\omega = \{\omega_n\}_{n \in \mathbb{N}} \in \Omega)$ により定める. これは $\mathscr{F}/\mathscr{B}(\mathbb{R})$-可測であり, P の定義の仕方から, Z_n による P の像測度は区間 $[0,1]$ 上のルベーグ測度に等しい. $(\Omega, \mathscr{F}, P)$ 上の可測関数列 $\{Z_n\}_{n \in \mathbb{N}}$ は, 「区間 $[0,1]$ に値を取る一様乱数を独立に可算回発生させる」という確率モデルになっている. さて, 確率論における大数の強法則[28]が述べ

---

[26] n の代わりに $n+k$, B の代わりに $B \times \underbrace{X \times \cdots \times X}_{k}$ としても A を表現できるが, $\mu(X) = 1$ であることが効いて $\nu(A)$ の値は変わらない.

[27] 証明は, 例えば文献 [2, 第 2.3 節] を参照のこと.

[28] 参考までに, 用語の説明抜きで主張を記しておく. $\{Z_n\}_{n \in \mathbb{N}}$ を確率空間 $(\Omega, \mathscr{F}, P)$ 上の独立同分布確率変数列で, Z_1 は可積分であるとする. Z_1 の期待値を m とするとき,

$$P\left[\left\{\omega \in \Omega \ \middle| \ \lim_{n \to \infty} \frac{1}{n} \sum_{k=1}^{n} Z_k(\omega) = m\right\}\right] = 1.$$

るところによると，

$$C = \left\{ \omega = \{\omega_n\}_{n \in \mathbb{N}} \in \Omega \ \middle|\ \lim_{n \to \infty} \frac{1}{n} \sum_{k=1}^{n} \omega_k = \frac{1}{2} \right\}$$

とするとき $P(C) = 1$. つまり，P は C という小さな集合上に測度が集中している．有限直積測度の場合の類推で，P は "Ω 全体に一様な重みのついた測度" のように考えたくなるが，そのような素朴な感覚は無限直積空間においてはしばしば当てはまらない．

10.4 正値線型汎関数の積分表現

$(X, \mathcal{M}, \mu)$ を測度空間とし，$\mathcal{L}$ を X 上の実数値可積分関数を元とする実ベクトル空間とする．写像 $\Phi \colon \mathcal{L} \to \mathbb{R}$ を

$$\Phi(f) = \int_X f \, d\mu, \qquad f \in \mathcal{L}$$

によって定めると，Φ は以下の性質を持つ．

(1) Φ は線型写像である．すなわち，任意の $\alpha, \beta \in \mathbb{R}$ と $f, g \in \mathcal{L}$ に対して $\Phi(\alpha f + \beta g) = \alpha \Phi(f) + \beta \Phi(g)$ が成り立つ．

(2) Φ は正値性を持つ．すなわち，$f \in \mathcal{L}$ が非負値関数ならば $\Phi(f) \geq 0$ である．

このような Φ を正値線型汎関数という（一般に，関数からなる集合上の関数をしばしば**汎関数** (functional) という）．それでは逆に，X 上の実数値関数からなる[29] 実ベクトル空間 $\mathcal{L}$ 上の正値線型汎関数 Ψ が与えられたとき，X 上の適切な σ-加法族 $\mathcal{G}$ とその上の測度 ν が存在して

$$\Psi(f) = \int_X f \, d\nu, \qquad f \in \mathcal{L}$$

と表せるだろうか．以下では，この問に関する事実を証明抜きで紹介する[30]．

---

29) すべての実数値関数からなるということではない．

30) 証明は，例えば文献 [12] を参照のこと．

X 上の σ-加法族 $\mathcal{G}$ を,

$$\mathcal{G} = \sigma(\{f^{-1}(B) \mid f \in \mathcal{L},\ B \in \mathcal{B}(\mathbb{R})\})$$

で定める. $\mathcal{G}$ は, すべての $f \in \mathcal{L}$ を $\mathcal{H}/\mathcal{B}(\mathbb{R})$-可測にするような σ-加法族 $\mathcal{H}$ のうち最小のものである. $\mathcal{L}$ にさらに次の条件を課す.

- $f, g \in \mathcal{L}$ ならば, $f \wedge g \in \mathcal{L}$.

ここで, $f \wedge g$ は $(f \wedge g)(x) = \min\{f(x), g(x)\}$ で定まる関数を表す. このとき, $\mathcal{L}$ をベクトル束という.

定理 10.4.1 (ダニエル–ストーン (Daniell–Stone) の定理).　ベクトル束 $\mathcal{L}$ 上の正値線型汎関数 Ψ が次の連続性を満たすとする.

  $f_n \in \mathcal{L}$ $(n \in \mathbb{N})$ で, 各 $x \in X$ に対して, $\{f_n(x)\}_{n \in \mathbb{N}}$ が n について単
  調非増加で $n \to \infty$ のとき 0 に収束するならば, $\lim_{n \to \infty} \Psi(f_n) = 0$.

このとき, $(X, \mathcal{G})$ 上の測度 ν が存在して, 任意の $f \in \mathcal{L}$ は ν-可積分で

$$\Psi(f) = \int_X f\, d\nu$$

を満たす. 測度の一意性については, 簡単のため定数関数 1 が $\mathcal{L}$ の元であることを仮定すると, ν は $(X, \mathcal{G})$ 上の測度として一意的に定まる.

定理 10.4.2 (リース (Riesz) の表現定理[31]).　X を局所コンパクトハウスドルフ空間とする. X 上の実数値連続関数 f で台 $\overline{\{x \in X \mid f(x) \neq 0\}}$ がコンパクト集合であるものの全体を $C_c(X)$ とする. このとき, $C_c(X)$ 上の正値線型汎関数 Ψ に対して, X 上のボレル測度 ν で次の性質を持つものが一意的に存在する.

- ν は正則な測度[32].
- 任意の $f \in C_c(X)$ に対して, $\Psi(f) = \int_X f\, d\nu$.

---

[31] ヒルベルト (Hilbert) 空間論における同名の定理とは別物.
[32] 定義 10.2.7 を参照のこと.

例 10.4.3. $X = \mathbb{R}$ とし，$f \in C_c(\mathbb{R})$ に対して

$$\Psi(f) = \int_{-\infty}^{\infty} f(x)\,dx \quad (広義リーマン積分の意味で)$$

と定めた Ψ に対応する測度 ν はルベーグ測度に他ならない．

例 10.4.4. X を局所コンパクトハウスドルフ空間，μ を X 上のボレル測度で，任意のコンパクト集合 K に対して $\mu(K) < \infty$ が成り立つものとする．また，線型写像 $T\colon C_c(X) \to C_c(X)$ が正値性「$f \geq 0$ ならば $Tf \geq 0$」を満たすとする．

$$\Psi(f) = \int_X Tf\,d\mu, \qquad f \in C_c(X)$$

と定めると，Ψ は $C_c(X)$ 上の正値線型汎関数である．したがって，定理 10.4.2 より，Ψ は X 上のあるボレル測度 ν を用いて

$$\Psi(f) = \int_X f\,d\nu, \qquad f \in C_c(X)$$

のように積分表現される．

章末問題

1. μ, ν は可測空間 $(X, \mathcal{M})$ 上の測度で，$\mu(X) < \infty$ とする．このとき，次の二つの条件は同値であることを示せ．

   (i) $\nu \ll \mu$.

   (ii) 任意の $\varepsilon > 0$ に対して，$\delta > 0$ が存在して，$A \in \mathcal{M}, \mu(A) \leq \delta$ ならば $\nu(A) \leq \varepsilon$ が成り立つ．

2. μ_1, μ_2, μ_3 を可測空間 $(X, \mathcal{M})$ 上の σ-有限測度とする．

   (a) $\mu_2 \ll \mu_3$ のとき，X 上の任意の $[0, +\infty]$-値可測関数 g に対して

   $$\int_X g\,d\mu_2 = \int_X g\,\frac{d\mu_2}{d\mu_3}\,d\mu_3$$

   が成り立つことを示せ．

   (b) $\mu_1 \ll \mu_2$ かつ $\mu_2 \ll \mu_3$ であれば，$\mu_1 \ll \mu_3$ であり

   $$\frac{d\mu_1}{d\mu_3} = \frac{d\mu_1}{d\mu_2}\frac{d\mu_2}{d\mu_3} \quad \mu_3\text{-a.e.}$$

   が成り立つことを示せ．

3. エゴロフの定理（定理 10.2.11）において，μ が有限測度という仮定を外すと結論が成り立つとは限らない．μ が無限測度の場合の反例を挙げよ．

4. 8.2.2 項で導入したカントール集合 C を，ユークリッド距離を備えた距離空間 $\mathbb{R}$ の部分集合と見なす．$\alpha = \log 2 / \log 3 \,(= 0.6309\cdots)$ とするとき，C のハウスドルフ次元は α 以下であることを示せ（実際には，C のハウスドルフ次元は α に等しい）．

5. p を 2 以上の自然数とする．$X = \{0, 1, 2, \ldots, p-1\}$, $\mathscr{M} = 2^X$,

$$\mu(A) = \frac{1}{p} \times \#A, \qquad A \subset X$$

として $\mu(X) = 1$ なる測度空間 $(X, \mathscr{M}, \mu)$ を定める．この無限直積空間を $(X^{\mathbb{N}}, \mathscr{G}, \nu)$ とする．すなわち $\nu = \mu^{\otimes \mathbb{N}}$ である．写像 $\varphi \colon X^{\mathbb{N}} \to [0, 1]$ を，

$$\varphi(x) = \sum_{n=1}^{\infty} x_n p^{-n}, \qquad x = \{x_n\}_{n \in \mathbb{N}} \in X^{\mathbb{N}}$$

で定義する．$\varphi(x)$ は，p 進表示で整数部分が 0，小数第 n 位が x_n である小数である．また，写像 $\psi \colon X^{\mathbb{N}} \to \mathbb{Z}_p$ を，

$$\psi(x) = \sum_{n=0}^{\infty} x_{n+1} p^{n}, \qquad x = \{x_n\}_{n \in \mathbb{N}} \in X^{\mathbb{N}}$$

と定める．ここで $\mathbb{Z}_p$ は p 進整数環であり，収束は p 進距離についての位相で解釈する[33]．このとき，以下の主張を示せ．

(a) φ と ψ は連続である．ただし $X^{\mathbb{N}}$ の位相は離散集合 X の無限直積位相，すなわち $k \in \mathbb{N}$, $j \in X$ に対して $\{\{x_n\}_{n \in \mathbb{N}} \mid x_k = j\}$ と表される集合の全体から生成される位相とする．

(b) $\mathscr{G}$ は $X^{\mathbb{N}}$ 上のボレル σ-加法族に等しい．このことから，$[0, 1]$ と $\mathbb{Z}_p$ にボレル σ-加法族を付与してそれぞれ可測空間と見なしたとき，φ と ψ は可測写像となる．

---

[33] 0 でない有理数 q が $q = p^n a/b$ $(n, a, b \in \mathbb{Z}$, a, b は p で割れない）と表されるとき $|q|_p = p^{-n}$ と定め，さらに $|0|_p = 0$ とするとき，$d_p(x, y) = |x - y|_p$ で定義される $\mathbb{Q} \times \mathbb{Q}$ 上の関数 d_p は $\mathbb{Q}$ 上の距離関数となる．$\mathbb{Q}$ を d_p について完備化して体の構造を付与したものが p 進体 $\mathbb{Q}_p$ である．$\mathbb{Q}_p$ 上の距離関数に自然に拡張した d_p を p 進距離という．$\mathbb{Q}_p$ における $\mathbb{Z}$ の閉包が $\mathbb{Z}_p$ である．

(c) φ による ν の像測度を $\varphi_* \nu$ とする. すなわち

$$(\varphi_* \nu)(B) = \nu(\varphi^{-1}(B)), \quad B \in \mathscr{B}([0,1]).$$

このとき, $\varphi_* \nu$ は $\mathscr{B}([0,1])$ 上で 1 次元ルベーグ測度に等しい.

(d) ψ による ν の像測度を $\psi_* \nu$ とする. すなわち

$$(\psi_* \nu)(B) = \nu(\psi^{-1}(B)), \quad B \in \mathscr{B}(\mathbb{Z}_p).$$

このとき, $\psi_* \nu$ は $\mathbb{Z}_p$ を加法演算により局所コンパクト群と見なしたときのハール測度である.

補 遺

A.1 第 2.3 節の命題の証明

本節では，第 2.3 節で述べた命題の証明を行う.

命題 2.3.1 の証明．写像 $\varphi\colon \mathbb{N} \to \mathbb{Z}$ を，

$$\varphi(n) = \begin{cases} 0 & (n=1\text{のとき}), \\ n/2 & (n\text{ が偶数のとき}), \\ -(n-1)/2 & (n\text{ が 3 以上の奇数のとき}) \end{cases}$$

により定めると，φ は全単射である.

次に，正の有理数全体を，既約分数表示 a/b において $a+b$ が小さい順に，$a+b$ が等しいものについては b が小さい順に並べる.具体的には

$$\frac{1}{1}, \frac{2}{1}, \frac{1}{2}, \frac{3}{1}, \frac{1}{3}, \frac{4}{1}, \frac{3}{2}, \frac{2}{3}, \frac{1}{4}, \frac{5}{1}, \frac{1}{5}, \frac{6}{1}, \frac{5}{2}, \frac{4}{3}, \frac{3}{4}, \frac{2}{5}, \frac{1}{6}, \frac{7}{1}, \frac{5}{3}, \frac{3}{5}, \frac{1}{7}, \cdots$$

となる.この数列を $\{x_n\}_{n\in\mathbb{N}}$ で表す.写像 $\psi\colon \mathbb{N} \to \mathbb{Q}$ を，

$$\psi(n) = \begin{cases} 0 & (n=1\text{のとき}), \\ x_{n/2} & (n\text{ が偶数のとき}), \\ -x_{(n-1)/2} & (n\text{ が 3 以上の奇数のとき}) \end{cases}$$

により定めると，ψ は全単射である. □

命題 2.3.2 の証明．写像 $\varphi\colon \mathbb{N} \to \mathbb{N}^2$ を，$\{\varphi(n)\}_{n\in\mathbb{N}}$ が

$$(1,1), (2,1), (1,2), (3,1), (2,2), (1,3), (4,1), (3,2), (2,3), (1,4), \ldots$$

となるように定めると，これは全単射であるから $\mathbb{N}^2$ は可算集合である．すると，$d \geq 2$ のとき，$\mathbb{N}^d = \mathbb{N} \times \mathbb{N}^{d-1}$ と $\mathbb{N}^{d+1} = \mathbb{N}^2 \times \mathbb{N}^{d-1}$ の濃度は等しいから，数学的帰納法により，すべての自然数 d に対して $\mathbb{N}^d$ は可算集合であることが従う．このことと命題 2.3.1 より，$\mathbb{Z}^d$ と $\mathbb{Q}^d$ も可算集合である．　　　□

命題 2.3.3 の証明. $\mathbb{R} \ni x \mapsto e^x/(1+e^x) \in (0,1)$ は，$\mathbb{R}$ から区間 $(0,1)$ への全単射であり，

$$(0,1) \ni x \mapsto \begin{cases} 2x & (x = 2^{-k}, \ k \in \mathbb{N} \text{ と表されるとき}), \\ x & (\text{その他のとき}) \end{cases} \in (0,1]$$

は区間 $(0,1)$ から区間 $(0,1]$ への全単射であるから，$2^{\mathbb{N}}$ から $(0,1]$ への全単射が存在することを示せばよい．写像 $\Phi\colon 2^{\mathbb{N}} \to [0,1]$ を，$A \in 2^{\mathbb{N}}$（すなわち $A \subset \mathbb{N}$）に対して，$\Phi(A) = \sum_{n \in A} 2^{-n} \in [0,1]$ と定める[1]．また，

$$Z_0 = \{A \in 2^{\mathbb{N}} \mid \text{ある } N \in \mathbb{N} \text{ が存在して，} k \geq N \text{ ならば } k \notin A\},$$
$$Z_1 = \{A \in 2^{\mathbb{N}} \mid \text{ある } N \in \mathbb{N} \text{ が存在して，} k \geq N \text{ ならば } k \in A\}$$

とする．$\Phi(Z_0)$ は区間 $[0,1)$ に含まれる 2 進有限小数の全体，$\Phi(Z_1)$ は区間 $(0,1]$ に含まれる 2 進有限小数の全体である．写像 $\Psi\colon 2^{\mathbb{N}} \to (0,1]$ を，

$$\Psi(A) = \begin{cases} \Phi(A) & (A \in 2^{\mathbb{N}} \setminus (Z_0 \cup Z_1) \text{ のとき}), \\ (1 - \Phi(A))/2 & (A \in Z_0 \text{ のとき}), \\ (1 + \Phi(A))/2 & (A \in Z_1 \text{ のとき}) \end{cases}$$

と定めると Ψ は全単射である．　　　□

命題 2.3.4 の証明. φ を X から 2^X への任意の写像とする．2^X の元 A（すなわち $A \subset X$）を，

$$A = \{x \in X \mid x \notin \varphi(x)\}$$

と定める．$x \in X$ を任意に選ぶ．$x \in A$ ならば，A の定義から $x \notin \varphi(x)$ なので $\varphi(x) \neq A$．$x \notin A$ ならば，A の定義から $x \in \varphi(x)$ なのでやはり $\varphi(x) \neq A$．したがって，$\varphi(x) = A$ となる $x \in X$ は存在せず，φ は全射ではない．　　　□

---

[1] ここで，$\Phi(\varnothing) = 0$ である．$\Phi(A)$ は 2 進表示 $0.a_1 a_2 a_3 \cdots$ において，$n \in A$ なら $a_n = 1$，$n \notin A$ なら $a_n = 0$ と定めたものである．Φ は全単射に近い写像であるが，区間 $(0,1)$ に含まれる 2 進有限小数の逆像は 2 点集合であるため，以下の議論を行っている．

命題 2.3.5 の証明．命題 2.3.3 より，$\mathbb{R}$ から $2^{\mathbb{N}}$ への全単射 φ が存在する．写像 $\psi\colon \mathbb{R}^d \to 2^{\mathbb{N}}$ を，

$$\psi(x_1, x_2, \ldots, x_d) = \bigsqcup_{j=1}^{d} \{(a-1)d + j \mid a \in \varphi(x_j)\}$$

により定めると，ψ は全単射となる．$\varphi^{-1} \circ \psi$ は，$\mathbb{R}^d$ から $\mathbb{R}$ への全単射である． $\square$

命題 2.3.6 の証明．仮定より，C から A への全単射 Φ が存在する．$D_0 = C \setminus B$ とし，$D_n = \Phi(D_{n-1})$ $(n \in \mathbb{N})$ と定めると，$\{D_n\}_{n=0}^{\infty}$ は互いに素である．$D = \bigcup_{n=0}^{\infty} D_n$ とする．C から B への写像 Ψ を，

$$\Psi(x) = \begin{cases} \Phi(x) & (x \in D \text{ のとき}), \\ x & (x \in C \setminus D \text{ のとき}) \end{cases}$$

と定めると，Ψ は全単射となる． $\square$

A.2　集合族から生成される σ-加法族について

この節では注意 3.1.13 の補足として，部分集合族から生成される σ-加法族が具体的にどのように記述されるか述べる．順序数・濃度の基本的性質，および超限帰納法については既知とする（詳しくは文献 [9] 等を参照のこと）．

以下では，X を集合とする．$\mathscr{A}$ を X の部分集合族（すなわち $\mathscr{A} \subset 2^X$）とするとき，

$$\mathscr{A}' := \mathscr{A} \cup \{A^c \mid A \in \mathscr{A}\},$$

$$\mathscr{A}^* := \left\{ \bigcup_{n=1}^{\infty} A_n \,\middle|\, A_n \in \mathscr{A}' \ (n \in \mathbb{N}) \right\}$$

と定める．$\mathscr{C}$ を X の部分集合族で $\varnothing \in \mathscr{C}$ であるものとする．$\mathscr{C}_0 := \mathscr{C}$ とし，一般の順序数 α に対して $\mathscr{C}_\alpha \subset 2^X$ を，

- ある順序数 β を用いて $\alpha = \beta + 1$ と表される場合は，$\mathscr{C}_\alpha = \mathscr{C}_\beta^*$
- そうでない場合は（すなわち，α が極限順序数の場合は），$\mathscr{C}_\alpha = \bigcup_{\beta < \alpha} \mathscr{C}_\beta$

として帰納的に定める.特に,有限順序数 n に対して $\mathscr{C}_{n+1} = \mathscr{C}_n^*$ であり,最小の超限順序数を ω,$\mathbb{Z}_{\geq 0} = \mathbb{N} \cup \{0\}$ とするとき

$$\mathscr{C}_\omega = \bigcup_{n \in \mathbb{Z}_{\geq 0}} \mathscr{C}_n, \qquad \mathscr{C}_{\omega+1} = \mathscr{C}_\omega^*, \qquad \mathscr{C}_{\omega+2} = \mathscr{C}_{\omega+1}^*, \ldots,$$

$$\mathscr{C}_{\omega \cdot 2} = \bigcup_{n \in \mathbb{Z}_{\geq 0}} \mathscr{C}_{\omega+n}, \qquad \mathscr{C}_{\omega \cdot 2+1} = \mathscr{C}_{\omega \cdot 2}^*, \qquad \mathscr{C}_{\omega \cdot 2+2} = \mathscr{C}_{\omega \cdot 2+1}^*, \ldots,$$

....

$$\mathscr{C}_{\omega^2} = \bigcup_{m,n \in \mathbb{Z}_{\geq 0}} \mathscr{C}_{\omega \cdot m+n} = \bigcup_{m \in \mathbb{Z}_{\geq 0}} \mathscr{C}_{\omega \cdot m}, \qquad \mathscr{C}_{\omega^2+1} = \mathscr{C}_{\omega^2}^*, \ldots,$$

....

である.最小の非可算順序数を ω_1 とするとき,以下が成り立つ.

命題 A.2.1. $\mathscr{C}_{\omega_1} = \sigma(\mathscr{C})$.

証明. $\mathscr{C}_0 \subset \sigma(\mathscr{C})$ は明らか.順序数 $\alpha > 0$ に対して,「すべての $\beta < \alpha$ について $\mathscr{C}_\beta \subset \sigma(\mathscr{C})$ ならば $\mathscr{C}_\alpha \subset \sigma(\mathscr{C})$」であることも定義より従う.超限帰納法より,任意の順序数 α に対して $\mathscr{C}_\alpha \subset \sigma(\mathscr{C})$ が成り立つ.特に,$\mathscr{C}_{\omega_1} \subset \sigma(\mathscr{C})$ である.

逆向きの包含関係を示すためには,$\mathscr{C}_{\omega_1} \supset \mathscr{C}$ に注意すると,$\mathscr{C}_{\omega_1}$ が σ-加法族であることを示せばよい.$\varnothing \in \mathscr{C}$ より $\varnothing \in \mathscr{C}_{\omega_1}$.$A \in \mathscr{C}_{\omega_1}$ に対して,ある $\beta < \omega_1$ が存在して $A \in \mathscr{C}_\beta$.すると,$A^c \in \mathscr{C}_\beta' \subset \mathscr{C}_{\beta+1} \subset \mathscr{C}_{\omega_1}$.したがって,$\mathscr{C}_{\omega_1}$ は補集合を取る操作で閉じている.次に,$A_n \in \mathscr{C}_{\omega_1}$ $(n \in \mathbb{N})$ とするとき,各 n に対して $A_n \in \mathscr{C}_{\beta_n}$ となる $\beta_n < \omega_1$ が選べる.β_n は可算順序数であることに注意する.$\{\beta_n\}_{n \in \mathbb{N}}$ の最小上界を α とすると,α も可算順序数.したがって $\alpha < \omega_1$ である.$\bigcup_{n=1}^\infty A_n \in \mathscr{C}_\alpha^* = \mathscr{C}_{\alpha+1} \subset \mathscr{C}_{\omega_1}$ なので,$\mathscr{C}_{\omega_1}$ は可算和について閉じている.以上より,$\mathscr{C}_{\omega_1}$ は σ-加法族である. □

注意 A.2.2. (1) 任意の $\alpha > \omega_1$ に対して,$\mathscr{C}_\alpha = \sigma(\mathscr{C})$ である.
(2) $\mathscr{C}_\omega = \sigma(\mathscr{C})$ を期待したくなるが,一般には $\mathscr{C}_\omega \subsetneqq \sigma(\mathscr{C})$ である[2].

命題 A.2.3. $\mathscr{C}$ が連続体濃度 $\mathfrak{c}$ を持つならば,$\sigma(\mathscr{C})$ も連続体濃度を持つ.

---

[2] 詳しくは,例えば文献 [11, pp. 30–32] を参照のこと.

証明. 任意の $\alpha < \omega_1$ に対して $\mathscr{C}_\alpha$ は連続体濃度を持つことが,超限帰納法により示される(α は可算順序数であることに注意する).命題 A.2.1 より,

$$|\sigma(\mathscr{C})| = |\mathscr{C}_{\omega_1}| = \left| \bigcup_{\alpha < \omega_1} \mathscr{C}_\alpha \right| \leq \aleph_1 \cdot \mathfrak{c} = \mathfrak{c}.$$

ここで $|\cdot|$ は集合の濃度を,$\aleph_1 (\leq \mathfrak{c})$ は可算濃度の次に大きな無限基数を表す.$|\sigma(\mathscr{C})| \geq |\mathscr{C}| = \mathfrak{c}$ であるから主張が従う. $\quad\square$

系 A.2.4. $\mathbb{R}^d$ 上のボレル σ-加法族は,連続体濃度を持つ.

証明. $X = \mathbb{R}^d$,$\mathscr{C} = \{d$ 次元開区間の全体$\}$ として命題 A.2.3 を適用すればよい. $\quad\square$

▎A.3　行列の特異値分解

　本節では,命題 8.1.6 の証明中で用いた,行列の特異値分解の特別な場合について論じる.

命題 A.3.1. T を d 次実正方行列とする.このとき,二つの d 次直交行列 U, V と,対角成分がすべて非負であるような d 次対角行列 Λ をうまく選んで,$T = U\Lambda\,{}^tV$ と表せる.

証明. ${}^tTT$ は非負定値対称行列だから,その固有値 ξ_i $(i = 1, 2, \ldots, d)$ はすべて非負実数であり,対応する固有ベクトル v_i をうまく選んで,$v_1, v_2, \ldots, v_d$ が $\mathbb{R}^d$ のユークリッド内積に関して正規直交基底になるようにできる.$v_1, v_2, \ldots, v_d$ を並べてできる d 次正方行列を V としたとき,V は直交行列である.必要ならば添字を付け替えて,ある $k (\leq d)$ に対して,$\xi_1, \xi_2, \ldots, \xi_k$ は正,$\xi_{k+1}, \xi_{k+2}, \ldots, \xi_d$ は 0 であるとしてよい.$j = k + 1, k + 2, \ldots, d$ に対して,$(Tv_j, Tv_j)_{\mathbb{R}^d} = ({}^tTTv_j, v_j)_{\mathbb{R}^d} = 0$ より $Tv_j = 0$ であることに注意する.ただしここで,$(\cdot, \cdot)_{\mathbb{R}^d}$ は $\mathbb{R}^d$ のユークリッド内積を表す.$u_i = \xi_i^{-1/2}Tv_i$ $(i = 1, 2, \ldots, k)$ とすると,$i, j = 1, 2, \ldots, k$ のとき,

$$(u_i, Tv_j)_{\mathbb{R}^d} = \xi_i^{-1/2}(Tv_i, Tv_j)_{\mathbb{R}^d} = \xi_i^{-1/2}(v_i, {}^tTTv_j)_{\mathbb{R}^d} = \begin{cases} \xi_i^{1/2} & (i = j), \\ 0 & (i \neq j). \end{cases}$$

第 1 辺は $\xi_j^{1/2}(u_i, u_j)_{\mathbb{R}^d}$ に等しいので，$u_1, u_2, \ldots, u_k$ は $\mathbb{R}^d$ の正規直交系をなす．適当に $u_{k+1}, u_{k+2}, \ldots, u_d$ を付け加えて，$u_1, u_2, \ldots, u_d$ が $\mathbb{R}^d$ の正規直交基底となるようにし，これらを並べた正方行列を U とすると，U は直交行列である．上の計算は，$i, j = 1, 2, \ldots, k$ のとき ${}^t U T V$ の (i, i)-成分が $\xi_i^{1/2}$，(i, j)-成分 $(i \neq j)$ が 0 であることを表している．$i = k+1, k+2, \ldots, d, j = 1, 2, \ldots, k$ のときは $(u_i, T v_j)_{\mathbb{R}^d} = \xi_j^{1/2}(u_i, u_j)_{\mathbb{R}^d} = 0$ であり，$i = 1, 2, \ldots, d$，$j = k+1, k+2, \ldots, d$ のときは $T v_j = 0$ より $(u_i, T v_j)_{\mathbb{R}^d} = 0$ である．以上をまとめると，${}^t U T V$ は，対角成分が $\xi_1^{1/2}, \xi_2^{1/2}, \ldots, \xi_k^{1/2}, 0, 0, \ldots, 0$ であるような対角行列となる．これを Λ とすれば，$T = ({}^t U)^{-1} \Lambda V^{-1} = U \Lambda {}^t V$．   □

A.4 定理 8.3.11 の証明

以下では，d 次元ルベーグ測度を λ で表す.

定理 8.3.11 の証明. まず，$|f|$ が Ω 上で広義リーマン可積分であるとする．命題 8.3.10 より，$|f|$ は Ω 上ルベーグ可積分である．すると，Ω の任意の近似列 $\{K_n\}_{n \in \mathbb{N}}$ に対して，

$$\int_{K_n} f(x)\, dx = \int_{K_n} f(x)\, \lambda(dx) = \int_\Omega f(x) \mathbf{1}_{K_n}(x)\, \lambda(dx)$$

であり，ルベーグの収束定理より最右辺は $n \to \infty$ のとき $\int_\Omega f(x)\, \lambda(dx)$ に収束する．したがって，f は Ω 上で広義リーマン可積分である．

次に，$|f|$ が Ω 上で広義リーマン可積分でないとする．Ω の近似列 $\{K_n\}_{n \in \mathbb{N}}$ を取る．命題 8.3.10 より $\lim_{n \to \infty} \int_{K_n} |f(x)|\, dx = \infty$．必要ならば $\{K_n\}_{n \in \mathbb{N}}$ の部分列を取ることで，すべての $n \in \mathbb{N}$ に対して $\int_{K_n} |f(x)|\, dx > 2n$ であるとしてよい．各 n に対して

$$\max \left\{ \int_{K_n} f_+(x)\, dx, \int_{K_n} f_-(x)\, dx \right\} \geq \frac{1}{2} \int_{K_n} |f(x)|\, dx > n$$

であるから，

- 無限個の n に対して $\int_{K_n} f_+(x)\, dx > n$
- 無限個の n に対して $\int_{K_n} f_-(x)\, dx > n$

の少なくとも一方が成り立つ. 必要ならば f の代わりに $-f$ を考えることで, 前者が成り立つとして一般性を失わない. 単調増加な自然数列 $\{n_k\}_{k \in \mathbb{N}}$ を選んで, すべての $k \in \mathbb{N}$ に対して $\int_{K_{n_k}} f_+(x)\,dx > n_k$ が成り立つようにする. k を固定し, $\delta > 0$ に対して $A_{k,\delta} = \{x \in K_{n_k} \mid f(x) \geq \delta\}$ とする.

$$\partial A_{k,\delta} \subset \partial K_{n_k} \cup \{f \text{ の不連続点全体の集合}\} \cup \{x \in K_{n_k} \mid f(x) = \delta\}$$

より, 高々可算個の δ を除いて $\partial A_{k,\delta}$ はルベーグ零集合である[3]. このような δ を 0 に近づけ, 単調収束定理を用いると, 十分 0 に近い δ_k を選んで $\partial A_{k,\delta_k}$ はルベーグ零集合かつ $\int_{A_{k,\delta_k}} f(x)\,dx \geq n_k$ とできる. δ_k は k に関して単調減少であるとしてよい. 単調増加な自然数列 $\{m(k)\}_{k \in \mathbb{N}}$ を, $n_{m(k)} \geq 2\int_{K_k} |f(x)|\,dx$ を満たすように選び, $K'_k = \overline{A_{m(k),\delta_{m(k)}}} \cup K_k$ と定める. $\partial K'_k \subset \partial A_{m(k),\delta_{m(k)}} \cup \partial K_k$ より, $\partial K'_k$ はルベーグ零集合で, K'_k は k に関して単調非減少かつ $\bigcup_{k=1}^{\infty} K'_k = \Omega$ なので, $\{K'_k\}_{k \in \mathbb{N}}$ は Ω の近似列である. さらに, 各 k に対して

$$\begin{aligned}
\int_{K'_k} f(x)\,dx &= \int_{A_{m(k),\delta_{m(k)}}} f(x)\,dx + \int_{K_k \setminus A_{m(k),\delta_{m(k)}}} f(x)\,dx \\
&\geq n_{m(k)} - \int_{K_k} |f(x)|\,dx \\
&\geq \frac{1}{2} n_{m(k)} \to \infty \quad (k \to \infty).
\end{aligned}$$

したがって, f は Ω 上で広義リーマン可積分でない. $\qquad\square$

---

[3] 注意 8.3.9 より, Ω における f の不連続点全体の集合はルベーグ零集合である. また, 集合 $\{x \in K_{n_k} \mid f(x) = \delta\}$ はルベーグ可測で, 異なる δ について共通部分を持たないから, ルベーグ測度が正となる δ は高々可算個である (問 3.3.7).

問題の略解・ヒント

第2章

問 2.1.1. (2.1) の最初の等式について.

$$x \in \left(\bigcup_{\lambda \in \Lambda} A_\lambda \right)^c \iff x \notin \{ y \in X \mid y \in A_\lambda \text{ となる } \lambda \in \Lambda \text{ が存在する} \}$$

$$\iff x \in \{ y \in X \mid \text{任意の } \lambda \in \Lambda \text{ に対して } y \notin A_\lambda \}$$

$$\iff x \in \bigcap_{\lambda \in \Lambda} A_\lambda^c.$$

(2.2) の最初の等式について. $x \in \bigcap_{j \in \Lambda} \bigcup_{k \in \Gamma} A_{j,k}$ のとき, 各 $j \in \Lambda$ に対して $x \in A_{j,k}$ を満たす $k \in \Gamma$ を一つ選んで $j \mapsto k$ の対応を考えることで, $\Phi \in \mathrm{Map}(\Lambda \to \Gamma)$ が定まる. このとき, $x \in \bigcap_{j \in \Lambda} A_{j,\Phi(j)}$. よって, 包含関係 ⊂ が成り立つ. 逆向きの包含関係は, $A_{j,\Phi(j)} \subset \bigcup_{k \in \Gamma} A_{j,k}$ に注意すればよい. 他の等式についても同様.

問 2.2.1. 不成立の主張は (1) と (3).

問 2.2.2. (1) $x \in f^{-1}(Y \setminus A) \iff f(x) \in Y \setminus A \iff f(x) \notin A \iff x \notin f^{-1}(A) \iff x \in X \setminus f^{-1}(A)$. (2) $x \in f^{-1}\left(\bigcup_{\lambda \in \Lambda} A_\lambda \right) \iff f(x) \in \bigcup_{\lambda \in \Lambda} A_\lambda \iff$ ある $\lambda \in \Lambda$ に対して $f(x) \in A_\lambda \iff$ ある $\lambda \in \Lambda$ に対して $x \in f^{-1}(A_\lambda) \iff x \in \bigcup_{\lambda \in \Lambda} f^{-1}(A_\lambda)$. (3) についても同様.

問 2.2.3. $x \in (g \circ f)^{-1}(A) \iff (g \circ f)(x) \in A \iff g(f(x)) \in A \iff f(x) \in g^{-1}(A) \iff x \in f^{-1}(g^{-1}(A))$.

問 2.5.1. x, y, z のいずれかが $\pm\infty$ である場合に等式を確認する.

章末問題

1. $\bigcup_{n=1}^{\infty} [0, 2 - 1/n] = [0, 2)$ である. 実際, $[0, 2 - 1/n] \subset [0, 2)$ より包含関係 ⊂ は明らか. $x \in [0, 2)$ を任意に取るとき, ある自然数 n が存在して $x \in [0, 2 - 1/n]$ となるので, 包含関係 ⊃ も成り立つ. 他の式についても同様に考える. 答のみ記すと, $[0, 2), [0, 1], [0, 1], \varnothing$.

2. 自然数 n に対して，$\Lambda_n = \{\lambda \in \Lambda \mid a_\lambda > 1/n\}$ とすると，Λ_n は有限集合である．実際，もし無限集合ならば任意の自然数 M に対して Λ_n の M 個の元からなる部分集合 $\Lambda_{n,M}$ が取れ，$\sum_{\lambda \in \Lambda_{n,M}} a_\lambda \geq M/n$．$M$ は任意に大きく取れるから $\sum_{\lambda \in \Lambda} a_\lambda = +\infty$ となって矛盾．すると，$a_\lambda > 0$ となる λ は高々可算集合 $\bigcup_{n \in \mathbb{N}} \Lambda_n$ に含まれる．

3. 正しくないものは (b) と (c)．

4. 一例として，

$$\{a_n\} = \left\{1, -1, \frac{1}{2}, -\frac{1}{2}, \frac{1}{3}, -\frac{1}{3}, \frac{1}{4}, -\frac{1}{4}, \cdots\right\},$$

$$\{b_n\} = \Big\{1, -1, \underbrace{\frac{1}{2}, \frac{1}{3}, \frac{1}{4}}_{\text{和が 1 以上}}, -\frac{1}{2}, \underbrace{\frac{1}{5}, \frac{1}{6}, \cdots, \frac{1}{12}}_{\text{和が 1 以上}}, -\frac{1}{3},$$

$$\underbrace{\frac{1}{13}, \frac{1}{14}, \cdots, \frac{1}{34}}_{\text{和が 1 以上}}, -\frac{1}{4}, \underbrace{\frac{1}{35}, \frac{1}{36}, \cdots, \frac{1}{94}}_{\text{和が 1 以上}}, -\frac{1}{5}, \cdots\Big\}.$$

5. 必要性は定義通りに示す．十分性は対偶を示す．

6. $f(x) = \begin{cases} 1 & (x \in \mathbb{Q}), \\ 0 & (x \notin \mathbb{Q}). \end{cases}$

7. 正しくない．反例は，$a_1 = 1$, $a_n = 1/(n \log n)$ $(n \geq 2)$．$(\log \log x)' = 1/(x \log x)$ に注意する．

8. $f_n(x) = (\sin nx)/n$, $f(x) = 0$.

9. 「G の境界集合 ∂G は $\bigcup_{n \in \Lambda} \partial I_n$ に等しく」というところが誤り．一般には，$\partial G \supsetneqq \bigcup_{n \in \Lambda} \partial I_n$ である．主張が成り立たない具体例としては，カントール集合 C（8.2.2 項）に対して $G = \mathbb{R} \setminus C$ とすると，∂G は C に一致し，連続体濃度を持つ．

第 3 章

問 3.1.8. 集合 X がいくつかの（有限個の）部分に分割されており，それらの和と $\mathcal{M}_j$ の元とがちょうど対応している．なお，同様にして，一般の集合 X の有限分割から生成される σ-加法族を考えることができるが，X が無限集合の場合，すべての σ-加法族がそのようにして得られるわけではない．

問 3.1.9. $\sigma(\mathcal{G}) = \{\varnothing, A \cap B, A \setminus B, B \setminus A, (A \cup B)^c, A, B, (A \setminus B) \cup (B \setminus A), A^c, B^c, (A \cap B) \cup (A \cup B)^c, A^c \cup B^c, A^c \cup B, A \cup B^c, A \cup B, X\}.$

問 3.1.11. $K \in \mathcal{K}$ とする．m を自然数とし，各辺の長さが $1/m$ で $x \in K$ を中心とする d 次元開区間を $I_{x,m}$ とする．$\bigcup_{x \in K} I_{x,m} \supset K$ であり，K はコンパクト集合だから，ある有限個の $x_1, x_2, \ldots, x_l \in K$ を用いて $I_m := \bigcup_{k=1}^{l} I_{x_k, m} \supset K$ と表せる．$I_m \in \sigma(\mathcal{I})$ で，$K = \bigcap_{m=1}^{\infty} I_m$ であるから $K \in \sigma(\mathcal{I})$．したがって，$\mathcal{K} \subset \sigma(\mathcal{I})$ であるので $\sigma(\mathcal{K}) \subset \sigma(\mathcal{I})$ が成り立つ．

問 3.1.14. $\mathscr{G} \subset \mathscr{G}_3 \subset \tau(\mathscr{G})$ であるので，$\mathscr{G}_3 = \tau(\mathscr{G})$ を示すには $\mathscr{G}_3$ が位相であることを示せばよい．$\mathscr{G}_3$ が（任意の族の）和について閉じていることは易しい．$C = \bigcup_{B \in \mathscr{H}} B \in \mathscr{G}_3$, $C' = \bigcup_{B' \in \mathscr{H}'} B' \in \mathscr{G}_3$ $(\mathscr{H}, \mathscr{H}' \subset \mathscr{G}_2)$ とするとき $C \cap C' = \bigcup_{(B,B') \in \mathscr{H} \times \mathscr{H}'} (B \cap B')$ で，$B \cap B' \in \mathscr{G}_2$ であるから $C \cap C' \in \mathscr{G}_3$. よって，$\mathscr{G}_3$ は二つの集合の共通部分を取る操作でも閉じている．

問 3.1.17. 測度の定義を確認する．

問 3.2.1. σ-加法性が問題．$\mathscr{M}$ の元からなる列 $\{E_n\}_{n \in \mathbb{N}}$ が互いに素で $E = \bigcup_{n=1}^{\infty} E_n$ とするとき，定義から，$\mu(E) \leq \sum_{n=1}^{\infty} \mu(E_n)$ は易しい．また，任意の $N \in \mathbb{N}$ に対して $\mu(E) \geq \sum_{n=1}^{N} \mu(E_n)$ であることも容易に分かるので，$N \to \infty$ として逆向きの不等式を得る．

問 3.2.2. μ を $(X, \mathscr{M})$ 上の測度とする．写像 $\varphi \colon X \to [0, +\infty]$ を，$\varphi(x) = \mu(\{x\})$ により定めると，$A \in \mathscr{M}$ に対して $\mu(A) = \sum_{x \in A} \mu(\{x\}) = \sum_{x \in A} \varphi(x)$.

問 3.2.4. 三つ目の等号が誤り．$(0, 1]$ は非可算集合である．

問 3.2.6. 非減少であることは測度の単調性から従う．右連続であることは，$\{x_n\}_{n \in \mathbb{N}}$ を x に収束する単調減少列とするとき，$\bigcap_{n \in \mathbb{N}} (-\infty, x_n] = (-\infty, x]$ であり，命題 3.3.2(2) より $\lim_{n \to \infty} F(x_n) = F(x)$ が従うから．(3.9) は命題 3.3.2(1)(2) より従う．

問 3.2.7. $F(a) - \lim_{b \to a-0} F(b) = \mu(\{a\})$ より．

問 3.3.4. いずれも定義に基づいて議論すればよい．

問 3.3.7. 第 2 章の章末問題 2 と同様の議論を行う．

章末問題

1. $\sigma(\mathscr{M}_0) \supset \mathscr{M}$ および $\mathscr{M}$ が σ-加法族であることを示す．

2. (a), (b) は定義通りに考える．(c) については，$\mathscr{A}$ が 1 点集合を元に持たないことを示す．

3. $\mu\left(\underline{\lim}_{n \to \infty} A_n\right) = \lim_{n \to \infty} \mu\left(\bigcap_{k=n}^{\infty} A_k\right) \leq \underline{\lim}_{n \to \infty} \mu(A_n)$. 後半は，$\{A_n^c\}$ について前半を適用する．

4. (a) x に単調に収束する減少列と増大列 $\{x_n\}$ に対して，$f(x_n) \to f(x)$ $(n \to \infty)$ を示す．(b) は，(a) と中間値の定理を用いる．

5. $\mathscr{G} = \{G \subset \mathbb{R}^d \mid G$ は開集合で $\mu(G) = 0\}$ とし，$\tilde{G} = \bigcup_{G \in \mathscr{G}} G$ とする．$\tilde{G}$ は開集合だから，$\mu(\tilde{G}) = 0$ を示せばよい．頂点がすべて有理点であるような d 次元開区間の全体を $\hat{\mathscr{I}}$ とする．$G \in \mathscr{G}$ に対して $\hat{\mathscr{I}}_G = \{I \in \hat{\mathscr{I}} \mid I \subset G\}$ とする．$\hat{\mathscr{I}}_G$ の元の μ-測度は 0 である．命題 3.1.10 の証明中で示したように $G = \bigcup_{I \in \hat{\mathscr{I}}_G} I$ であるから，$\tilde{G} = \bigcup_{G \in \mathscr{G}} \bigcup_{I \in \hat{\mathscr{I}}_G} I$. $\hat{\mathscr{I}}$ は可算集合だから，$\tilde{G}$ は μ-測度 0 の集合の高々可算和である．よって，$\mu(\tilde{G}) = 0$.

第 4 章

問 4.1.13. 集合 $B \in \mathscr{B}(\mathbb{R})$ の $\mathbf{1}_A$ による逆像 $\mathbf{1}_A^{-1}(B)$ は $\varnothing$, A, A^c, X のいずれかであることに注意する．

問 4.1.14. 問 2.2.2 を用いて σ-加法性を確認する.

問 4.2.5. (1) $|\varphi(x)-\varphi(x')| \le |x-x'|$ $(x, x' \in X)$ であることと, $\{f=1\} = \{\varphi=0\}$ であることから従う. (2) 定義に基づいて示す.

章末問題

1. 可測性の定義に基づいて示す.

2. (a) f は区分的定数関数の各点収束極限で表せる. (b) g' は連続関数の各点収束極限で表せる.

3. $A = \{x \in X \mid \overline{\lim}_{n\to\infty} f_n(x) = \underline{\lim}_{n\to\infty} f_n(x)\} \cap \{x \in X \mid \overline{\lim}_{n\to\infty} f_n(x) \ne \pm\infty\}$.

4. f の標準的な単関数近似 $\{f_n\}$ を取り, $f = f_1 + \sum_{n=1}^{\infty}(f_{n+1} - f_n)$ と変形する.

5. $(X, \mathcal{M}) = (\mathbb{R}, \mathcal{B}(\mathbb{R}))$ とする. $\mathbb{R}$ の部分集合 Λ で $\mathcal{B}(\mathbb{R})$ の元でないものを選び, $f_\lambda = \mathbf{1}_{\{\lambda\}}$ $(\lambda \in \Lambda)$ とする. 各 f_λ は $\mathcal{B}(\mathbb{R})/\mathcal{B}(\overline{\mathbb{R}})$-可測だが, $\sup_{\lambda\in\Lambda} f_\lambda = \mathbf{1}_\Lambda$ は $\mathcal{B}(\mathbb{R})/\mathcal{B}(\overline{\mathbb{R}})$-可測でない.

6. (b) について, $\hat{\mathcal{B}} = \{B \subset \hat{Y} \mid B \in \mathcal{B}(Y)\}$ とする. $\hat{\mathcal{B}}$ は $\hat{Y}$ 上の σ-加法族である. 包含写像 $\iota\colon \hat{Y} \to Y$ は連続だから, 系 4.1.3 より ι は $\mathcal{B}(\hat{Y})/\mathcal{B}(Y)$-可測. よって, $B \subset \hat{Y}$ なる $B \in \mathcal{B}(Y)$ に対して $\iota^{-1}(B) = B \in \mathcal{B}(\hat{Y})$. これは $\hat{\mathcal{B}} \subset \mathcal{B}(\hat{Y})$ を意味する. $\hat{Y}$ の開集合は $G \cap \hat{Y}$ (G は Y の開集合) と表せるから $\hat{\mathcal{B}}$ の元. これより $\mathcal{B}(\hat{Y}) \subset \hat{\mathcal{B}}$ が従う. その他の問については, いずれも定義に従って示せばよい.

第 5 章

問 5.3.1. $\varphi_n(x) = n\mathbf{1}_{\{0\}}$ とすると $\int_{\mathbb{R}} \varphi_n\,d\mu = n\mu(\{0\}) = 0$ であることから.

章末問題

1. (a) $n \ge 2$ のとき, $\int_{\mathbb{R}} f_n(x)\,\mu(dx) = (32/3) - 2^{-n+2} - (2^{-2n+1}/3)$. (b) $32/3$.

2. ある実数 θ と非負実数値可測関数 g を用いて $f(x) = e^{i\theta} g(x)$ μ-a.e. と表される関数. (5.2) の等号成立条件を考える.

3. ある $a > 0$ に対して $\mu(\{f \ge a\}) = \infty$ のときは, $\int_X f\,d\mu = \int_X g\,d\mu = \infty$. そうでないとき, f, g の標準的な単関数近似をそれぞれ $\{f_n\}_{n\in\mathbb{N}}$, $\{g_n\}_{n\in\mathbb{N}}$ として, すべての n に対して $\int_X f_n\,d\mu = \int_X g_n\,d\mu$ が成り立つことを示す.

4. $g = \sum_{k=-\infty}^{\infty} 2^k \mathbf{1}_{A_k}$ とすると, $0 \le g \le |f| \le 2g$ だから, f が可積分であることと g が可積分であることは同値である. このことと, $\int_X g\,d\mu = \sum_{k=-\infty}^{\infty} 2^k \mu(A_k)$ に注意すればよい.

第 6 章

問 6.1.2. $a_{n,k} = \begin{cases} 1 & (n \ge k), \\ 0 & (n < k). \end{cases}$

問 6.2.11. 定理 6.2.1(1) については以下の通りである. 実数列 $\{a_k\}_{k\in\mathbb{N}}$ と二重数列 $\{a_{n,k}\}_{n\in\mathbb{N},\,k\in\mathbb{N}}$ があり, 任意の $k\in\mathbb{N}$ に対して $0\le a_{1,k}\le a_{2,k}\le\cdots\le a_{n,k}\le\cdots$, $\lim_{n\to\infty}a_{n,k}=a_k$ が成り立つとする. このとき, $\sum_{k=1}^{\infty}a_k=\lim_{n\to\infty}\sum_{k=1}^{\infty}a_{n,k}$.

問 6.2.12. $f=f_+-f_-$ と分解することにより, f は非負値関数としてよい. $\int_{1/n}^{n}f(x)\,dx=\int_{(0,\infty)}f(x)\mathbf{1}_{[1/n,n]}(x)\,dx$ （左辺はリーマン積分, 右辺はルベーグ測度に関するルベーグ積分）において $n\to\infty$ とするとき, 左辺は広義リーマン積分 $\int_0^{\infty}f(x)\,dx$ に収束し, 右辺は単調収束定理より $\int_{(0,\infty)}f(x)\,dx$ に収束する.

問 6.3.1. (1) から (2) が従うことは明らか. (1) が成り立たなければ, ある $\varepsilon>0$ と, t_0 に収束するある実数列 $\{t_n\}_{n\in\mathbb{N}}$ で, 任意の n に対して $t_n\ne t_0$ かつ $|\varphi(t_n)-a|\ge\varepsilon$ となるものが選べるので (2) が成り立たない.

問 6.3.4. (1) 留数定理を用いて直接示すか, 微分方程式 $\varphi'(t)=-t\varphi(t)$ を導く. (2) n が奇数のときは 0, 偶数のときは $(n-1)!!=(n-1)(n-3)(n-5)\cdots5\cdot3\cdot1$.

問 6.3.5. 命題 6.3.2 の仮定 (3) に相当する主張を示す. $z_0\in D$ に対して, $r>0$ を $B(z_0,2r)\subset D(z_0)$ を満たすように選ぶ. ここで $B(z_0,2r)$ は, 中心 z_0 で半径 $2r$ の $\mathbb{C}$ における開円板を表す. $x\in X$ と $z\in B(z_0,r)$ に対して, コーシーの積分公式より

$$\frac{\partial f}{\partial z}(z,x)=\frac{1}{2\pi i}\int_0^{2\pi}\frac{f(z+re^{i\theta},x)}{(re^{i\theta})^2}re^{i\theta}\,d\theta$$

であるから, $z+re^{i\theta}\in B(z_0,2r)\subset D(z_0)$ に注意して

$$\left|\frac{\partial f}{\partial z}(z,x)\right|\le\frac{1}{2\pi r}\int_0^{2\pi}|f(z+re^{i\theta},x)|\,d\theta\le\frac{g(x)}{r}.$$

後は命題 6.3.2 の証明と同様に議論する.

問 6.4.3. 広義リーマン積分の意味で

$$\left|\int_0^{\infty}uf(u)\,du-y(x)\right|=\left|\int_x^{\infty}(u-x)f(u)\,du\right|\le\int_x^{\infty}u|f(u)|\,du$$

であるので, $x\to\infty$ のとき 0 に収束する.

問 6.4.5. $\varepsilon>0$ を任意に選ぶ. ある $M\in\mathbb{N}$ が存在して, $\sum_{n=M}^{\infty}a_n\le\varepsilon$ である. $\lim_{m\to\infty}a_m=0$ であるから, ある $N\in\mathbb{N}$ が存在して $m\ge N$ のとき $a_m\le\varepsilon/M$. すると, $m>M\vee N$ のとき,

$$ma_m=Ma_m+(m-M)a_m\le Ma_m+\sum_{n=M+1}^{m}a_n\le\varepsilon+\varepsilon.$$

章末問題

1. (a) $\{(a_{n,k})_+\}_{n\in\mathbb{N},\,k\in\mathbb{N}}$ と $\{(a_{n,k})_-\}_{n\in\mathbb{N},\,k\in\mathbb{N}}$ に系 6.1.3 を適用する. (b) $a_{n,n}=1$, $a_{n,n+1}=-1$, 他は 0.

2. (a) $|f(x)| \leq M \ (x \in X)$ を満たす $M > 0$ を選ぶ. $\int_A |f(x)| \, \mu(dx) \leq M\mu(A)$ であるから, $\delta = \varepsilon/M$ とすればよい. (b) 単調収束定理を用いる. (c) $X = \{|f| \leq M\} \cup \{|f| > M\}$ を用いる.

3. $|f_n - f| = (f_n - f) + 2(f_n - f)_-$ を用いる.

4. $X = \mathbb{N}$, $\mathcal{M} = 2^{\mathbb{N}}$, μ を計数測度として, $f_n(x) = n^{-1} \mathbf{1}_{\{n\}}(x) \ (n \in \mathbb{N})$ が一例.

5. ルベーグの収束定理を適用する.

6. 等式 $\frac{1}{e^x - 1} = \sum_{n=1}^{\infty} e^{-nx}$ と系 6.2.3 を適用する.

7. 第1段:$\varepsilon = 1/k$ として測度収束の定義を用いると, n_k を十分大きく選ぶと (6.18) が成立するから, $\{n_k\}_{k \in \mathbb{N}}$ がさらに単調増加となるように選べる. 第2段:ボレル–カンテリの補題から, $\mu\left(\overline{\lim}_{k \to \infty} A_k\right) = 0$. $x \notin \overline{\lim}_{k \to \infty} A_k$ においては, 十分大きな k に対して $|f_{n_k}(x) - f(x)| < 1/k$ が成り立つので, $\lim_{k \to \infty} f_{n_k}(x) = f(x)$ である.

第7章

問 7.3.12. $\triangle \in A$ であるような任意の $A \in \mathscr{F}$ に対して $m(A) = \infty$ であるから, $(X, \mathscr{F}, m)$ は σ-有限でない.

問 7.3.14. (1), (2) は定義通りに示す. (3) 集合列 $\{\{n\}\}_{n \in \mathbb{N}}$ を考える.

問 7.4.2. 命題 7.1.1 の証明において, $x_k^{(p_k)} - x_k^{(p_{k-1})}$ を $F(x_k^{(p_k)}) - F(x_k^{(p_{k-1})})$ に変更する. 命題 7.4.1 の主張は同じ証明が有効である.

問 7.5.1. (7.14) は

$$\left(\bigcup_{n=1}^{\infty} A_n\right) \setminus \left(\bigcup_{n=1}^{\infty} B_n\right) = \bigcup_{n=1}^{\infty} \left(A_n \setminus \left(\bigcup_{k=1}^{\infty} B_k\right)\right) \subset \bigcup_{n=1}^{\infty} (A_n \setminus B_n)$$

から従う. その他の関係式は容易に示される.

章末問題

1. (b) $m^*(A) = 0$. (c) 任意の部分集合. (a), (d) については定義を確認する.

2. 包含関係

$$\bigcup_{n=1}^{\infty} A_n \subset \left(\bigcup_{n=1}^{\infty} B_n\right) \cup \bigcup_{n=1}^{\infty} (A_n \triangle B_n)$$

より, $\Gamma\left(\bigcup_{n=1}^{\infty} A_n\right) \leq \Gamma\left(\bigcup_{n=1}^{\infty} B_n\right)$ が成り立つ. $\{A_n\}_{n \in \mathbb{N}}$ と $\{B_n\}_{n \in \mathbb{N}}$ の役割を入れ替えることにより, 逆向きの不等式も成り立つ.

3. $\mathcal{M} = 2^{\mathbb{R}}$.

4. (a) $n \in \mathbb{N}$ に対して $B_n = A_i \cap (-n, n]^d$ とすると $\lambda(B_n) = 0$ が容易に示され, $A_i = \bigcup_{n=1}^{\infty} B_n$ であるから. (b) $n \in \mathbb{N}$ に対して $K_n = [-n, n]^{d-1}$, $G_n = G \cap (K_n \times \mathbb{R})$ とするとき, $\lambda(G_n) = 0$ を示せばよい. g は K_n 上で一様連続だから, $\varepsilon > 0$ に対して十分大きな $M \in \mathbb{N}$ を選ぶと, $x, y \in K_n$, $|x - y| \leq \sqrt{d}/M$ な

らば $|g(x) - g(y)| < \varepsilon$ とできる. $C = \{(x_1, x_2, \ldots, x_{d-1}, g(x_1, x_2, \ldots, x_{d-1})) \in \mathbb{R}^d \mid -n \leq x_k < n, \ Mx_k \in \mathbb{Z} \ (k = 1, 2, \ldots, d-1)\}$, $D = [0, 1/M]^{d-1} \times [-\varepsilon, \varepsilon]$ とし, $C + D = \{u + v \in \mathbb{R}^d \mid u \in C, \ v \in D\}$ とすると, $G_n \subset C + D$ で $\lambda(C + D) = (1/M)^{d-1} \cdot 2\varepsilon \cdot (2Mn)^{d-1} = 2^d \varepsilon n^{d-1}$. $\varepsilon > 0$ は任意なので $\lambda(G_n) = 0$. (注意：フビニの定理（定理 9.2.1）を $\mathbf{1}_G$ に適用することで，さらに弱い仮定の下で同様の結論が成り立つことも分かる.)

5. (a) $E_n \in \mathcal{M}$ を $\mu(E_n) < \mu^*(E) + 1/n$ なるように選び, $\hat{E} = \bigcap_{n=1}^{\infty} E_n$ とする.
(b) については,

$$\mu^*(E) \leq \mu^*(B \cap E) + \mu^*(E \setminus B) \leq \mu(B \cap \hat{E}) + \mu(\hat{E} \setminus B) = \mu(\hat{E}) = \mu^*(E)$$

より.

(c) $A_n = B_n \cap E$, $B_n \in \mathcal{M}$, $\{A_n\}_{n \in \mathbb{N}}$ は互いに素とする. $\hat{A}_1 = B_1 \cap \hat{E}$, $\hat{A}_n = (B_n \cap \hat{E}) \setminus \bigcup_{k=1}^{n-1} \hat{A}_k \ (n \geq 2)$ とすると, $\{\hat{A}_n\}_{n \in \mathbb{N}}$ は互いに素で $A_n = \hat{A}_n \cap E$ だから,

$$\sum_{n=1}^{\infty} \mu^*(A_n) \leq \sum_{n=1}^{\infty} \mu^*(\hat{A}_n) = \mu\left(\bigcup_{n=1}^{\infty} \hat{A}_n\right) = \mu\left(\left(\bigcup_{n=1}^{\infty} B_n\right) \cap \hat{E}\right)$$
$$= \mu^*\left(\left(\bigcup_{n=1}^{\infty} B_n\right) \cap E\right) = \mu^*\left(\bigcup_{n=1}^{\infty} A_n\right).$$

逆向きの不等式は，外測度の σ-劣加法性より従う.

第 8 章

問 8.1.11. (1) ヒントの通り. (2) f を単関数 $\sum_{j=1}^{k} a_j \mathbf{1}_{E_j}$ で近似してから (1) を用いる. (3) (2) における単関数をさらに $\sum_{j=1}^{k} a_j \mathbf{1}_{E'_j}$ （E'_j は E_j の有界部分集合）で近似して (1) を用いる.

問 8.2.1. $\mathbb{Q}$ の元を一列に並べたものを $\{a_n\}_{n \in \mathbb{N}}$ とするとき, $\bigcup_{n=1}^{\infty}(a_n - \varepsilon/2^{n+1}, a_n + \varepsilon/2^{n+1})$ が一例である.

問 8.2.2. カントール集合の構成では第 n 段階で取り除く開区間の長さを 3^{-n} としていたが, これを β^{-n} （ただし $\beta = 2 + (1 - \alpha)^{-1}$）にする.

問 8.3.1. 各 $n \in \mathbb{N}$ に対して, $x \in I_{n,k}$ を満たす $I_{n,k}$ を $I^{(n)}$ とする. x を中心として長さが 0 に収束するような, 区間の単調非増加列 $\{J_n\}_{n \in \mathbb{N}}$ と $\{J'_n\}_{n \in \mathbb{N}}$ をうまく選び, $J_n \subset I^{(n)} \subset J'_n$ が任意の n で成り立つようにできるから, (8.6) が従う.

問 8.3.4. ルベーグの収束定理を用いる.

章末問題

1. 問題文の指示通りに示す.
2. $h(x) = \sum_{k=1}^{\infty} \frac{(-2)^k}{k} \mathbf{1}_{(2^{-k}, 2^{-k+1}]}$.

3. F の連続性はルベーグの収束定理より従う. 後半については, 等式

$$F(t,x) - f(x) = \int_{\mathbb{R}} \frac{1}{\sqrt{2\pi t}} \exp\left(-\frac{|x-y|^2}{2t}\right)(f(y)-f(x))\,dy$$

において, 積分範囲を $[x-\delta, x+\delta]$ とその補集合に分けて評価する.

4. $f_n(x) = (1-n|x|)\vee 0$ として $\int_{\mathbb{R}} f_n(x)\varphi(x)\,dx$ を考え, $n \to \infty$ とせよ.

5. (a) 問 8.1.11(3) を利用し,

$$|f(x+r)-f(x)| \le |f(x+r)-\psi(x+r)| + |\psi(x+r)-\psi(x)| + |\psi(x)-f(x)|$$

より,

$$\int_{\mathbb{R}} |f(x+r)-f(x)|\,dx \le \int_{\mathbb{R}} |\psi(x+r)-\psi(x)|\,dx + 2\int_{\mathbb{R}} |\psi(x)-f(x)|\,dx$$

であることを用いる.

(b) (a) と同様な式と, 不等式

$$\int_{\mathbb{R}} |f(x+r)-f(x)|\,dx \ge \int_{\mathbb{R}} |\psi(x+r)-\psi(x)|\,dx - 2\int_{\mathbb{R}} |\psi(x)-f(x)|\,dx$$

を用いる.

第9章

問 9.2.12. $[a,b]\times\mathbb{R}$ 上の関数 $[a,b]\times\mathbb{R} \ni (x,y) \mapsto f(x)-y \in \mathbb{R}$ がルベーグ可測であることに注意すると A の可測性が従う. 等式はフビニの定理より従う.

問 9.2.13. $A = \{(x,t)\in X\times[0,\infty) \mid f(x)\ge t\}$ として, $\mathbf{1}_A$ に対してフビニの定理を適用する.

問 9.2.17. 積分値は, それぞれ $-\pi/4$ と $\pi/4$.

問 9.3.3. K を $\mathbb{R}^d$ のコンパクト集合とするとき, K の定義関数 $\mathbf{1}_K$ を有界な台を持つ適切な連続関数の列の極限で表すことにより $\mu(K) = \nu(K)$ が示される. 命題 9.3.2 を適用して結論を得る.

章末問題

1. フビニの定理を用いる.

2. 等式

$$f(x)^p = \int_0^{f(x)} pt^{p-1}\,dt = \int_0^\infty pt^{p-1}\mathbf{1}_{[0,f(x)]}(t)\,dt$$

とフビニの定理を用いる.

3. $\Phi^{-1}(N)$ の2次元ルベーグ測度 $\lambda_2(\Phi^{-1}(N))$ が $\int_{\mathbb{R}^2} \mathbf{1}_N(x-y)\,dx\,dy$ に等しいことに注意して, これが0であることをフビニの定理により示す. 次に, $A \in \mathscr{L}(\mathbb{R})$ に対して, $A_1 \subset A \subset A_2$, $\lambda_1(A_2\setminus A_1) = 0$ となる $A_1, A_2 \in \mathscr{B}(\mathbb{R})$ を選び, $\lambda_2(\Phi^{-1}(A_2)\setminus\Phi^{-1}(A_1)) = 0$ を示す.

4. フビニの定理を適用する.

5. ディンキン族定理を 2 回用いる.

第 10 章

問 10.1.5. $\nu \ll \mu \implies$「$\nu_+ \ll \mu$ かつ $\nu_- \ll \mu$」$\implies |\nu| \ll \mu \implies \nu \ll \mu$ の順で示される.

問 10.1.8. ν のジョルダン分解 $\nu_+ - \nu_-$ を考え,$\nu_\pm$ について定理 10.1.7 を適用する.

問 10.3.1. 集合 A が N 点集合 $\{a_1, a_2, \ldots, a_N\}$ を含むとき,$\alpha = \min\{\rho(a_i, a_j) \mid i \neq j\}$ とすると,$0 < \delta < \alpha$ のとき $\mathcal{H}_\delta^0(A) \geq N$. これより (10.10) における $\geq$ の不等式が成り立つ.逆向きの不等式は容易.

章末問題

1. (ii)⇒(i) は容易.この向きについては,$\mu(X) < \infty$ という条件は不要である.(i)⇒(ii) については対偶を示す.(ii) が成り立たないとすると,ある $\varepsilon > 0$ と $A_n \in \mathcal{M}$ ($n \in \mathbb{N}$) を選んで $\mu(A_n) \leq 2^{-n}$ かつ $\nu(A_n) > \varepsilon$ ($n \in \mathbb{N}$) が成り立つようにできる.$A = \varlimsup_{n \to \infty} A_n$ とする.ボレル–カンテリの補題(命題 3.3.5)より $\mu(A) = 0$. 第 3 章の章末問題 3 より $\nu(A) \geq \varepsilon$. これは $\nu \not\ll \mu$ を意味する.

2. (a) g が単関数 $\sum_{j=1}^k a_j \mathbf{1}_{E_j}$ ($a_j \geq 0$, $E_j \in \mathcal{M}$) であるとき,

$$\int_X g \, d\mu_2 = \sum_{j=1}^k a_j \mu_2(E_j) = \sum_{j=1}^k a_j \int_{E_j} \frac{d\mu_2}{d\mu_3} \, d\mu_3 = \int_X g \, \frac{d\mu_2}{d\mu_3} \, d\mu_3.$$

g が一般の $[0, +\infty]$-値可測関数のときは,単関数で近似して単調収束定理を用いる.

(b) μ_3-零集合は μ_2-零集合であり,したがって μ_1-零集合となるので,$\mu_1 \ll \mu_3$. $E \in \mathcal{M}$ とするとき,$g = \mathbf{1}_E \frac{d\mu_1}{d\mu_2}$ として (a) の結果を用いると,$\int_E \frac{d\mu_1}{d\mu_2} \, d\mu_2 = \int_E \frac{d\mu_1}{d\mu_2} \frac{d\mu_2}{d\mu_3} \, d\mu_3$. 左辺は $\mu_1(E)$ に等しいので結論を得る.

3. $(X, \mathcal{M}, \mu)$ を 1 次元ルベーグ測度空間 $(\mathbb{R}, \mathcal{L}(\mathbb{R}), \lambda)$ とする.$f_n = \mathbf{1}_{[0, n]}$ ($n \in \mathbb{N}$),$f = \mathbf{1}_{[0, \infty)}$ とすると $\{f_n\}_{n \in \mathbb{N}}$ は f に各点収束する.しかし,任意の $n \in \mathbb{N}$ に対して $\{|f_n - f| \geq 1\}$ の λ-測度は ∞ であるから,$\lambda(B^c) < 1$ かつ $\{f_n\}_{n \in \mathbb{N}}$ が B 上で一様収束するような $B \in \mathcal{L}(\mathbb{R})$ を選ぶことはできない.

4. n を自然数とする.長さが 3^{-n} の 2^n 個の区間をうまく選んで,それらの和集合が C を含むようにできるから,$s > 0$ に対して $\mathcal{H}_{3^{-n}}^s(C) \leq 2^n (3^{-n})^s$. $s > \alpha$ ならば,右辺は $n \to \infty$ のとき 0 に収束する.これより,$s > \alpha$ ならば $\mathcal{H}^s(C) = 0$ となり,結論が従う.

5. (a) $\rho(a, b) = \begin{cases} 0 & (a = b), \\ 1 & (a \neq b) \end{cases}$ とするとき,$X^{\mathbb{N}}$ 上の距離関数 $d(\{x_n\}_{n \in \mathbb{N}}, \{y_n\}_{n \in \mathbb{N}}) = \sum_{n=1}^\infty \rho(x_n, y_n) \cdot 2^{-n}$ から定まる位相が直積位相に一致することを利用するのが一つの方法である.(b) X は有限集合なので,$X^{\mathbb{N}}$ の任意の筒集合は開集合(かつ閉集合)で

ある．これより，$\mathcal{G} \subset \mathcal{B}(X^{\mathbb{N}})$ が従う．逆向きの包含関係は $X^{\mathbb{N}}$ の位相の定め方から明らか．(c) $x = kp^{-n}$ $(n \in \mathbb{N},\, k \in \mathbb{Z},\, 0 \le k < p^n)$ のとき $\varphi_* \nu([x, x+p^{-n})) = p^{-n}$ であることを示し，命題 9.3.2 を用いる．(d) $(\mathbb{Z}_p, d_p)$ における半径 p^{-n} の任意の閉球の $\psi_* \nu$-測度が p^{-n} であることを示し，命題 9.3.2 を用いる．

参考文献

[1] 猪狩 惺，実解析入門，岩波書店，1996.

[2] 伊藤 清，確率論（岩波基礎数学選書），岩波書店，1991.

[3] 伊藤 清三，ルベーグ積分入門，裳華房，1963（新装版：2017）.

[4] 内田 伏一，集合と位相，裳華房，1986（増補新装版：2020）.

[5] 黒田 成俊，微分積分，共立出版，2002.

[6] 杉浦 光夫，解析入門 I，東京大学出版会，1980.

[7] 辰馬 伸彦，位相群の双対定理（紀伊國屋数学叢書），紀伊國屋書店，1994.

[8] 日本数学会（編），数学辞典第 4 版，岩波書店，2007.

[9] 松坂 和夫，集合・位相入門，岩波書店，1968（新装版：2018）.

[10] 盛田 健彦，実解析と測度論の基礎，培風館，2004.

[11] P. Billingsley, *Probability and measure*, 3rd ed., Wiley Ser. Probab. Math. Statist., A Wiley–Interscience Publication, John Wiley & Sons, Inc., 1995.

[12] V. I. Bogachev, *Measure theory*, Vol. I, II, Springer, 2007.

[13] L. C. Evans, *Partial differential equations*, 2nd ed., Graduate Studies in Mathematics 19, American Mathematical Society, Providence, RI, 2010.

[14] L. C. Evans and R. F. Gariepy, *Measure theory and fine properties of functions*, Revised ed., CRC Press, 2015.

[15] N. Lusin, Sur les ensembles analytiques, Fundamenta Mathematicae 10 (1927), 1–95.

[16]　W. Rudin, *Real and complex analysis*, 3rd ed., McGraw–Hill Book Co., New York, 1987.

　関連書籍は和洋書とも数多いため，ここで網羅的に紹介することはしない．本書の大元となる講義ノートの作成には [1, 3, 8] を参考にした．本書では触れなかった，L^p 空間，フーリエ解析，微分定理，有界変動関数，シュワルツ超関数などの話題は，[1, 3] のいずれかで論じられている．また，執筆にあたり [10, 12] も参照した．特色のある関連文献として，[14, 16] を挙げる．

　予備知識として，解析学の基礎については [5, 6] を，集合・位相空間に関しては [4, 9] を参考文献として挙げておく．ルベーグ積分論を利用する数学の分野は多岐にわたる．偏微分方程式論の教科書として [13] を，確率論の教科書として [2] を挙げる．

索　引

Memorandum

Memorandum

【著者紹介】

日野 正訓（ひの まさのり）

1998年　京都大学大学院理学研究科博士後期課程
　　　　数学・数理解析専攻 修了
　　　　博士（理学）
現　在　京都大学大学院理学研究科 教授
専　門　確率論

ルベーグ積分の基礎
An Introduction to Lebesgue Integration

2023 年 10 月 5 日　初版 1 刷発行

著　者　日野 正訓　©2023

発行者　南條光章

発行所　**共立出版株式会社**

〒112-0006
東京都文京区小日向 4 丁目 6 番 19 号
電話 03-3947-2511（代表）
振替口座 00110-2-57035
www.kyoritsu-pub.co.jp

印　刷　加藤文明社
製　本　加藤製本

検印廃止
NDC 413.4

ISBN 978-4-320-11499-9

一般社団法人
自然科学書協会
会員

Printed in Japan